中等职业教育“十三五”规划教材

金属材料与热处理

李璟棠　李玉伦　主编

煤炭工业出版社

·北　京·

图书在版编目（CIP）数据

金属材料与热处理/李璟棠，李玉伦主编．--北京：煤炭工业出版社，2018

（中等职业教育“十三五”规划教材）

ISBN 978-7-5020-6605-5

Ⅰ.①金… Ⅱ.①李… ②李… Ⅲ.①金属材料—中等专业学校—教材 ②热处理—中等专业学校—教材 Ⅳ.①TG14 ②TG15

中国版本图书馆 CIP 数据核字(2018)第 087533 号

金属材料与热处理（中等职业教育“十三五”规划教材）

主　　编　李璟棠　李玉伦
责任编辑　罗秀全　郭玉娟
责任校对　孔青青
封面设计　于春颖

出版发行　煤炭工业出版社（北京市朝阳区芍药居 35 号　100029）
电　　话　010-84657898（总编室）　010-84657880（读者服务部）
网　　址　www.cciph.com.cn
印　　刷　北京玥实印刷有限公司
经　　销　全国新华书店

开　　本　787mm×1092mm $^1/_{16}$　**印张**　14$^1/_4$　**字数**　330 千字
版　　次　2018 年 6 月第 1 版　2018 年 6 月第 1 次印刷
社内编号　20180203　**定价**　35.00 元

中等职业教育“十三五”规划教材
编 审 委 员 会

主　　编： 李璟棠　李玉伦

副主编： 王利军　姬金红

参　　编： 刘金辉　马新保

前　　言

为贯彻落实《国务院关于加快发展现代职业教育的决定》（国发〔2014〕19号）、《教育部关于深化职业教育教学改革全面提高人才培养质量的若干意见》（教职成〔2015〕6号）等文件精神，进一步深化中等职业教育教学改革发展，全面提高技术技能人才培养质量，为社会和企业培养和造就一批“大国工匠”，中国煤炭教育协会决定组织编写出版突出技能型人才培养特色的中等职业教育“十三五”规划教材。为将教材打造为精品、经典教材，中国煤炭教育协会高度重视教材建设和编写工作，提出了坚持“科学严谨、改革创新、特点突出、适应发展”的指导思想，多次组织召开会议研究和部署教材建设及编写工作，并采取有力措施，落实了教材编什么、怎么编、谁来编等具体问题。

2015年以来，教材编审委员会、各有关院校和企业、煤炭工业出版社统一思想，巩固认识，精诚团结合作，主动承担责任，扎实稳步推进工作，严把教材编写质量关，取得教材编写重大成果，教材正陆续出版发行。这套教材主要适用于中等职业学校教学、企业职工培训，也适合具有初中以上文化程度的人员自学。

《金属材料与热处理》是这套教材中的一种，其主要特点是：

（1）编写模式新颖，教材体系体现煤炭中职（技工）特色。教材紧紧围绕着学生关键能力的培养组织教材的内容，在保证本技术基础理论课系统性的同时，把各相关专业的理论与实践融合在本技术基础课的教学中，在教学的整个环节中，处处与实际专业相联系。

（2）突出对学生实际操作技能的培养。教材的各项目按各金属加工专业的需求进行编排，依据岗位对技能和知识的需求，重构教材的知识结构和能力结构体系，突破《金属材料与热处理》课程以往在教学中的抽象性，有助于提高学生理解问题和解决问题的能力。

（3）教材内容全面，具有可读性、直观性和广泛性。汇编了来自于教学、科研和企业的最新典型案例，促进相关课程的学习，设有电子资源包练习功能以培养学生的自主学习能力。

（4）教材的编写团队兼具理论与实操多年教学经验，提高了教材使用的宽度和广度。本教材编写团队的成员均在教学一线任教多年，具有较为丰富的教学经验，同时均有多年企业专业技术岗位或生产一线岗位工作经历，具有较为丰富的生产实践经验和较强生产企业认知，可以通过增加实际的生产案例，理论联系实际，提高教材在同类中职（技工）院校教学和行业培训中的认可度和使用率。

（5）本书配有教学 PPT，供教学使用，可向煤炭工业出版社索取，联系电话 010－84657836。

本书由李璟棠、李玉伦任主编，王利军、姬金红任副主编，刘金辉、马新保参与编写。具体的编写分工是：李璟棠编写第四、第五章；李玉伦编写第二、第六、第七、第九章；王利军编写第一、第三章；姬金红编写第十章；刘金辉编写第八章；马新保提供素材资料。本书的编写，得到了中煤张家口煤矿机械有限责任公司有关技术和技能人员的大力支持和帮助，在此一并表示感谢！

尽管我们做了努力，但本书肯定还存在不足，望读者提出宝贵建议和意见，以便作者在修订时改正。

中等职业教育“十三五”规划教材
编审委员会
2018 年 4 月

目　次

第一章　金属的晶体结构与结晶

【知识目标】

通过学习了解金属的晶体结构，掌握细化晶粒的方法以及金属的同素异构转变。

【技能目标】

1. 能分析纯金属由液态转变为固态的结晶过程。
2. 能叙述纯铁同素异构转变的温度及在不同温度范围内的晶体结构。

金属材料不同，具有的力学性能也不同，即使是同一种金属材料，在不同的条件下其性能也是不同的。金属性能的这些差异从本质上来说，是由其内部结构所决定的。内部结构是指组成材料的原子种类和数量，以及它们的排列方式和空间分布。因此，了解金属的内部结构及其对金属性能的影响，熟悉金属结晶的基本规律，对于控制材料的性能、正确选用和加工金属材料具有非常重要的意义。

第一节　金属的晶体结构

一、晶体与非晶体

固态物质按其原子或分子的聚集状态是否有序，可分为晶体与非晶体两大类。在物质内部，凡原子或分子呈有序、有规则排列的物质称为晶体，自然界中绝大多数固体都是晶体，如常用的金属材料、水晶、结晶盐等；凡原子或分子呈无序堆积状况的物质称为非晶体，如普通玻璃、松香、石蜡、树脂等。非晶体的结构状态与液体结构相似，故非晶体也被称为冻结的液体。

由于晶体内部的原子或分子排列具有规律性，所以自然界中的许多晶体往往具有规则的几何外形，如结晶盐、水晶、天然金刚石等。晶体的几何形状与晶体的形成条件有关，如果条件不具备，其几何形状也可能是不规则的。故晶体与非晶体的根本区别不是几何外形规则与否，而是其内部原子排列是否有规则。晶体与非晶体的区别除了几何形状是否规则外，还表现在以下方面：

（1）非晶体没有固定的熔点，加热时随温度的升高会逐渐变软，最终变为有明显流动性的液体；冷却时液体逐渐变稠，最终变为固体。而晶体有固定的熔点，当加热温度升高到某一温度时，固态晶体在此温度下转变为液态。例如，纯铁的熔点为 1538 ℃，铜的熔点为 1083 ℃，铝的熔点为 660 ℃。

（2）非晶体由于原子排列无规则，故在性能上表现为各向同性。而晶体在不同的方向上具有不同的性能，即晶体表现出各向异性。

二、常见晶格结构

1. 晶格和晶胞

在晶体内部，原子是按一定的几何规律呈周期性有规则排列的，不同晶体的原子排列规律不同。为了便于研究，人们把晶体中的原子近似看作一个个刚性小球，则晶体就是由这些刚性小球按一定几何规则紧密排列而成的物体，如图 1－1 所示。但这种图形不便于分析晶体中原子的空间位置，为了便于研究晶体中原子的排列情况，可将刚性小球再简化成一个点，用假想的线将这些点连接起来，构成有明显规律性的空间格架。这种表示原子在晶体中排列规律的空间格架称为晶格，如图 1－2a 所示。晶格由许多形状、大小相同的几何单元在三维空间重复堆积而成。为了便于讨论，通常从晶格中选取一个能完全反映晶格特征的最小几何单元来分析晶体中原子排列的规律。这个最小几何单元称为晶胞，如图 1－2b 所示。

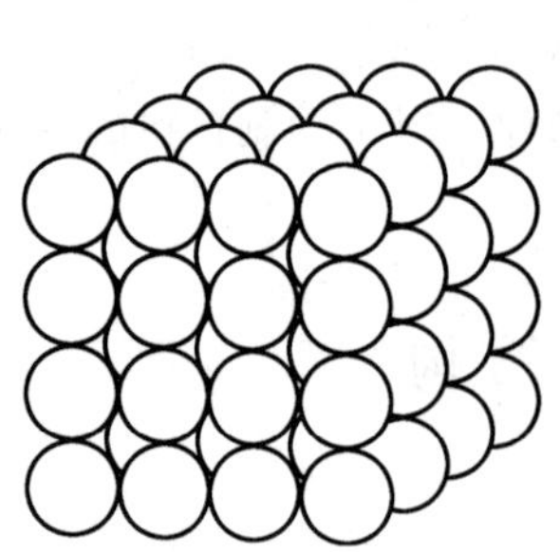

图 1－1　原子排列示意图

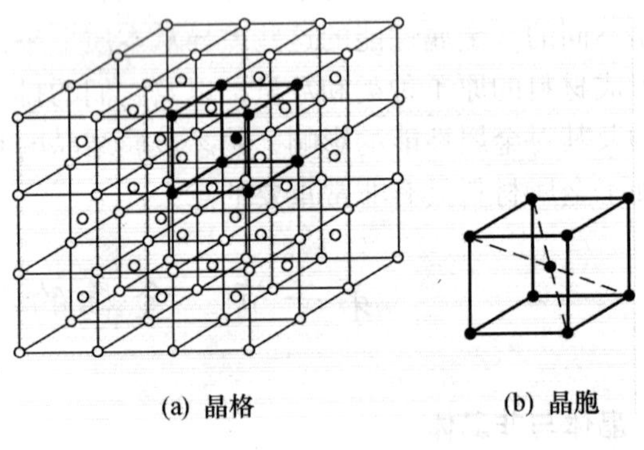

图 1－2　晶格和晶胞示意图

2. 晶格常数

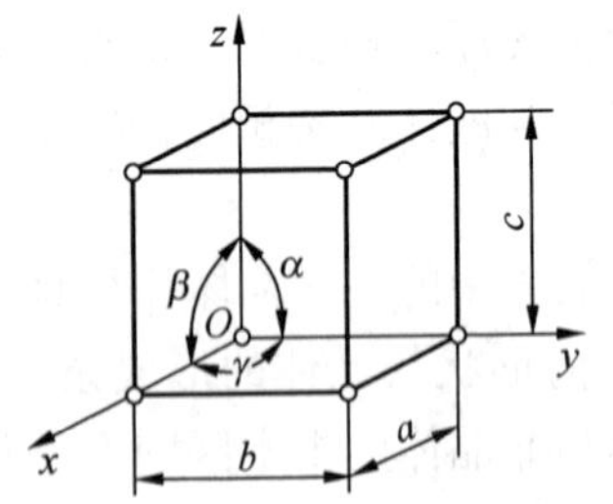

图 1－3　简单立方晶格的表示方法

不同元素的原子半径大小不同，在组成晶胞后晶胞大小也不相同。在金属学中，通常取晶胞角上某一结点作为坐标原点，沿其三条棱边作的坐标轴 x、y、z 称为晶轴。规定坐标原点的前、右、上方为坐标轴的正方向，并以棱边长度 a、b、c 分别作为坐标轴的长度单位，如图 1－3 所示。晶胞的大小和形状完全可以由三个棱边长度和三个晶轴之间的夹角来表示。晶胞的棱边长度称为晶格常数，对于立方晶格来说，晶胞三个方向上的棱边长度都相等（$a=b=c$），用一个晶格常数 a 表示即可。晶格常数的单位为 Å（埃，1 Å $=10^{-10}$ m）。三个晶轴之间的夹角也相等，即 $\alpha=\beta=\gamma=90°$。

3. 晶面和晶向

在晶体中由一系列通过原子中心所构成的平面称为晶面。图 1－4 所示为简单立方晶格的一些晶面。通过两个或两个以上原子中心的直线可代表晶格空间排列的一定方向，称为晶向，如图1－5所示。由于晶体中不同晶面和晶向上原子排列的疏密程度不同，因此原子之间的结合力大小也就不同，从而在不同的晶面和晶向上显示出不同的性能，这就是晶体具有各向异性的原因，也是晶体区别于非晶体的重要标志之一。

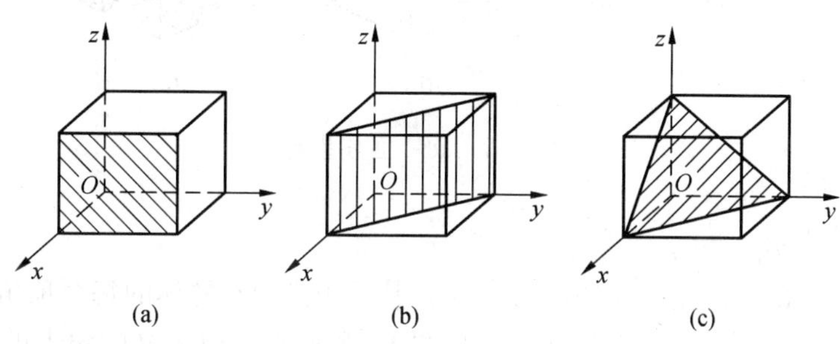

图1－4 简单立方晶格中的晶面

4. 金属晶格的类型

自然界存在的金属元素中，除了少数金属具有复杂的晶体结构外，绝大多数金属（占85%以上）都具有比较简单的晶体结构。最常见的金属晶体结构有三种类型，即体心立方晶格、面心立方晶格、密排六方晶格。

1）体心立方晶格

体心立方晶格的晶胞是一个立方体，其原子位于立方体的八个顶角上和立方体的中心，如图1－6所示。由于晶胞角上的原子同时为相邻的八个晶胞所共有，而立方体中心的原子为该晶胞所独有，所以，每个体心立方晶格的晶胞中实际含有的原子数为1个＋8个/8＝2个。具有体心立方晶格的金属有α－铁（α－Fe）、铬（Cr）、钒（V）、钨（W）、钼（Mo）等。

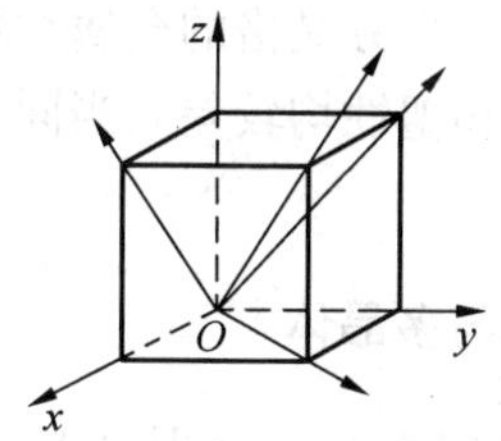

图1－5 简单立方晶格中的晶向

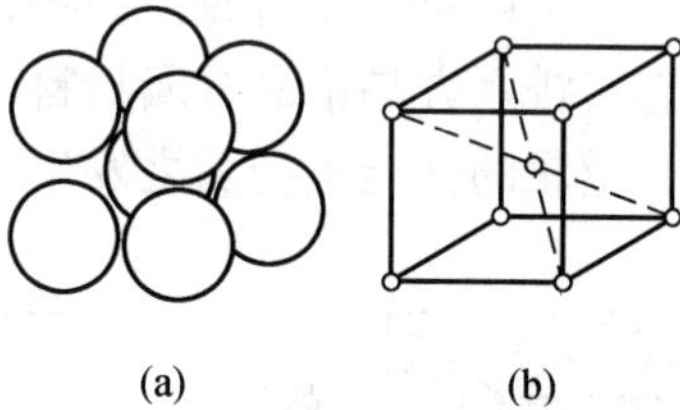

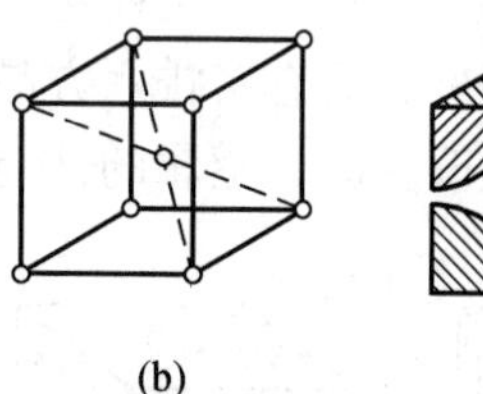

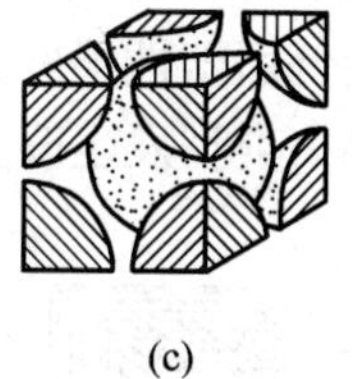

图1－6 体心立方晶胞

2）面心立方晶格

面心立方晶格的晶胞也是一个立方体，其原子位于立方体的八个顶角上和立方体六个面的中心，如图1－7所示。由于晶胞角上的原子同时为相邻的八个晶胞所共有，而每个面中心的原子为两个晶胞所共有，所以，每个面心立方晶格的晶胞中实际含有的原子数为8个/8＋6个/2＝4个。具有面心立方晶格的金属有γ－铁（γ－Fe）、铝（Al）、铜（Cu）、铅（Pb）、镍（Ni）、金（Au）、银（Ag）等。

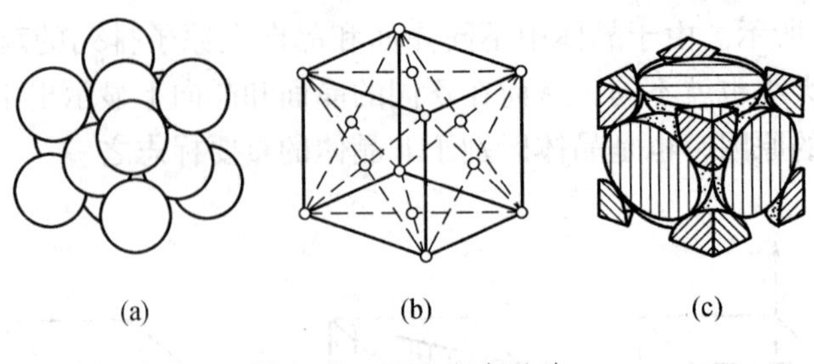

图1-7 面心立方晶胞

3）密排六方晶格

密排六方晶格的晶胞是一个正六方柱体，其原子排列在柱体的每个顶角上和上、下底面的中心，另外三个原子排列在柱体内，如图1-8所示。由于晶胞角上的原子为六个晶胞所共有，上、下底面中心的原子为两个晶胞所共有，而柱体内的三个原子为该晶胞所独有，故每个密排六方晶格的晶胞中实际含有的原子数为12个/6+2个/2+3个=6个。具有密排六方晶格的金属有镁（Mg）、锌（Zn）、铍（Be）、镉（Cd）等。

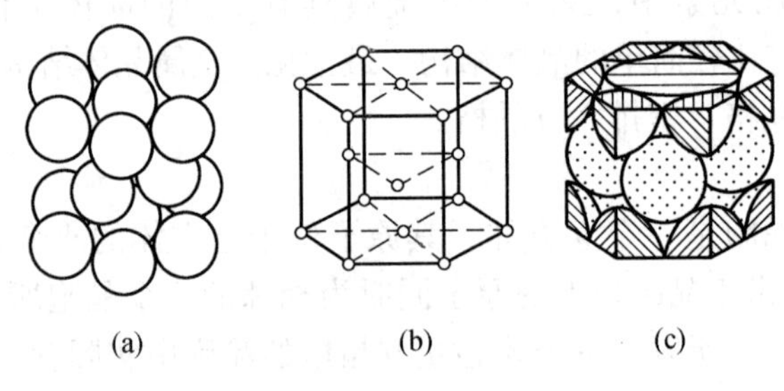

图1-8 密排六方晶胞

以上三种晶格由于原子排列规律不同，它们的性能也不同。一般来说，具有体心立方晶格的金属材料，其强度较高而塑性相对较差一些；具有面心立方晶格的金属材料，其强度较低而塑性很好；具有密排六方晶格的金属材料，其强度和塑性均较差。当同一种金属的晶格类型发生改变时，金属的性能也会随之发生改变。

三、单晶体与多晶体

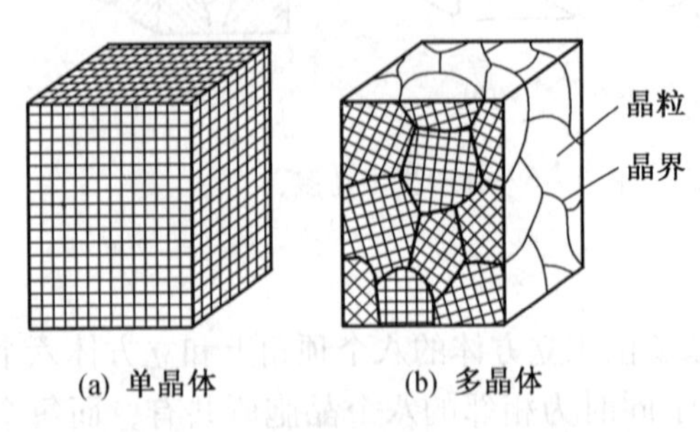

图1-9 单晶体和多晶体结构示意图

金属是由很多大小、外形和晶格排列方向均不相同的小晶体组成的，这些外形不规则而内部原子排列规则的小晶体称为晶粒。晶粒与晶粒之间的分界面称为晶界。

只有一个晶粒的晶体称为单晶体，如图1-9a所示。单晶体中的原子排列位向是完全一致的，其性能是各向异性的。由许多位向不同的晶粒组成的晶体称为多晶体，如图1-9b所示。由于多晶体内各晶粒的晶体位向互不一致，它们表现的各向异性彼此抵消，故显示出各向同性，亦称“伪无向性”。

四、金属晶体结构的缺陷

前面所介绍的金属晶体结构是理想情况下的结构，实际使用的金属材料中，由于加进了其他种类的原子，且材料在冶炼后的凝固过程中受到各种因素的影响，使本来有规律的原子排列方式受到干扰，不像理想晶体那样规则排列，这种晶体中原子紊乱排列的现象称为晶体缺陷。按照缺陷在空间的几何形状及尺寸不同，可将晶体缺陷分为点缺陷、线缺陷和面缺陷。

1. 点缺陷

常见的点缺陷有空位、间隙原子、置换原子等。空位是指在晶格中应该有原子的地方而没有原子，没有原子的结点称为空位，如图 1－10a 所示；间隙原子是指位于个别晶格间隙之中出现的多余原子或挤来外来原子的缺陷，如图 1－10b 所示；置换原子是指晶格结点上的原子被其他元素的原子所取代，如图 1－10c 所示。在点缺陷附近，由于原子间作用力的平衡被破坏，使其周围的其他原子发生靠拢或撑开的不规则排列，晶格产生变形，这种变化称为晶格畸变。

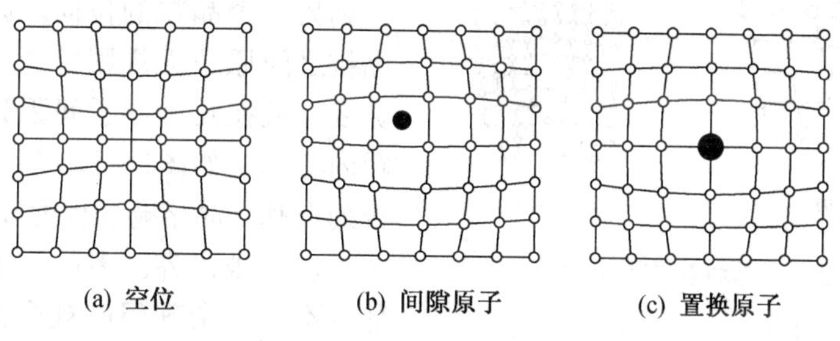

图 1－10　点缺陷

2. 线缺陷

线缺陷是指晶体内部的缺陷呈线状分布，常见的线缺陷是各种类型的位错。位错是晶格中有一列或若干列原子发生了某些有规律的错排现象。位错的基本类型有两种，即刃型位错和螺型位错。

（1）刃型位错。图 1－11a 所示为刃型位错，图中晶体的上半部多出一个原子面（称为半原子面），它像刀刃一样切入晶体，其刃口即半原子面的边缘便为一条刃型位错线。在位错线周围会造成晶格畸变，严重晶格畸变的范围约为几个原子间距。

（2）螺型位错。图 1－11b 所示为螺型位错，图中晶体右边的上部原子相对于下部原子向后错动一个原子间距，即右边上部晶面相对于下部晶面发生错动。若将错动区的原子用线连起来，则具有螺旋型特征，故称为螺型位错。

位错是晶体中极为重要的一类缺陷，它对晶体的塑性变形、强度和断裂起决定性作用。金属材料的塑性变形便是通过位错运动来实现的。

3. 面缺陷

面缺陷是指晶体中的晶界和亚晶界，如图 1－12 所示。

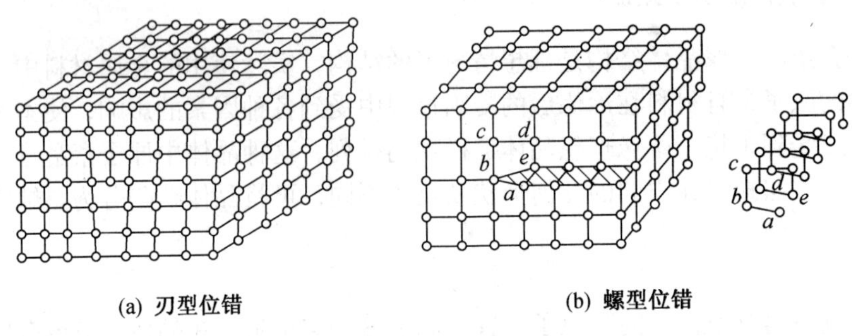

(a) 刃型位错　　(b) 螺型位错

图 1－11　线缺陷

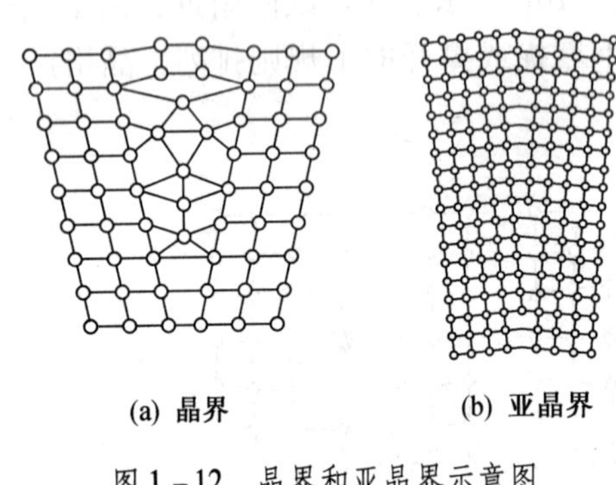
(a) 晶界　　(b) 亚晶界

图 1－12　晶界和亚晶界示意图

（1）晶界。实际金属一般为多晶体，在多晶体中相邻两晶粒间的位向不同，晶界处原子的排列必须从一个晶粒的位向过渡到另一个晶粒的位向。因此晶界成为两晶粒之间原子无规则排列的过渡层，晶界宽度一般在几个原子间距到几十个原子间距内变动，如图1－12a 所示。晶界处原子排列混乱，晶格畸变程度较大。

（2）亚晶界。多晶体里的每个晶粒内部也不是完全理想的规则排列，而是存在许多尺寸很小位向差也小的小晶粒，这些小晶粒称为亚晶粒。亚晶粒之间的交界面称为亚晶界，如图 1－12b 所示。实际金属晶体中存在许多空位、间隙原子、置换原子、位错、晶界及亚晶界等晶体缺陷，这些晶体缺陷会造成晶格畸变，引起塑性变形抗力增大，从而使金属的强度提高。

第二节　金属的结晶

金属材料的成型通常需要通过冶炼和铸造，要经历由液态变成固态的凝固过程。金属由原子不规则排列的液体转变为原子规则排列的固体的过程称为结晶。了解金属结晶的过程及规律，对于控制材料内部组织和性能都具有重要意义。

一、纯金属的冷却曲线及过冷度

金属的结晶过程可以通过热分析法进行研究。如图 1－13 所示，将要研究的纯金属放入坩埚中加热，使其熔化成液体，并把热电偶浸入熔化的金属液中，然后缓慢冷却下来。在冷却过程中，每隔一定时间测量一次温度，将记录下来的数据描绘在温度(T)－时间(t)坐标图中，这样就获得了纯金属的冷却曲线，如图 1－14 所示。

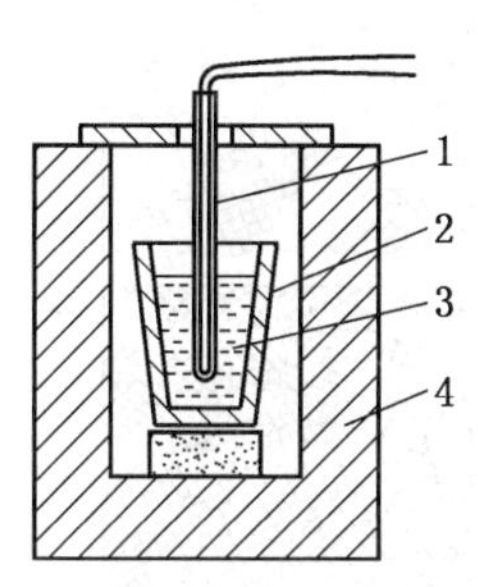

1—热电偶；2—坩埚；3—金属液；4—电炉

图 1－13　热分析装置示意图

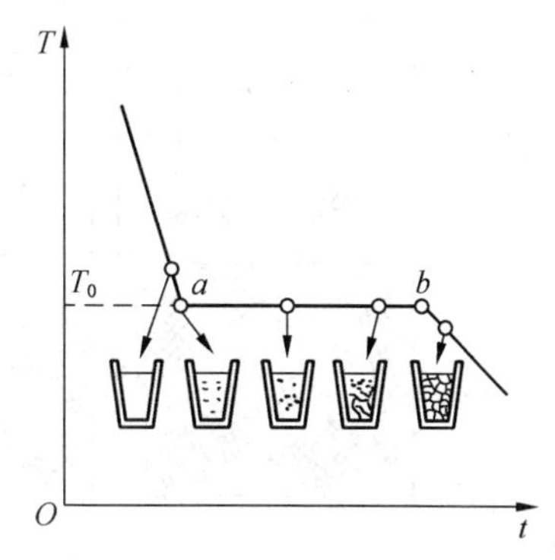

图 1－14　纯金属的冷却曲线绘制过程

由冷却曲线可见，液体金属随着冷却时间的延长，其热量不断向外界散失，温度不断下降。当冷却到 a 点时，液体金属开始结晶，随着冷却时间的延长温度并不降低，在冷却曲线上出现了一个平台。这是由于在结晶过程中释放出来的结晶潜热补偿了向外界散失的热量，导致结晶时的温度不随时间的延长而下降，直到 b 点结晶终了。$a-b$ 两点之间的水平线即为结晶阶段，这个平台所对应的温度就是纯金属的结晶温度。金属结晶终了后，温度又继续下降。纯金属在极缓慢冷却条件下的结晶温度称为理论结晶温度，用 T_0 表示。在实际生产中，金属的实际结晶温度（T_1）往往低于理论结晶温度（T_0）。这种金属的实际结晶温度低于理论结晶温度的现象称为过冷现象，二者之差称为过冷度，即 $\Delta T=T_0-T_1$，如图 1－15 所示。实践证明，过冷度与冷却速度有关，结晶时冷却速度越快，金属的实际结晶温度越低，过冷度也就越大。过冷是金属结晶的必要条件。

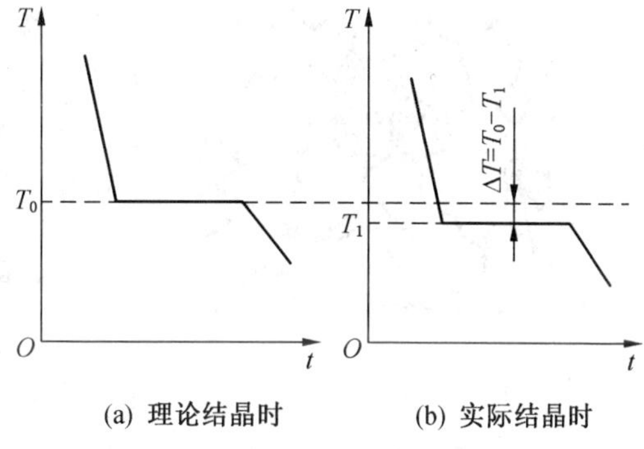

图 1－15　纯金属结晶时的冷却曲线

二、纯金属的结晶过程

1. 形核

液态金属的结晶是在一定过冷度条件下，从液体中首先形成一些按一定晶格类型排列的微小而稳定的小晶体，然后以它为核心逐渐长大。这些作为结晶核心的微小晶体称为晶核。在晶核长大的同时，液体中又不断产生新的晶核并且不断长大，直到它们互相接触，液体完全消失为止。简言之，结晶过程是晶核形成与长大的过程，如图 1－16 所示。

2. 晶核长大

在过冷条件下，晶核一旦形成就立即开始长大。在晶核长大初期，其外形比较规则。随即晶核优先沿一定方向按树枝状生长方式长大。晶体的这种生长方式就像树枝一样，先长出干枝，再长出分枝，所得到的晶体称为树枝状晶体，简称枝晶。当成长的枝晶与相邻

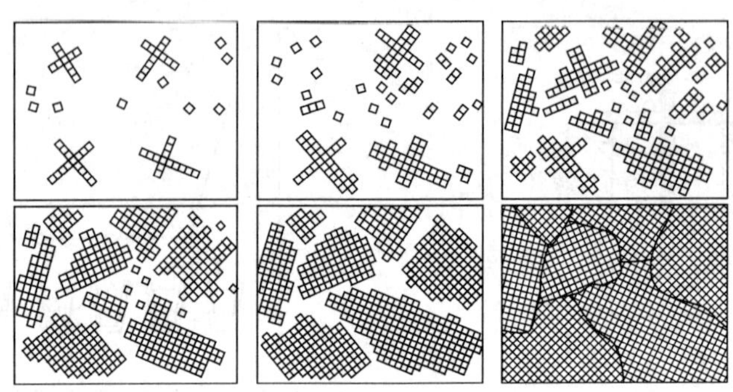

图1-16　纯金属结晶过程示意图

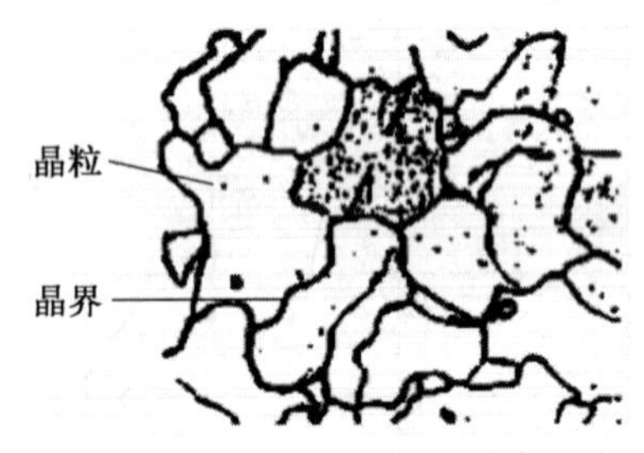

图1-17　纯铁的显微组织

晶体的枝晶互相接触时，晶体就向着尚未凝固的部位生长，直到枝晶间的金属液全部凝固为止，最后形成了许多互相接触而外形不规则的晶体。图1-17是在金相显微镜下所观察到的纯铁的晶粒和晶界形象。

三、晶粒大小对金属力学性能的影响

金属的晶粒大小对金属的力学性能具有重要影响。实验表明，室温下的细晶粒金属比粗晶粒金属具有更高的强度、硬度、塑性和韧性。晶粒大小对纯铁力学性能的影响见表1-1。工业上将通过细化晶粒来提高材料强度的方法称为细晶强化。

表1-1　晶粒大小对纯铁力学性能的影响

晶粒平均直径/μm	抗拉强度 R_m/MPa	下屈服强度 R_{eL}/MPa	断后伸长率 A/%
70	184	34	30.6
25	216	45	39.5
2.0	268	58	48.8
1.6	270	66	50.7

为了提高金属的力学性能，必须控制金属结晶后的晶粒大小。由结晶过程可知，金属晶粒大小取决于结晶时的形核率 N（单位时间、单位体积所形成的晶核数目）与晶核的长大速度 G。形核率越高，长大速度越慢，结晶后的晶粒越细小。因此，细化晶粒的根本途径是提高形核率及降低晶核长大速度。

常用细化晶粒的方法有以下几种。

1. 增加过冷度

金属的形核率和长大速度均随过冷度不同而发生变化，但两者的变化速率不同，在很大范围内形核率比晶核长大速度增长更快，因此增加过冷度能使晶粒细化。图1-18所示为形核率和晶核长大速度与过冷度的关系。铸造生产时用金属型浇注的铸件比用砂型浇注得到的铸件晶粒细小，就是因为金属型散热快，过冷度大的缘故。这种方法只适用于中、小型铸件，因为大型铸件冷却速度较慢，不易获得较大的过冷度，而且冷却速度过大时容易造成铸件变形、开裂，对于大型铸件可采用其他方法使晶粒细化。

2. 变质处理

变质处理又称孕育处理，是在浇注前向液态金属中加入一些细小的形核剂（又称为变质剂或孕育剂），使它们分散在金属液中作为人工晶核，以增加形核率或降低晶核长大速度，从而获得细小的晶粒。

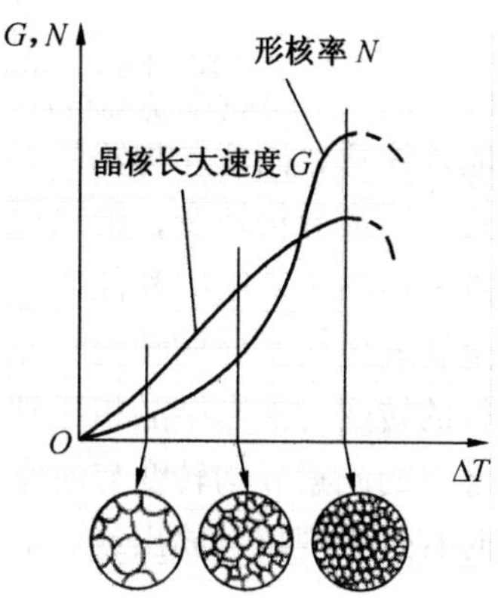

图 1-18 形核率和晶核长大速度与过冷度的关系示意图

例如，向钢液中加入铁、硼、铝等，向铸铁中加入硅铁、硅钙等变质剂，均能起到细化晶粒的作用。生产中大型铸件或厚壁铸件常采用变质处理的方法细化晶粒。

3. 振动处理

在金属结晶时，对金属液加以机械振动、超声波振动和电磁振动等，一方面外加能量能促进形核，另一方面击碎正在生长中的枝晶，破碎的枝晶又可作为新的晶核，从而增加形核率，达到细化晶粒的目的。

第三节 金属的同素异构转变

一、同素异构转变的概念

有些金属在固态下存在两种以上的晶格形式，在冷却或加热过程中，随着温度变化，其晶格类型也随之变化。金属在固态下，随着温度的改变由一种晶格转变为另一种晶格的现象称为同素异构转变。具有同素异构转变的金属有铁、钴、钛、锡、锰等。以不同晶格形式存在的同一金属元素的晶体称为该金属的同素异构体。同一金属的同素异构体按其稳定存在的温度，由低温到高温依次用希腊字母 α、β、γ、δ 等表示。

二、铁的同素异构转变

铁是典型的具有同素异构转变的金属，由图 1-19 所示纯铁的冷却曲线可见，液态纯铁在 1538 ℃结晶，得到具有体心立方晶格的 δ-Fe；继续冷却到 1394 ℃时发生同素异构转变，δ-Fe 转变为面心立方晶格的 γ-Fe；再冷却到 912 ℃时又发生同素异构转变，γ-Fe 转变为体心立方晶格的 α-Fe；再继续冷却到室温，晶格类型不再发生变化，保持体心立方晶格的 α-Fe。此外，在 770 ℃时出现了一个平台，此温度下铁的晶格类型没有变化，也不发生形核长大过程。因此，在此不发生同素异构转变，只是原子最外层电子有所变化，释放出一定的热量，该温度称为纯铁的磁性转变点（也称居里点）。低于 770 ℃时纯铁可被磁化，高于 770 ℃时纯铁不能被磁化。

$$\underset{\text{(体心立方晶格)}}{\delta-\text{Fe}} \xrightleftharpoons{1394\ ℃} \underset{\text{(面心立方晶格)}}{\gamma-\text{Fe}} \xrightleftharpoons{912\ ℃} \underset{\text{(体心立方晶格)}}{\alpha-\text{Fe}}$$

应该注意，同素异构转变不仅存在于纯铁中，也存在于以铁为基的钢铁材料中。正是因为具有同素异构转变，钢铁材料才具有多种多样的性能，获得了广泛应用，并能通过热处理进一步改善其组织和性能。

金属发生同素异构转变时原子重新排列，所以它也是一种结晶过程。为了把这种固态下进行的转变与液态结晶相区别，特称之为二次结晶或重结晶。

金属的同素异构转变与液态金属的结晶过程有许多相似之处，如有一定的转变温度，转变时有过冷现象，放出或吸收潜热，转变过程是一个形核和晶核长大的过程（图1－20）。

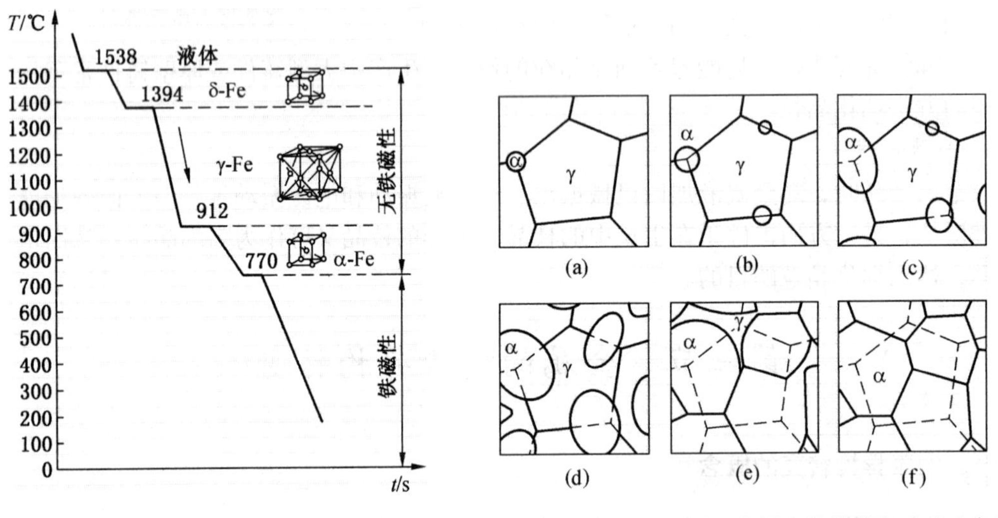

图1－19　纯铁的冷却曲线

图1－20　γ－Fe→α－Fe的同素异构转变过程示意图

此外，同素异构转变属于固态相变，又具有以下特点：

（1）在同素异构转变时，新晶粒的晶核优先在旧相晶粒的晶界处形核，当旧相的晶粒较细小时，晶界面积较大，新相形核较多，转变结束后形成的晶粒较细小。

（2）转变需要较大的过冷度，因为固态下原子的扩散比液态中困难，所以转变需要在更大的过冷度条件下才能顺利进行。

（3）由于不同晶格类型中原子排列的密度不同，在固态相变时伴随体积变化，转变时会产生较大的组织应力。例如，γ－Fe转变为α－Fe时，铁的体积会膨胀约1%，这是钢在热处理时产生应力，导致工件变形和开裂的重要原因。

练　习　题

一、填空题

1. 内部原子杂乱排列的物质叫______，原子规则排列的物质叫______，一般固态金属都属于______。

2. 常见的金属晶格类型有____________、____________、____________。铬属于______晶格，铜属于______晶格，锌属于______晶格。

3. 在金属晶体中通过原子中心的平面称为____________。通过原子中心的直线，可代表________________，称为晶向。

4. 金属的晶体缺陷主要有____________、____________、____________。

5. 金属的结晶是指由______转变为______的过程，也就是由原子的____________逐步过渡到原子____________的过程。

6. 纯金属的冷却曲线是用______法测定的。冷却曲线的纵坐标表示______，横坐标表示______。

7. ______与______之差称为过冷度。过冷度同______有关，______越大，过冷度也越大。

8. 金属晶粒大小，取决于结晶时的____________及____________。

9. 金属在______下，随温度的变化由______转变为____________的现象称为同素异构转变。

二、判断题

1. （　　）金属材料的力学性能，是由其内部组织结构决定的。

2. （　　）非晶体具有各向异性的特点。

3. （　　）体心立方晶格的原子位于立方体的八个顶角及立方体六个平面的中心。

4. （　　）所有金属材料的晶格类型都是相同的。

5. （　　）液态金属的结晶是在恒定温度下进行的，所以金属具有固定的熔点。

6. （　　）金属结晶时，过冷度越大，结晶后晶粒也越粗。

7. （　　）一般来说，晶粒越细小，金属材料的力学性能越好。

8. （　　）在任何情况下，铁及其合金都是体心立方晶格。

9. （　　）金属发生同素异构转变时，要吸收或放出热量，转变是在恒温下进行的。

三、选择题

1. 体心立方晶胞的独立原子数为（　　），面心立方晶胞的独立原子数为（　　）。

A. 6　　B. 4　　C. 2

2. 纯铁的两种晶格内原子排列的紧密程度不同，其中（　　）的原子排列比（　　）紧密，故当 $\gamma-Fe$ 转变为 $\alpha-Fe$ 时，纯铁的体积将会（　　）。

A. 体心立方晶格　　B. 面心立方晶格　　C. 收缩　　D. 膨胀

3. 金属发生结构改变的温度称为（　　）。

A. 临界点　　B. 凝固点　　C. 过冷度

4. 晶格中原子偏离平衡位置的现象称为（　　）。

A. 位错　　B. 同素异构转变　　C. 晶格畸变

5. 纯铁在 1450 ℃时为（　　）晶格，在 1000 ℃时为（　　）晶格，在 600 ℃为（　　）晶格。

A. 体心立方　　B. 面心立方　　C. 密排六方

6. 纯铁在 700 ℃时称为（　　），在 1100 ℃时称为（　　），在 1500 ℃时称为（　　）。

A. α－Fe　　B. γ－Fe　　C. δ－Fe

7. 金属经某种特殊处理后，在金相显微镜下看到的特征与形貌为（　　）。

A. 晶向　　B. 显微组织　　C. 晶格

四、简答题

1. 什么是晶格和晶胞？
2. 纯金属结晶时，其冷却曲线为什么会产生水平线段？
3. 晶粒大小对金属材料性能有什么影响？常用什么方法细化晶粒？
4. 说出纯铁同素异构转变的温度以及在不同温度范围内存在的晶体结构。
5. 简述同素异构转变的特点。

第二章 金属的性能

【知识目标】

1. 掌握金属材料常用力学性能指标的含义、符号及工程意义。
2. 了解金属材料的物理性能、化学性能和工艺性能。
3. 掌握金属拉伸实验、硬度实验的实验方法。

【能力目标】

1. 能利用拉伸实验数据计算金属材料的强度和塑性指标。
2. 在教师的指导下能正确操作拉伸试验机、硬度计，完成拉伸和硬度实验并完成实验报告。

金属材料由于其具有我们在加工和使用过程中所需要的各种性能，所以在现代工业中获得了广泛应用。金属材料的性能如图 2－1 所示。

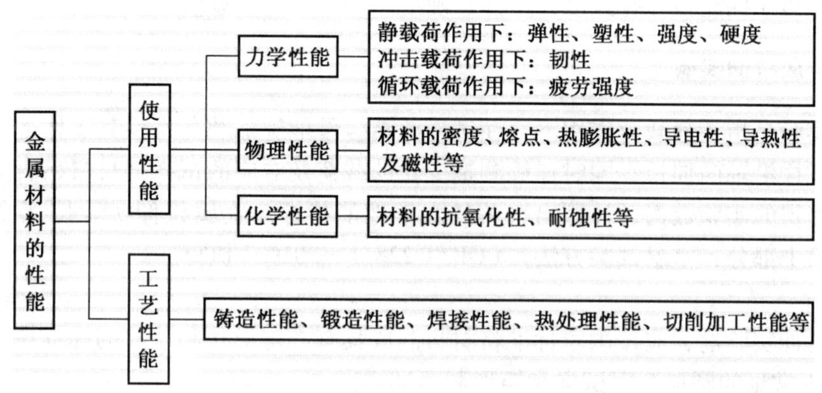

图 2－1 金属材料的性能

第一节 金属的力学性能

金属材料在加工及使用过程中均要受到各种外力作用，一般将这些外力称为载荷。根据载荷作用性质不同，载荷可分为三种：

（1）静载荷：大小、方向或作用点不随时间变化或变化缓慢的载荷。

（2）冲击载荷：在短时间内以较高速度作用于零构件上的载荷。

（3）交变载荷：大小、方向或大小和方向随时间发生周期性变化的载荷，也称循环载荷。

根据载荷作用形式不同，载荷又可分为拉伸载荷、压缩载荷、弯曲载荷、剪切载荷和扭转载荷等，如图 2－2 所示。

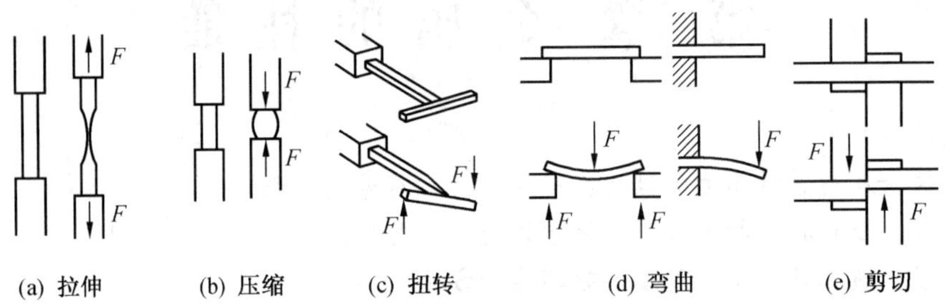

图 2－2　常见的载荷作用形式

金属材料在载荷作用下发生的形状和尺寸的变化称为变形。载荷去除后能够恢复的变形称为弹性变形，如拉橡皮筋，去除载荷后又恢复原样；载荷去除后不能恢复的变形称为塑性变形，如弯折铁丝，去除载荷后弯曲形状还会保持。显然，不同的材料发生弹、塑性变形的程度不同。这种在载荷作用下表现出来的性能称为力学性能。严格来说，金属力学性能是指金属在载荷作用下所显示与弹性和非弹性反应相关或涉及应力－应变关系的性能。常用的力学性能指标有强度、塑性、硬度、冲击韧性、疲劳极限等。

一、金属拉伸实验

拉伸实验是指在静载荷作用下，在试样两端缓慢地施加载荷，使其工作部分受轴向拉力，引起试样沿轴向伸长，同时连续测量变化的载荷及对应的试样伸长量，直至被拉断为止。根据测得的实验数据，计算出有关的力学性能指标。金属拉伸实验按《金属材料拉伸试验　第 1 部分：室温试验方法》（GB/T 228.1—2010）执行。

1. 拉伸试样

进行拉伸实验前，应按国家标准将材料制成具有一定形状和尺寸的标准拉伸试样，图 2－3 所示为常见的圆形截面试样和矩形截面试样。

根据原始标距（L_0）与原始横截面积（S_0）之间的关系，拉伸试样可分为比例试样和非比例试样两种。圆截面短比例试样的原始标距 $L_0=5d_0$（$k=5.65$），圆截面长比例试样的原始标距 $L_0=10d_0$（$k=11.3$）。

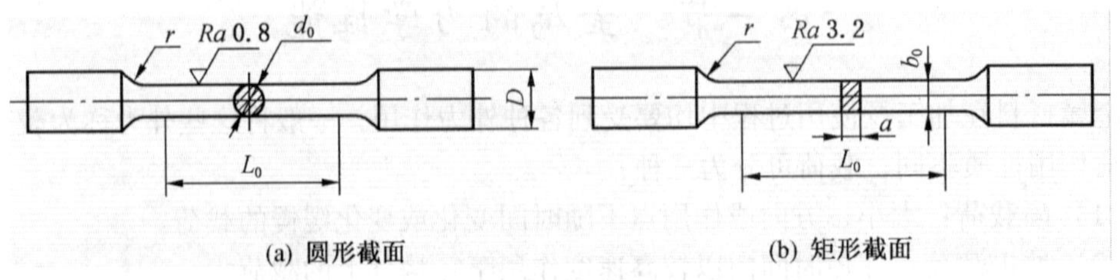

图 2－3　标准比例拉伸试样

2. 拉伸曲线

拉伸实验中，拉伸试验机可自动绘制出反映拉伸过程中载荷（F）与试样伸长量（ΔL）之间关系的力－伸长曲线（也称拉伸曲线）。图2－4所示为退火低碳钢的拉伸曲线，图中纵坐标表示载荷F，单位为N；横坐标表示绝对伸长量ΔL，单位为mm。

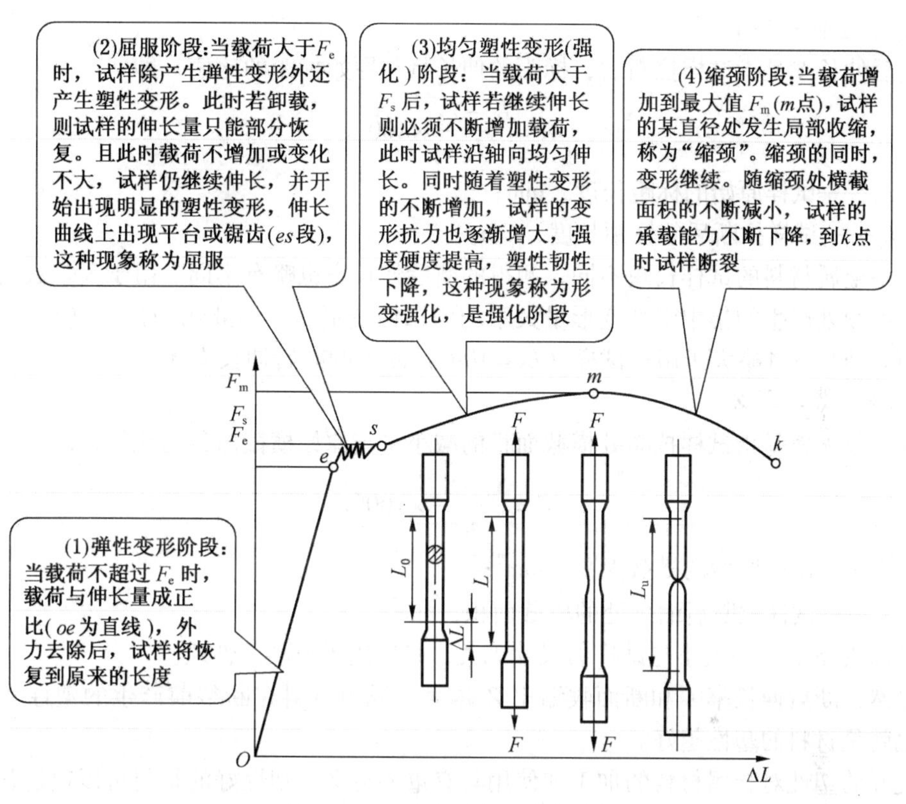

(2)屈服阶段：当载荷大于F_e时，试样除产生弹性变形外还产生塑性变形。此时若卸载，则试样的伸长量只能部分恢复。且此时载荷不增加或变化不大，试样仍继续伸长，并开始出现明显的塑性变形，伸长曲线上出现平台或锯齿(es段)，这种现象称为屈服
(3)均匀塑性变形(强化)阶段：当载荷大于F_s后，试样若继续伸长则必须不断增加载荷，此时试样沿轴向均匀伸长。同时随着塑性变形的不断增加，试样的变形抗力也逐渐增大，强度硬度提高，塑性韧性下降，这种现象称为形变强化，是强化阶段
(4)缩颈阶段：当载荷增加到最大值F_m(m点)，试样的某直径处发生局部收缩，称为“缩颈”。缩颈的同时，变形继续。随缩颈处横截面积的不断减小，试样的承载能力不断下降，到k点时试样断裂
(1)弹性变形阶段：当载荷不超过F_e时，载荷与伸长量成正比(oe为直线)，外力去除后，试样将恢复到原来的长度
F_m
F_s
F_e
m
s
e
k
F
L_0
ΔL
L_u
O
ΔL

图2－4　退火低碳钢的拉伸曲线

材料的性质不同，其拉伸曲线的形状也不尽相同。工程上使用的金属材料，在拉伸实验过程中并不是都有明显的弹性变形、屈服、均匀塑性变形、缩颈和断裂等阶段，如图2－5和图2－6所示。灰铸铁、淬火高碳钢等脆性材料在断裂前塑性变形量很小，甚至不发生塑性变形，直接断裂。

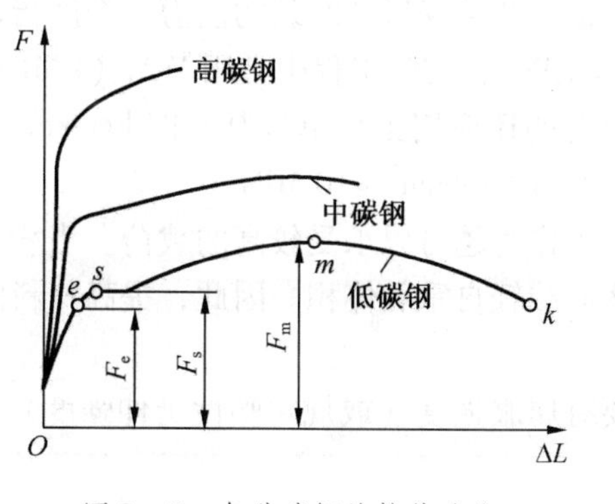

图2－5　各种碳钢的拉伸曲线

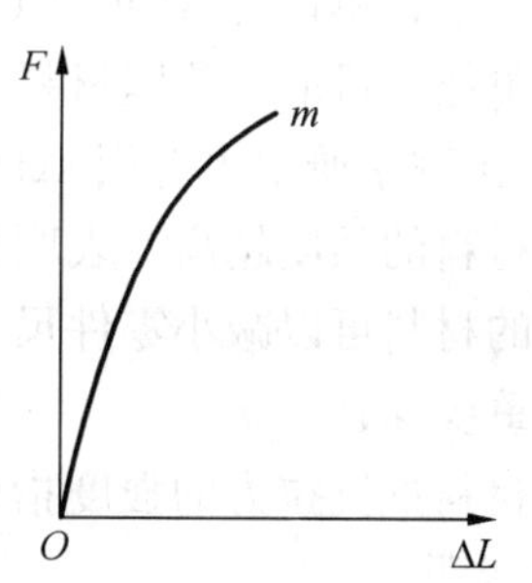

图2－6　铸铁的拉伸曲线

二、塑性及其常用指标

塑性是指断裂前材料发生不可逆永久变形的能力。

金属的塑性常用断后伸长率和断面收缩率来表征。

1. 断后伸长率 A

断后伸长率是指试样拉断后，标距的伸长量与原始标距的比值，即

$$A = \frac{L_u - L_0}{L_0} \times 100\%$$

式中 L_0——试样原始的标距长度，mm；

L_u——试样拉断后的标距长度，mm。

同一金属材料的试样长短不同，测得的断后伸长率也略有不同。由于大多数韧性金属材料在缩颈处产生的集中塑性变形量大于均匀塑性变形量，因此用短试样（$L_0 = 5d_0$）测得的断后伸长率 A 略大于用长试样（$L_0 = 10d_0$）测得的断后伸长率 $A_{11.3}$。

2. 断面收缩率 Z

断面收缩率是指试样拉断处横截面积的减小量与原始横截面积的比值，即

$$Z = \frac{S_0 - S_u}{S_0} \times 100\%$$

式中 S_0——试样原始的横截面积，mm^2；

S_u——试样拉断后缩颈处的横截面积，mm^2。

断面收缩率 Z 的大小与试样的尺寸无关，只取决于材料的性质。

显然，断后伸长率 A 和断面收缩率 Z 越大，说明材料在断裂前产生的塑性变形量越大，也就是材料的塑性越好。

良好的塑性对金属材料的加工和使用具有重要意义，塑性好的材料可以通过各种压力加工方法（锻造、轧制、冲压等）获得形状复杂的零件或构件。塑性好的金属材料在使用过程中偶尔过载，可通过产生一定的塑性变形而使工件不致突然断裂，在一定程度上保证了机械零件的工作安全性。

三、强度及其常用指标

强度是指金属材料在静载荷作用下抵抗塑性变形和断裂的能力。强度指标通常用应力的形式来表示，单位为 N/m^2（$1\ N/m^2 = 1\ Pa$），实际工程中常用 MPa（$1\ MPa = 10^6\ Pa$）作为强度的单位。目前，我国材料手册中有的还应用工程单位制，即 kgf/cm^2，$1\ kgf/cm^2 \approx 0.1\ MPa$；工程手册中也有用 kgf/mm^2 的，$1\ kgf/mm^2 \approx 10\ MPa$。

金属材料的强度越高，表明材料在工作时越可以承受较高的载荷。当载荷一定时，选用高强度的材料可以减小零件尺寸，从而减轻自重和体积。因此，提高材料的强度是材料科学中的重要课题。

金属材料抵抗拉力的强度指标主要有屈服强度（或规定塑性延伸强度）和抗拉强度。

1. 屈服强度

屈服强度是金属材料开始产生明显塑性变形时的最小应力值，其实质是金属材料对初

始塑性变形的抗力。

对于具有明显屈服现象的金属材料，屈服强度分为上屈服强度 R_{eH} 和下屈服强度 R_{eL}。上屈服强度是试样发生屈服而载荷首次下降前的最大应力；下屈服强度为在屈服期间不计初始瞬时效应的最低应力，如图 2－7 所示。

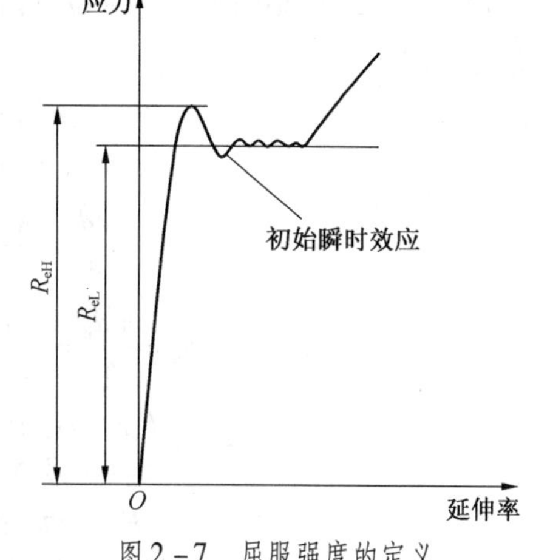

图 2－7 屈服强度的定义

在金属材料中，一般用下屈服强度代表其屈服强度：

$$R_{eL}=\frac{F_{eL}}{S_0}$$

式中 R_{eL}——试样的下屈服强度，MPa；

F_{eL}——试样屈服时不计瞬时的最小载荷，N；

S_0——试样原始横截面积，mm^2。

高碳淬火钢、铸铁等材料在拉伸实验中没有明显的屈服现象，无法确定其上、下屈服强度，用规定塑性延伸强度代替屈服强度。

2. 规定塑性延伸强度 R_p

规定塑性延伸强度用 R_p 表示。对于无屈服现象的钢材，一般用规定塑性延伸率为 0.2% L_0 时的应力替代下屈服强度值，记为 $R_{p0.2}$，如图 2－8 所示。工程构件或机器零件工作时均不允许发生明显的塑性变形，因此屈服强度是工程技术上重要的力学性能指标之一，设计零件时常以 R_{eL} 或 $R_{p0.2}$ 作为选用金属材料的依据。即对于塑性材料：工作应力≤材料屈服强度/安全系数。

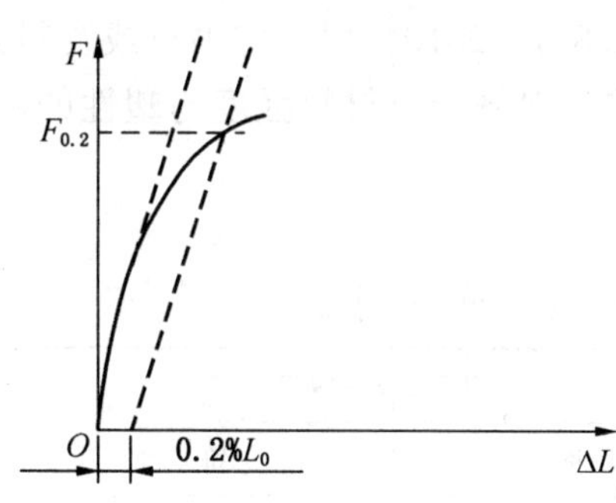

图 2－8 规定塑性延伸强度 $R_{p0.2}$ 的确定

3. 抗拉强度 R_m

抗拉强度是指材料在断裂前所承受的最大应力，又称强度极限，即

$$R_m=\frac{F_m}{S_0}$$

式中 R_m——抗拉强度，MPa；

F_m——试样被拉断前承受的最大拉力，N；

S_0——试样原始横截面积，mm^2。

抗拉强度反映了金属材料在静载荷作用下的最大承载能力，也是机械工程设计和选材的重要力学性能指标之一。特别是对铸铁等脆性材料，抗拉强度就是其失效强度，这种材料的工件在工作中承受的最大应力不允许超过抗拉强度。即对于脆性材料：工作应力≤材料抗拉强度/安全系数。

【例题 2－1】某厂新购入一批直径为 20 mm 的 20 钢棒料，退火态。按 GB/T 699—2015 的规定，其力学性能指标应为：$R_{eL}\geqslant 245$ MPa，$R_m\geqslant 420$ MPa，$A\geqslant 25\%$，$Z\geqslant 50\%$。现随机取样并制成 $d_0=10$ mm 的长比例试样进行拉伸实验，实验报告数据为：$F_{eH}=$

21.733 kN，$F_{eL}=21.301$ kN，$F_m=37.44$ kN，$L_u=129.5$ mm，$d_u=6.94$ mm，试判断该批棒料是否合格？

解

$$L_0=10d_0=100\ \text{mm}$$

$$S_0=\frac{\pi d_0^2}{4}=\frac{3.14\times 10^2}{4}=78.5\ \text{mm}^2$$

$$S_u=\frac{\pi d_u^2}{4}=\frac{3.14\times 6.94^2}{4}=37.8\ \text{mm}^2$$

$$R_{eL}=\frac{F_{eL}}{S_0}=\frac{21301}{78.5}=271.4\ \text{MPa}>245\ \text{MPa}$$

$$R_m=\frac{F_m}{S_0}=\frac{37440}{78.5}=477\ \text{MPa}>420\ \text{MPa}$$

$$A_{11.3}=\frac{L_u-L_0}{L_0}=\frac{129.5-100}{100}=29.5\%>25\%$$

$$Z=\frac{S_0-S_u}{S_0}=\frac{78.5-37.8}{78.5}=51.8\%>50\%$$

所以该批棒料合格。

说明：短试样比长试样测得的断后伸长率略大，所以长试样合格，短试样一定合格。

4. 屈强比

屈服强度与抗拉强度的比值（R_{eL}/R_m）称为材料的屈强比。屈强比越大，材料的承载能力越强，越能发挥材料的性能潜力。但屈强比过大，材料在断裂前塑性“储备”太少，安全性能会下降。合理的屈强比一般为0.60~0.75。

本教材金属室温拉伸实验方法采用新标准GB/T 228.1—2010，但一些书籍或资料是按旧标准GB/T 228—1987测定和标注的。为方便使用，现将金属材料强度与塑性的新、旧标准名称和符号对照列于表2-1中。

表2-1　金属材料强度与塑性的新、旧标准名称和符号对照

GB/T 228.1—2010		GB/T 228—1987	
名　称	符　号	名　称	符　号
屈服强度	无	屈服点	σ_s
上屈服强度	R_{eH}	上屈服点	σ_{su}
下屈服强度	R_{eL}	下屈服点	σ_{sL}
规定塑性延伸强度	$R_{p0.2}$	规定伸长应力	$\sigma_{0.2}$
抗拉强度	R_m	抗拉强度	σ_b
断后伸长率	A 或 $A_{11.3}$	断后伸长率	δ_5 或 δ_{10}
断面收缩率	Z	断面收缩率	ψ

四、硬度及其常用指标

硬度是衡量金属材料软硬程度的指标，是指金属材料在静载荷作用下抵抗表面局部变形，特别是塑性变形、压痕、划痕的能力。

硬度实验设备简单，操作迅速方便，通常可直接在工件上进行测量；更重要的是，通过硬度值可以估算出金属材料的强度、塑性等力学性能指标。因此，硬度实验在科研和生产中得到了广泛应用。

硬度实验方法有压入法、刻划法和回跳法等。这里主要介绍生产中应用广泛的压入硬度——布氏硬度、洛氏硬度和维氏硬度测试方法。

（一）布氏硬度

1. 布氏硬度测试原理

布氏硬度测试原理如图 2－9 所示，是在一定载荷 F 的作用下，将一定直径 D 的硬质合金球压入被测材料的表面，保持规定时间后将载荷卸掉，测出压痕直径 d，再根据 d 值计算出压痕的曲面面积 S，最后求出压痕单位面积上承受的平均压力（单位为 MPa）作为被测金属材料的布氏硬度值。相同实验条件下，压痕直径 d 越大，金属材料的布氏硬度值越低，金属材料硬度越小；反之，金属材料的布氏硬度值越高，金属材料硬度越大。

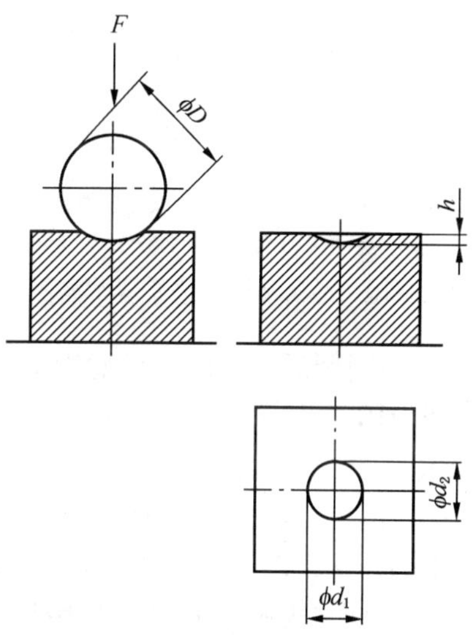

图 2－9　布氏硬度测试原理示意图

实际测试布氏硬度时，根据用刻度放大镜测出的压痕对角线长度 d 值查附录“表 1 平面布氏硬度值计算表”，即可得出硬度值。

2. 布氏硬度的表示方法

布氏硬度的符号为 HBW，其表示方法为：“硬度值 + 硬度符号 + 压头直径 + 实验力及实验保持时间”。如 200HBW10/1000/30 表示用直径为 10 mm 的压头，在 1000 kgf(9. 807 kN) 载荷作用下，保持 30 s（持续时间为10 ~ 15 s 时，可以不标注），测得的布氏硬度值为 200。

一般在零件图样或工艺文件上标注材料要求的布氏硬度值时，不规定实验条件，只标出要求的硬度值范围和硬度符号即可，如 200 ~ 300HBW。

由于不同金属材料的硬度不同、工件有厚有薄，金属布氏硬度实验规范是不同的。规范执行 GB/T 231. 1—2009《金属材料布氏硬度试验　第 1 部分：试验方法》。在进行布氏硬度实验时，试验力、压头直径和实验保持时间请查阅上述标准。

3. 布氏硬度的优缺点及适用范围

布氏硬度的优点是：试样上的压痕面积较大，能较好地反映材料的平均硬度，数据较稳定，重复性好。缺点是：测量压痕直径麻烦，不适于测高硬度的材料（布氏硬度实验上限为 650HBW），而且压痕较大，不适合测量成品及薄件。

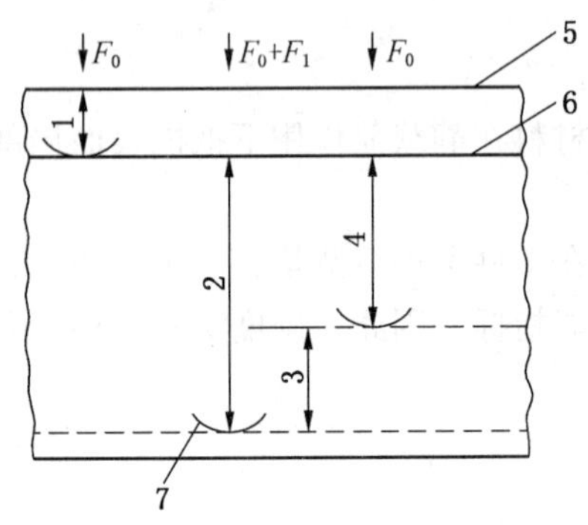

1—在初试验力 F_0 下的压入深度；
2—由主试验力 F_1 引起的压入深度；
3—卸除主试验力 F_1 后的弹性回复深度；
4—残余压入深度 h；5—试样表面；
6—测量基准面；7—压头位置

图 2-10　洛氏硬度测试原理示意图

布氏硬度主要用于铸铁、非铁金属（如滑动轴承合金等）及经过退火、正火和调质处理的钢材等相对较软的材料。

在工程应用中，可根据金属的布氏硬度值近似换算出其抗拉强度。例如，低碳钢的抗拉强度 R_m(MPa) ≈ 3.53HBW，高碳钢的抗拉强度 R_m(MPa) ≈ 3.33HBW，合金钢的抗拉强度 R_m(MPa) ≈ 3.19HBW，灰铸铁的抗拉强度 R_m(MPa) ≈ 0.98HBW，退火黄铜、青铜的抗拉强度 R_m(MPa) ≈ 5.5HBW。

（二）洛氏硬度

1. 洛氏硬度测试原理

如图 2-10 所示，用锥顶角为 120° 的金刚石圆锥体或用直径 ϕ = 1.588 mm 的淬火钢球压头压入试样表面，先加初试验力 F_0 再加主试验力 F_1，经规定保持时间后，卸除主试验力 F_1，测量在初试验力 F_0 作用下的残余压入深度 h，洛氏硬度值 $HR = N - h/S$（其中 N、S 为定值），即洛氏硬度值是用压头压入被测金属的残余压入深度增量来确定的。

对于 A、C、D 标尺：$HR = 100 - h/0.002$；

对于 B、E、F、G、H、K 标尺：$HR = 130 - h/0.002$；

对于表面洛氏硬度 HRN 和 HRT：$HR = 100 - h/0.001$。

压头压入的深度越大，金属材料的洛氏硬度值越小，材料的硬度越低；反之，金属材料的洛氏硬度值越大，材料的硬度越高。

洛氏硬度没有单位，而且可以在洛氏硬度计刻度盘上直接读出硬度值。

2. 洛氏硬度的表示方法

洛氏硬度符号为 HR，其表示方法为：洛氏硬度值 + 洛氏硬度符号 + 洛氏硬度标尺符号。如 60HRC 表示用 C 标尺测得的洛氏硬度值为 60。

3. 洛氏硬度实验条件、优缺点及适用范围

目前，金属洛氏硬度实验方法执行《金属材料洛氏硬度试验　第 1 部分：试验方法（A、B、C、D、E、F、G、H、K、N、T 标尺）》（GB/T 230.1—2009）。用同一台硬度计测定不同软硬或厚薄试样的硬度时，采用不同的压头和不同的总试验力可以组成多种洛氏硬度标尺，最常用的是 A、B、C 三种标尺，分别记作 HRA、HRB、HRC，其中洛氏硬度 C 标尺应用最广泛。三种常用洛氏硬度标尺的实验条件及应用范围见表 2-2。

洛氏硬度是目前应用最广泛的硬度测试方法，优点是测量迅速、简便，压痕较小，可用于测量成品和薄件，尤其是淬火后的工件。缺点是由于其压痕较小，洛氏硬度值不够准确，数据重复性差。因此，在测量金属的洛氏硬度时，需要在不同位置进行测量，取读数的平均值作为材料的最终硬度值。

表2-2 三种常用洛氏硬度标尺的实验条件及应用范围

标尺	硬度符号	压头类型	总载荷/N(kgf)	测量范围	应用范围
A	HRA	120°金刚石圆锥体	588.4（60）	20~88	硬质合金、表面硬化层、淬火工具钢等硬度很高的材料
B	HRB	ϕ=1.588 mm 淬火钢球	980.7（100）	20~100	低碳钢、铜合金、铝合金、铁素体可锻铸铁等硬度较低的材料
C	HRC	120°金刚石圆锥体	1471（150）	20~70	淬火钢、调质钢、高硬度铸铁等硬度较高的材料

（三）维氏硬度

1. 维氏硬度测试原理

维氏硬度测试原理与布氏硬度基本相似，如图2-11所示。用一个两相对面夹角为136°的金刚石正四棱锥体压头，在规定载荷的作用下压入被测金属表面，保持一定时间后卸除载荷，用压痕单位面积上承受的载荷（F/S）来表示硬度值。

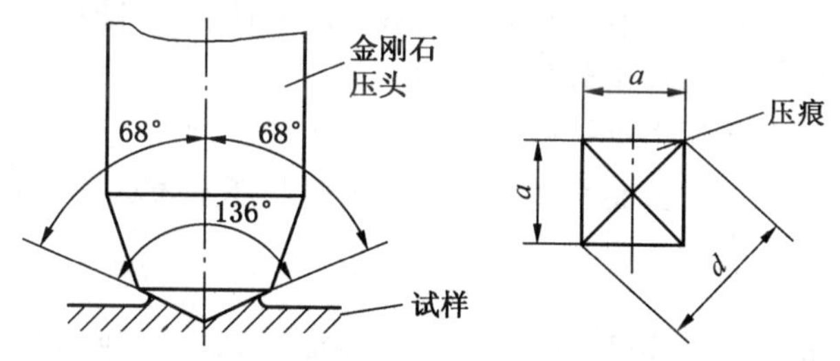

图2-11 维氏硬度测试原理示意图

实际测试维氏硬度时，硬度值也不用计算，利用刻度放大镜测出压痕对角线长度 d，通过查表即可得出维氏硬度值。

2. 维氏硬度的表示方法

维氏硬度的符号为HV，表示方法为：硬度值+硬度符号+测试条件。如620HV30/20表示在30 kgf（249.3 N）载荷作用下，保持20 s测得的维氏硬度值为620；如果保持时间为10~15 s，可以不标注，如620HV30。

3. 维氏硬度的优缺点及适用范围

维氏硬度的优点是实验载荷小，压痕较浅，适用范围宽。维氏硬度的测量范围为5HV~3000HV，可以测量极软到极硬的材料，尤其适合测定表面淬硬层及化学热处理表面层等的硬度。由于维氏硬度只用一种标尺，故材料的硬度可以直接通过维氏硬度值比较大小。

维氏硬度的缺点是对试样表面要求高，压痕对角线长度 d 的测定比较麻烦，工作效率不如洛氏硬度高。

目前工厂中有一种应用比较广的小型硬度计。图2-12所示为HL型便携式里氏硬度

图 2-12 HL 型便携式里氏硬度计

计。这种小型硬度计应用了里氏硬度测试技术。

里氏硬度测试技术是国际上继布氏硬度、洛氏硬度、维氏硬度之后新发展的一种技术，依据里氏硬度理论制造的里氏硬度计改变了传统的硬度测试方法。硬度传感器小如一支笔，可以手握传感器在生产现场直接对工件进行各种方向的硬度检测，这是其他台式硬度计均难以胜任的。里氏硬度计自诞生以来，在国际上的普及程度越来越广。为了推广这一先进技术，参照国际标准，国家质量技术监督局已颁布《金属材料里氏硬度试验 第 1 部分：试验方法》（GB/T 17394—2014）。

里氏硬度（HL）可以转化为布氏（HBW）、洛氏（HRC）、维氏（HV）等硬度。

五、冲击韧性及其常用指标

机械零件在工作中不仅受静载荷作用，很多时候还受冲击载荷和交变载荷的作用。冲击载荷作用时间短、速度快、应力集中，对材料的破坏作用比静载荷大许多。因此，在设计和制造承受冲击载荷的零件和构件时，不能只考虑静载荷强度指标，还必须考虑材料抵抗冲击载荷的能力。

金属材料在冲击载荷作用下抵抗破坏的能力称为冲击韧性，简称韧性。金属材料的冲击韧性通常用夏比摆锤式冲击实验来测定，用冲击吸收能量表示韧性的高低。

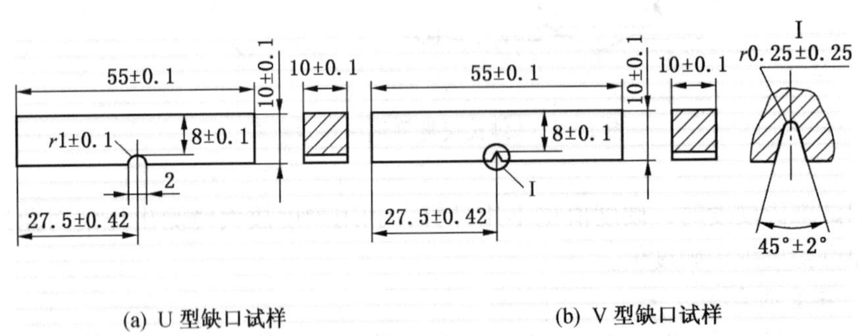

图 2-13 标准夏比缺口冲击试样

根据国家标准（GB/T 229—2007）规定，做夏比摆锤实验前，先将被测材料加工成图 2-13 所示的冲击试样。标准冲击试样有 U 型和 V 型缺口两种。试样缺口的作用是在缺口附近造成应力集中，保证在缺口处破断。

夏比摆锤式冲击实验的原理如图 2-14 所示。实验时，将标准试样放在试验机的支座上，把质量为 m 的摆锤抬升到一定高度 h_1，然后释放摆锤，冲断试样，摆锤依靠惯性运动到高度 h_2。如果忽略冲击过程中的各种能量损失（空气阻力、摩擦力等），摆锤的势能损失 $mgh_1 - mgh_2$ 就是冲断试样所需要的能量，即试样变形和断裂所消耗的功，称为冲击吸收能量，用符号 K 表示，即 $K = mg(h_1 - h_2)$。

按照国家标准 GB/T 229—2007，U 型缺口试样和 V 型缺口试样的冲击吸收能量分别表示为 *KU* 和 *KV*，并用下标数字 2 或 8 表示摆锤切削刃半径，如 KU_2，其单位是焦耳（J）。冲击吸收能量的大小可由试验机的刻度盘直接读出。

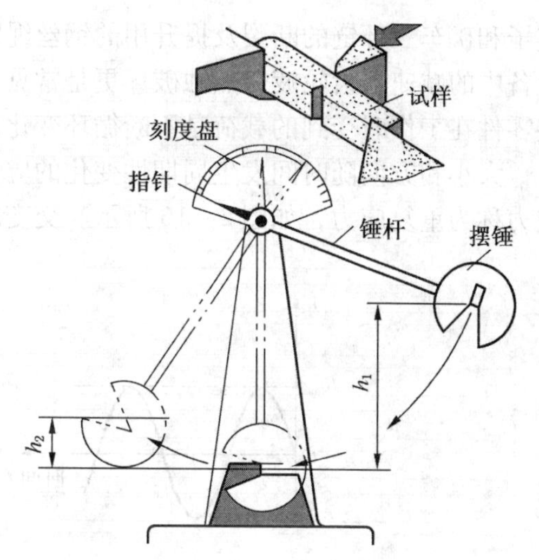

图 2－14　夏比摆锤式冲击实验的原理

冲击吸收能量越大，材料的韧性越高，越可以承受较大的冲击载荷。一般把冲击吸收能量小的材料称为脆性材料，冲击吸收能量大的材料称为韧性材料。

金属材料的冲击吸收能量 *K* 是一个由强度和塑性共同决定的综合力学性能指标，其在零件设计中虽不能直接用于设计计算，但却是一个重要的参数。所以，将材料的冲击韧性列为金属材料的常规力学性能，$R_{eL}(R_{p0.2})$、R_m、*A*、*Z* 和 *K* 被称为金属材料常规力学性能的五大指标。

另外，有些金属材料的冲击韧性不仅和材料本身有关，而且和温度有关。有些金属材料，尤其是工程中使用的中低强度钢，当温度降低到某一程度时，会出现吸收能量明显下降的现象，称为低温脆性或冷脆。著名的泰坦尼克号沉船事故就是由于设计时没有考虑材料的低温脆性问题造成的。

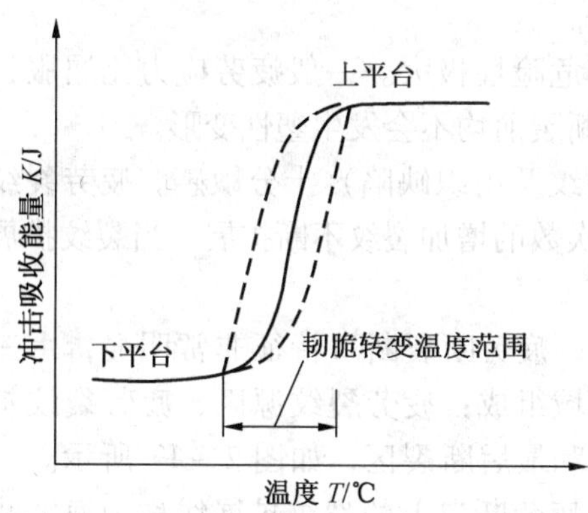

图 2－15　冲击吸收能量与温度的关系

通过测定材料在不同温度下的冲击吸收能量，就可测出某种材料的冲击吸收能量与温度的关系曲线，如图 2－15 所示。冲击吸收能量随温度的降低而减小，在某个温度区间内，冲击吸收能量急剧下降，试样断口由韧性断口过渡为脆性断口，这个温度区间称为韧脆转变温度。

韧脆转变温度是衡量金属冷脆倾向的重要指标。韧脆转变温度越低，材料的低温冲击性能就越好。在严寒地区使用的金属材料必须有较低的韧脆转变温度，才能保证正常工作，如高纬度地区使用的输油管道、极地考察船等建造用钢的韧脆转变温度应在 －50 ℃以下。

应当指出，并非所有金属材料都有冷脆现象，如铝合金和铜合金等就没有低温脆性。

六、疲劳极限

据统计，各类机械零件断裂失效中，80% 是由于各种不同类型的疲劳破坏所造成的，煤矿生产更是因疲劳破坏而损失惨重。如煤矿上的轴断裂、提升系统悬挂装置断裂、刮板链子和矿车三环链的断裂及提升用的钢丝绳断丝，通常情况下都属于疲劳断裂，综采机械设备中的减速器齿轮疲劳点蚀破坏更是常见。那么，疲劳破坏是如何产生的呢？原因是这些零件在工作时受到的载荷是不断循环变化的，受到了循环应力的作用。

大小和方向随时间发生周期性变化的应力称为交变应力，大小变化而方向不变的循环应力称为重复应力，如图 2－16 所示。交变应力和重复应力可统称为循环应力。

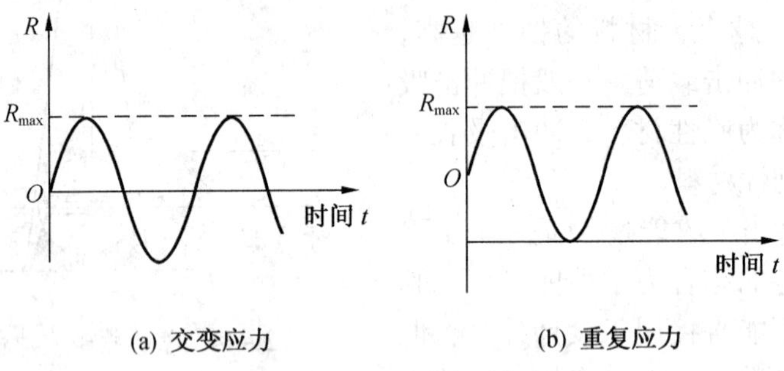

图 2－16 循环应力示意图

零件在受到循环应力作用时，经过一定的循环次数后，往往在工作应力远小于抗拉强度（甚至屈服强度）的情况下突然断裂，这种现象称为疲劳破坏（或疲劳断裂）。

金属疲劳断裂与静载荷断裂及冲击载荷断裂相比，具有以下特点：

（1）疲劳断裂是低应力循环延时断裂，其断裂应力往往低于材料的抗拉强度甚至屈服强度。应力大，疲劳寿命短；应力小，疲劳寿命长。

（2）疲劳断裂是一种潜在的突发性断裂，其危险性极大。一般疲劳应力比屈服强度低，所以不论是韧性材料还是脆性材料，在疲劳断裂前均不会发生塑性变形。

（3）疲劳对表面缺陷（应力集中、缺口、裂纹及组织缺陷）十分敏感。疲劳裂纹大多发生于零件表面有缺陷的薄弱区，随应力循环次数的增加裂纹不断扩展，当裂纹扩展到一定程度时，零件就会发生突然断裂。

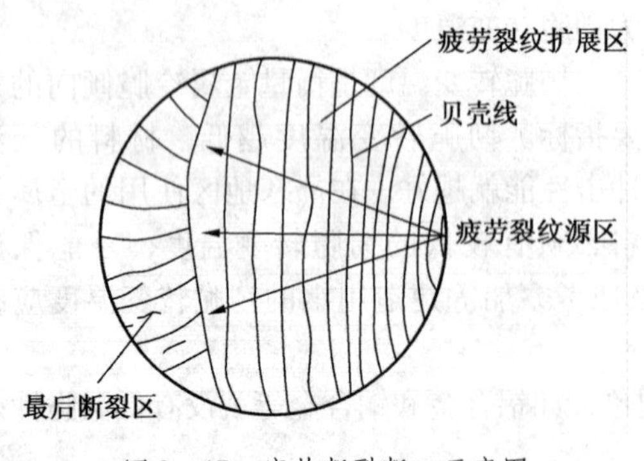

图 2－17 疲劳断裂断口示意图

疲劳断裂断口特征非常明显，由三个区域组成：疲劳裂纹源区、疲劳裂纹扩展区和最后断裂区，如图 2－17 所示。一般将疲劳断口上的裂纹扩展线称为海滩线或贝壳线。

金属材料经受无限次循环应力也不发生断裂的最大应力值称为疲劳极限，可以用疲劳实验来测定。实验表明，材料所受循环应力的最大值 R_{max} 越大，则疲劳断裂前所经历的应力循环次数 N 越少，反之越多。根据循环应力 R_{max} 和应力循环次数 N 建立起来的曲线称作疲劳曲线，或称 $R-N$ 曲线，如图 2－18 所示。

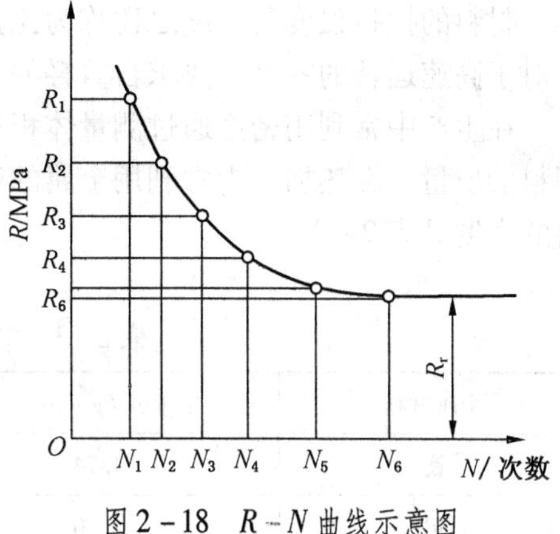

图 2-18　R-N 曲线示意图

在图 2-18 中，当应力 R 低于某一值时，材料经无限次应力循环后也不会发生疲劳断裂，这一应力值就是疲劳极限，记作 R_r，就是 $R-N$ 曲线中平台位置对应的应力。当循环应力为重复应力时，疲劳强度用 R_{-1} 来表示。一般情况下，钢的疲劳极限为其抗拉强度的 1/3～1/2。

实际上，金属材料无限次应力循环后的疲劳实验难以实现。对于一般钢铁材料，当循环次数达到 10^7 次仍不断裂时的最大应力作为其疲劳极限。而对于非铁金属、高强度钢和腐蚀介质作用下的钢铁材料，其 $R-N$ 曲线没有平台，一般规定非铁金属的 N 取 10^8 次，腐蚀介质作用下的 N 取 10^6 次。

金属疲劳极限受到很多因素的影响，如材料本质、材料的表面质量、工作条件、零件的形状和尺寸及表面残余压应力等。因此，防止金属疲劳断裂有以下途径：

（1）零件的形状、尺寸要合理。应尽量避免尖角、缺口和截面突变，因为这些地方容易引起应力集中而导致疲劳裂纹；当零件受弯曲载荷作用时，伴随尺寸的增加，材料的疲劳极限降低，弯曲强度越高，疲劳极限下降得越明显。

（2）降低零件的表面粗糙度值，提高表面加工质量。因为疲劳源多数位于零件表面，所以应尽量减少表面缺陷（氧化、脱碳、裂纹、夹杂等）和表面加工损伤（刀痕、磨痕、擦伤等）。

（3）进行表面强化处理。如渗碳、渗氮、表面淬火、喷丸和滚压等都可以有效地提高疲劳极限。这是因为表面强化处理不仅提高了表面疲劳极限，还在材料表面形成了具有一定深度的残余压应力。在工作时，这部分压应力可以抵消部分拉应力，使零件实际承受的应力减小，从而提高疲劳极限。

另外，当金属构件处于腐蚀环境或高温环境中时，材料的疲劳强度也会明显下降。

第二节　金属的其他性能

我们在选择和使用金属材料时除了要考虑材料的受力问题，还要考虑体积大小、受热伸长多少、是否绝缘、是否容易被氧化等情况。

一、物理性能

金属材料的物理性能是指材料在各种物理现象（如导电、导热、熔化等）中所表现出来的属性。

1. 密度和熔点

物质单位体积所具有的质量称为密度。材料的密度对设计和制造过程中的选材有重要意义，如何减少自身质量、提高承载能力，密度是重点考虑的因素之一。例如，飞机上的许多零件及构件都要选用密度较小的铝合金或镁合金来制造。

材料的抗拉强度与密度之比称为比强度。比强度高的材料不但强度高，而且质量小，这对于高速运转的零件、要求自重轻的运输机械或工程结构件等具有重要意义。

在生产中常利用密度通过测量体积来计算不能直接称量的大型工件的质量、估算毛坯用料的质量，在热加工中常利用金属的密度不同来去除液态金属中的杂质等。常用金属材料的密度见表2－3。

表2－3 常用金属材料的密度

金属材料	密度$\rho/(g\cdot cm^{-3})$	金属材料	密度$\rho/(g\cdot cm^{-3})$
镁	1.74	铅	11.43
铝	2.70	灰铸铁	6.80～7.40
钛	4.51	碳钢	7.80～7.90
锌	7.13	黄铜	8.50～8.60
锡	7.30	青铜	7.50～8.90
铁	7.78	铝合金	2.5～2.84
铜	8.96	镁合金	1.75～1.85
银	10.49	钛合金	4.50

在缓慢加热条件下，金属或合金由固体状态变成液体状态时的温度称为熔点。纯金属有固定的熔点，即其熔化过程是在恒定温度下进行的，而合金的熔化过程则是在一个温度范围内进行的。常用金属材料的熔点见表2－4。

表2－4 常用金属材料的熔点

金属材料	熔点/℃	金属材料	熔点/℃
钨	3380	银	961
钼	2630	铝	660
钒	1900	铅	327
钛	1677	锡	232
铁	1538	铸铁	1148～1279
铜	1083	碳素钢	1450～1500
金	1063	铝合金	447～575

不同熔点的金属有不同的用途，熔点高的金属称为难熔金属（如钨、钼、钒等），常用于制造耐高温零件，如选用钨做灯丝；熔点低的金属称为易熔金属（如锡、铅等），常用于制造保险丝和防火安全阀等。此外，熔点对于材料的成型和热处理工艺十分重要，铸

造和焊接等工艺必须加热到金属的熔点才能实现，热处理工艺中加热温度的选择、压力加工时锻造温度范围的选择等也要考虑金属材料的熔点。

2. 导热性

材料传导热量的能力称为导热性，即在一定温度梯度作用下热量在固体中的传导速率。各种材料的导热性是不同的。对金属材料来说，通常金属越纯，其导热性越好。即使金属中有少量杂质，也会显著影响其导热性，因此合金钢的导热性都比碳素钢差。

材料导热性的好坏用热导率 λ 表示。热导率越大，材料的导热性越好。金属的导热能力以银为最好，铜、铝次之。常用金属材料的热导率见表 2－5。

表 2－5 常用金属材料的热导率

材料	热导率 $\lambda/(W\cdot m^{-1}\cdot K^{-1})$	材料	热导率 $\lambda/(W\cdot m^{-1}\cdot K^{-1})$
银	419	铁	75
铜	393	钛	22
铝	222	碳素钢	67（100 ℃）
镍	91		

3. 导电性

材料传导电流的性能称为导电性。电导率、电阻率或电阻都可用来表示材料的导电性。材料电导率 σ 的计算公式为

$$\sigma=\frac{1}{\rho}=\frac{1}{\frac{S}{L}R}=\frac{L}{SR}$$

式中 ρ——电阻率，$1/(\Omega\cdot m)$；

S——导体横截面积，m^2；

R——电阻，Ω；

L——导体长度，m。

电导率越大，材料的导电性越好。一般来说，金属材料都是导体，具有较好的导电性，其中银最好，其次是铜、铝。工业上常用导电性好的铜、铝或它们的合金作为导电结构材料，用导电性差的金属制作高电阻材料，如用镍铬合金和铬铁铝合金等制作电热元件或电热零件。

二、化学性能

材料的化学性能是指金属对周围介质侵蚀的抵抗能力。有些金属在高温条件下会生成厚厚的一层氧化皮，而耐热钢却不会产生氧化皮。也就是说不同材料的化学稳定性是不同的。金属材料的化学性能包括耐蚀性和抗氧化性。

1. 耐蚀性

金属材料在常温下对大气、水蒸气、酸及碱等介质腐蚀的抵抗能力称为耐蚀性。腐蚀对金属材料的危害性极大。腐蚀不仅使金属材料本身受到损失，严重时还会使金属结构遭

到破坏并引起重大伤亡事故。因此，提高金属材料的耐蚀性，对降低金属的消耗，延长金属材料的使用寿命具有重要意义。

2. 抗氧化性

金属材料在高温下对周围介质中的氧与其作用而破坏的抵抗能力称为抗氧化性。有些金属材料在高温下易与氧作用，表面生成氧化层。如果氧化层很致密地覆盖在金属表面形成一层氧化膜，则可以隔绝氧气，使金属内层不再继续发生氧化；若氧化皮很疏松，则将继续向金属内层氧化，金属表面将会因氧化层剥落而损坏，甚至使工件失效。对于长期在高温下工作的机器零件，应选用抗氧化性好的材料来制造。

三、工艺性能

金属材料的一般加工过程如图 2－19 所示。

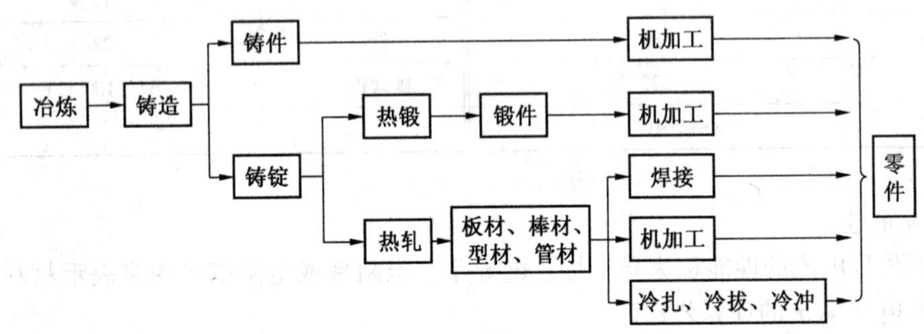

图 2－19　金属材料的一般加工过程

零件在成型之前都要经过铸造、压力加工和机械加工等，不同金属其加工过程的难易程度是不同的。金属材料的工艺性能就是指金属对不同加工工艺方法的适应能力，或者说采用某种加工方法制成成品的难易程度。金属的工艺性能包括铸造性、锻造性、焊接性、热处理性及切削加工性等。工艺性能直接影响制造零件的加工工艺、质量及成本，是选择金属材料和制定零件工艺路线时必须考虑的重要因素。

1. 铸造性能

金属在铸造成型过程中获得外形准确、内部无明显缺陷优质铸件的能力称为金属的铸造性。铸造性能包括金属的流动性、收缩性和偏析倾向等。在金属材料中灰铸铁和青铜的铸造性能较好。

2. 锻造性能

金属利用锻压加工方法成型的难易程度称为锻造性能。锻造性能的好坏主要和金属的塑性和变形抗力有关。塑性越好，变形抗力越小，则金属的锻造性能就越好。化学成分也会影响金属的锻造性能，纯金属的锻造性能优于一般合金；铁碳合金中，含碳量越低，锻造性能越好；合金钢中，合金元素的种类和含量越少，锻造性能越好；钢中的硫磷会降低锻造性能；低碳钢比高碳钢的锻造性好，高合金钢的锻造性比碳素钢差，单相黄铜和变形铝合金具有良好的锻造性能。

3. 焊接性能

焊接性能是指金属在限定的施工条件下焊接成符合设计要求的构件，并满足预定服役要求的能力。焊接性能好的金属能获得没有裂缝、气孔等缺陷的焊缝，并且焊接接头具有一定的力学性能。低碳钢具有良好的焊接性能，而高碳钢、不锈钢、铸铁的焊接性能则较差。

4. 切削加工性能

切削加工性能是指金属在切削加工时的难易程度。切削加工性能好的金属对使用的刀具磨损量小，刀具可以允许选用较大的切削用量，加工表面也比较光洁。切削加工性能与金属的硬度、导热性、冷变形强化等因素有关。金属硬度在 170 ~ 260 HBW 时，最适合进行切削加工。铸铁、铜合金及非合金钢都具有较好的切削加工性能，而高合金钢的切削加工性能则较差。

实验一　金属常温静拉伸实验

一、实验目的

(1) 观察拉伸过程中的各种现象（屈服、强化、缩颈、断裂）。

(2) 测定低碳钢的下屈服强度 R_{eL}、抗拉强度 R_m、断后伸长率 A 和断面收缩率 Z。

(3) 测定铸铁的抗拉强度 R_m。

二、实验器材

(1) WDW－300 型电子万能试验机（图 2－20)、游标卡尺。

(2) 按 GB/T 228—2010 的相关规定选用圆形标准试样。

本次实验试样材料用 20 号钢和 HT150 灰铸铁，直径均取 $d_0 = 10$ mm，标距长度取 $L_0 = 100$ mm。

三、实验步骤

金属常温静拉伸实验步骤见表 2－6。

图 2－20　WDW－300 型电子万能试验机

表 2－6　金属常温静拉伸实验步骤

步骤	图　示	说　明
试样准备		1. 实验前，先检查试样外观是否符合要求。如发现表面有明显的横向刀痕、磨痕，或有扭曲变形，则应重新领取合格试样

表2-6（续）

步骤	图示	说明
测量试样原始尺寸		2. 用游标卡尺测量试样标距两端及中间三个截面（Ⅰ、Ⅱ、Ⅲ）处的直径 d_0。在测量时，应在试样平行段的两端及中间处两个互相垂直的方向上各测一次，取其平均值，选用三处测量得到的直径最小值作为试样的原始直径
		3. 用试样标距打点机直接在试样平行段上划出原始标距 100 mm，并刻划出 10 个分格点，每格 10 mm（铸铁试样不刻）。用游标卡尺测量出标距 L_0 的实际长度
输入数据		4. 打开计算机，启动实验控制软件，输入数据（测量直径值、原始标距等），并设置其他拉伸参数
装夹试样		5. 启动电机，先将试样装夹在试验机的上夹头内，调整下夹头至适当位置，夹紧试样下端

表2-6（续）

步骤	图示	说明
实验过程	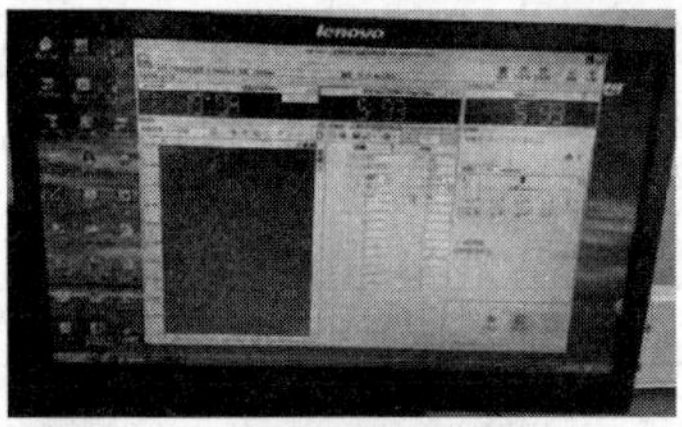  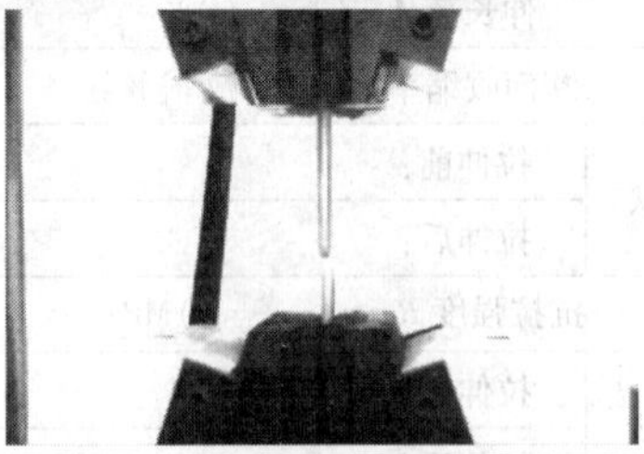	6. 单击开始按钮，开始拉伸实验。在计算机上调整拉伸速度至5 mm/min。随着拉伸不断进行，在计算机上开始出现拉伸曲线，并且显示当前拉力值等数据。注意观察计算机屏幕上数据的变化和曲线的变化及试样的均匀变形和缩颈现象。试样拉断后将试样取下 7. 试验机复位
实验结果	 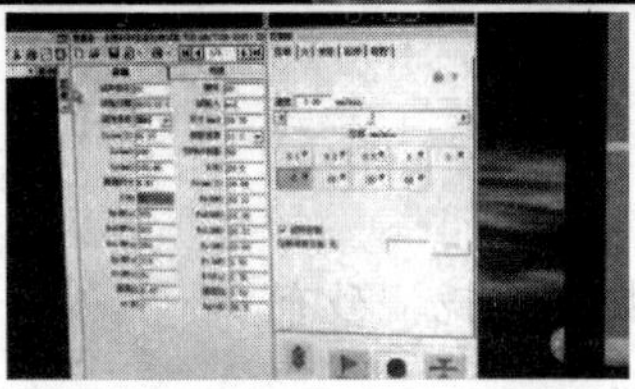	8. 将断裂试样的两端对齐，用游标卡尺测量断裂后标距段的长度 L_u 和缩颈处的直径 d_u（在两个垂直方向各测量一次，取其平均值），将测量结果输入计算机中，软件将自动计算出强度、塑性指标 9. 单击“保存”，将此次实验数据保存在计算机中，可随时查找
输出报告	单击控制程序界面上的相关按钮，计算机可自动输出实验报告	10. 完成实验报告（表2-7和表2-8）
按上面步骤完成铸铁件的拉伸实验		

表2-7 试 件 尺 寸

材料	实验前										
	标距 L_0/mm	直径 d_0/mm									最小横截面积 S_0/mm^2
		截面Ⅰ			截面Ⅱ			截面Ⅲ			
		1	2	平均	1	2	平均	1	2	平均	
低碳钢											
铸铁											

表 2－7（续）

<table>
<tr><td rowspan="4">材料</td><td colspan="8">实　验　后</td></tr>
<tr><td rowspan="3">标距
L_u/mm</td><td colspan="6">断口处直径 d_u/mm</td><td rowspan="3">断口处最小横截面积 S_u/mm²</td></tr>
<tr><td colspan="3">左段</td><td colspan="3">右段</td></tr>
<tr><td>1</td><td>2</td><td>平均</td><td>1</td><td>2</td><td>平均</td></tr>
<tr><td>低碳钢</td><td></td><td></td><td></td><td></td><td></td><td></td><td></td><td></td></tr>
<tr><td>铸铁</td><td></td><td></td><td></td><td></td><td></td><td></td><td></td><td></td></tr>
</table>

表 2－8　实验数据处理

<table>
<tr><td>材料</td><td>实 验 数 据</td><td colspan="2">实 验 结 果</td></tr>
<tr><td rowspan="6">低碳钢</td><td>屈服时的最小载荷 F_{eL} =(　　　)kN</td><td colspan="2">下屈服强度 R_{eL} =(　　　)MPa</td></tr>
<tr><td>屈服后的最大载荷 F_m =(　　　)kN</td><td colspan="2">抗拉强度 R_m =(　　　)MPa</td></tr>
<tr><td rowspan="4">力－伸长曲线</td><td colspan="2">伸长率 A =(　　　)%</td></tr>
<tr><td colspan="2">断面收缩率 Z =(　　　)%</td></tr>
<tr><td rowspan="2">试样形状</td><td>拉伸前：</td></tr>
<tr><td>拉伸后：</td></tr>
<tr><td rowspan="3">铸铁</td><td>拉断前的最大载荷 F_m =(　　　)kN</td><td colspan="2">抗拉强度 R_m =(　　　)MPa</td></tr>
<tr><td rowspan="2">力－伸长曲线</td><td rowspan="2">试样形状</td><td>拉伸前：</td></tr>
<tr><td>拉伸后：</td></tr>
</table>

实验二　布氏硬度实验

一、实验目的

掌握布氏硬度测试原理及测试方法。

二、实验器材

（1）HB－3000 型布氏硬度试验机（图 2－21）、读数显微镜、砂布。

图 2－21　HB－3000 型布氏硬度试验机

（2）厚10 mm正火态45钢试样。

三、实验步骤

布氏硬度实验步骤见表2－9。

表2－9 布氏硬度实验步骤

步骤	图示	说明
确定实验条件		1. 根据被测材料特点，选择直径为10 mm的硬质合金压头，载荷为29400 N（3000 kgf），载荷保持时间为10 s
实验准备		2. 检查试样的实验面是否光滑，如有氧化或污物，用砂布清理干净
压紧试样	  	3. 将试样放在布氏硬度计载物台上，选好测试位置，顺时针方向旋转手轮，使压头与试样紧密接触，直到手轮螺母与丝杠之间产生滑动为止
加载与卸载	  	4. 旋转按钮，启动电动机。选择加压时间10 s，按开始按钮开始加载。当载荷全部加上时，红色指示灯亮；持续一段时间后自动卸载，红色指示灯灭。卸载完毕，电动机停止转动
取下试样		5. 逆时针方向旋转手轮，取下试样
读取实验数据		6. 将试样置于水平工作台面上，把读数显微镜置于试样上，读取数值；把工件旋转90°，再测量一次，取两次测量结果的平均值作为最终直径d
确定布氏硬度值	按d值查平面布氏硬度值，填写实验记录表（表2－10）	

表2-10　布氏硬度实验记录表

试样		压头		载荷/N	保持时间/s	压痕直径/mm			硬度 HBW
牌号	热处理状态	材料	直径/mm			1	2	平均	
备注：									

实验三　洛氏硬度实验

一、实验目的

掌握洛氏硬度测试原理及测试方法。

二、实验器材

(1) HR-150 型洛氏硬度试验机（图 2-22）。

(2) 淬火状态的45 钢试样一块。

三、实验步骤

洛氏硬度实验步骤见表 2-11。

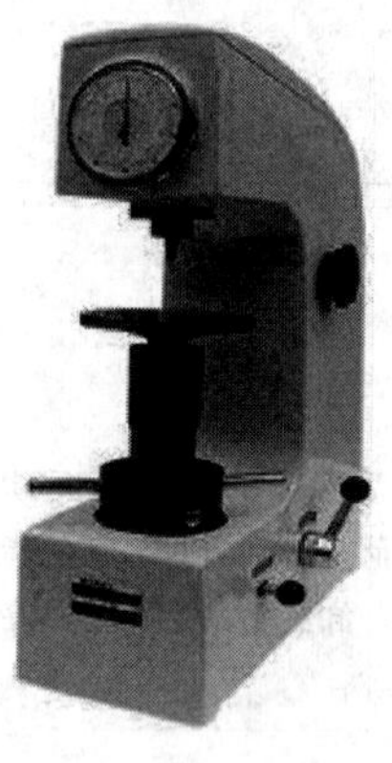

图 2-22　HR-150 型洛氏硬度试验机

表2-11　洛氏硬度实验步骤

步　骤	图　示	说　　明
准备试样		1. 检查试样的测试表面和底面是否平整、光洁，有无油污、氧化皮裂纹及凹坑或显著的加工痕迹。载物台及压头表面是否清洁

表2-11（续）

步　骤	图　示	说　　明
选择压头与标尺	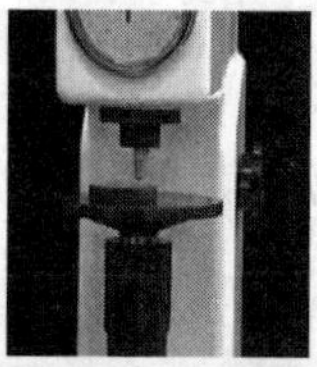 	2. 将试样放在载物台上，旋转试验力变换手轮，将试验力调至150 kgf
加预载荷	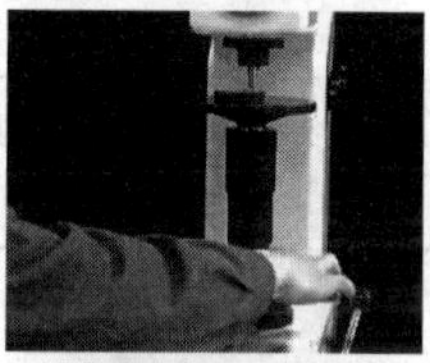 	3. 顺时针旋转手轮使工作台上升至压头与试样接触，继续旋转手轮使表盘大指针接近B－C位置，小表盘指针指在红点位置，转动外表盘使大指针指正B－C点
加主载荷	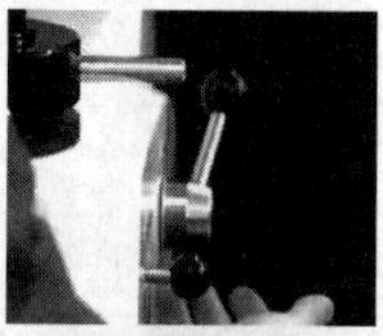 	4. 向前拉动加荷手柄，施加主试验力，表盘上大指针逆时针旋转
卸主载荷	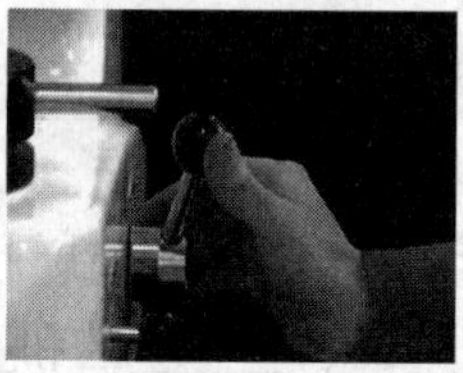	5. 指针停止后保持2～6 s，向后推动卸荷手柄卸除主试验力

表 2-11（续）

步骤	图示	说明
读取 HRC 数值		6. 读取表盘外圈黑色的数值
重复操作两次		7. 逆时针转动手轮，降下载物台，移动标准块，选择新的测试点，按上述方法测量第二点并读值，用同样方法测得第三点并读值
确定 HRC 硬度值		8. 取三次读值的平均值作为最终硬度值，并填写实验记录表（表 2-12）

表 2-12　洛氏硬度实验记录表

试样		标尺		载荷/N	硬度 HRC			
牌号	热处理状态	符号	压头		1	2	3	平均

练　习　题

一、填空题

1. 金属的性能包括______性能、______性能、______性能和______性能。

2. 常用的力学性能指标有______、______、______、______和______等。

3. 低碳钢的拉伸曲线可划分为四个阶段，分别为__________阶段、__________阶段、__________阶段和__________阶段。

4. 生产中常用的压入硬度测试方法有______、______和______等。

5. 450HBW5/750 表示用直径为______ mm、压头材质为______、在______ kgf 载荷作用下保持______ s，测得的硬度值为______。

6. 金属材料在冲击载荷作用下抵抗破坏的能力称为______，用______表示韧性的高低。

7. 疲劳裂纹大多产生于零件表面的薄弱区，当裂纹扩展到一定程度时，零件就会发生突然______。对应的疲劳断口由三个区域组成：______区、______区和______区。

8. 金属材料的工艺性能包括______性、______性、______性、______性及______性

等。

9. 金属材料在高温下对周围介质中的氧与其作用而损坏的抵抗能力称为______性。

10. 对金属材料来说，通常金属越纯，其导热性越______。即使金属中有少量杂质，也会显著影响其导热性，合金钢的导热性都比碳素钢______。

二、选择题

1. 拉伸实验时，材料在断裂前所承受的最大应力称为材料的（　　）。

A. 屈服强度　　B. 抗拉强度　　C. 弹性极限

2. 金属抵抗永久变形和断裂的能力称为（　　）。

A. 硬度　　B. 塑性　　C. 强度

3. 金属的（　　）越好，则其锻造性能也越好。

A. 强度　　B. 塑性　　C. 硬度

4. 表示金属材料下屈服强度的符号是（　　）。

A. R_{eL}　　B. R_{eH}　　C. R_m　　D. R_{-1}

5. 常用的塑性判断依据是（　　）。

A. 软度和韧性　　B. 断面伸长率和断后收缩率

C. 断后伸长率和断面收缩率

6. 用 Q345 钢（R_{eL}为 345 MPa，R_m 为 630 MPa）制造的工程构件，当工作应力达到 400 MPa 时，会发生（　　）。

A. 弹性变形　　B. 塑性变形　　C. 断裂

7. 测定淬火钢件的硬度，一般常选用（　　）。

A. 布氏硬度计　　B. 洛氏硬度计　　C. 维氏硬度计

8. 矿用绞车运输需用钢丝绳来完成，是因为钢丝绳的（　　）高。

A. 弹性　　B. 硬度　　C. 强度　　D. 塑性

9. 用金刚石圆锥体作为压头，并以压入深度计量硬度值的是（　　）。

A. 布氏硬度　　B. 洛氏硬度　　C. 维氏硬度

10. 疲劳破坏是在（　　）下发生的。

A. 静态载荷　　B. 冲击载荷　　C. 循环载荷

11. 为了保证安全，当煤矿提升机达到设计允许的使用时间后，必须停用换新，这主要是考虑材料的（　　）。

A. 强度　　B. 硬度　　C. 韧性　　D. 疲劳

12. 下列性能项目中属于力学性能的是（　　）。

A. 热处理性能　　B. 锻造性能　　C. 强度　　D. 磁性

13. 冲击韧性是通过（　　）测得的。

A. 拉伸实验　　B. 夏比实验　　C. 疲劳实验

14. 材料的抗拉强度与密度之比称为（　　）。

A. 比强度　　B. 强度比　　C. 屈强比

三、判断题

1. （　　）金属材料的力学性能指标都可以通过拉伸实验测定。

2. (　　) 金属的屈服强度越高，则其允许的工作应力越大。

3. (　　) 屈强比越大，越能发挥材料的潜力，也越能减小工程结构的自重。

4. (　　) 塑性变形能随载荷的去除而消失。

5. (　　) 所有金属在拉伸实验时都会出现显著的屈服现象。

6. (　　) 当布氏硬度实验的实验条件相同时,若压痕直径越小,则金属的硬度也越低。

7. (　　) 洛氏硬度值是用压头压入被测金属的残余压入深度增量来确定的。

8. (　　) 一零件图上的技术要求标注为 10 ~ 15 HRC。

9. (　　) 布氏硬度测量法不宜用于测量成品及较薄零件。

10. (　　) 所有金属材料都有低温脆性现象。

11. (　　) 金属的电阻率越大，导电性越好。

12. (　　) 工艺性能直接影响制造零件的加工工艺、质量及成本，是选择金属材料和制定零件工艺路线时必须要考虑的重要因素。

13. (　　) 表面强化处理如渗碳、渗氮、表面淬火、喷丸和滚压等都可以有效提高疲劳极限。

14. (　　) 用镍铬合金和铬铁铝合金可制作电热元件或电热零件。

15. (　　) 对金属材料来说，金属越纯，其导热性越差。

四、简答题

1. 试说明金属材料的五大力学性能指标分别是什么？用什么来表示？

2. 指出下列硬度值表示方法上的错误：

15 ~ 17HRC，780HBW，500 N/mm^2HBW，95 ~ 100HRA。

3. 布氏硬度测量法有哪些优缺点？主要适用于哪些材料的测试？

4. 常用的洛氏硬度标尺有哪三种？如何表示？最常用的是哪一种？

5. 某零件图的技术说明中标有 230HBW，请说出其含义。

6. 某零件图的技术说明中标有 52 ~ 55HRC，请说出其含义。

7. 生产中如何提高零件的抗疲劳能力？

8. 什么是物理性能和化学性能，请说出金属的哪些性能属于物理或化学性能（说出三至四种就可以）？

9. 什么是金属的工艺性能？在选择材料时为什么要考虑工艺性能？

五、计算题

某厂购入一批 40 钢，按有关标准规定其力学性能指标应为：$R_{eL} \geqslant 340$ MPa，$R_m \geqslant 540$ MPa，$A \geqslant 19\%$，$Z \geqslant 45\%$。验收时，取样将其制成 $d_0 = 10$ mm 的长试样做拉伸实验，实验报告数据为：$F_{eL} = 31.4$ kN，$F_m = 47.1$ kN，$L_u = 62$ mm，$d_u = 7.3$ mm。试判断该批棒料是否合格？

第三章　金属的塑性变形和再结晶

【知识目标】

通过学习了解冷塑性变形对金属组织与性能的影响，掌握回复与再结晶的区别以及热加工对金属组织和性能的影响。

【技能目标】

1. 能分析单晶体塑性变形中，滑移是如何借助位错的移动来实现的。
2. 能叙述细晶粒金属具有较好强度、塑性和韧性的原因。

工业上使用的大部分金属制品，是在制成铸锭后再经压力加工（图3－1）使金属产生塑性变形而获得成品或半成品，以供用户使用。通过塑性变形不仅可以把金属材料加工成各种形状和尺寸的制品，而且还可以改变金属的组织和性能。因此，研究金属的塑性变形，对于选择金属材料的加工工艺，提高生产率、改善产品质量、合理使用材料等都具有重要意义。

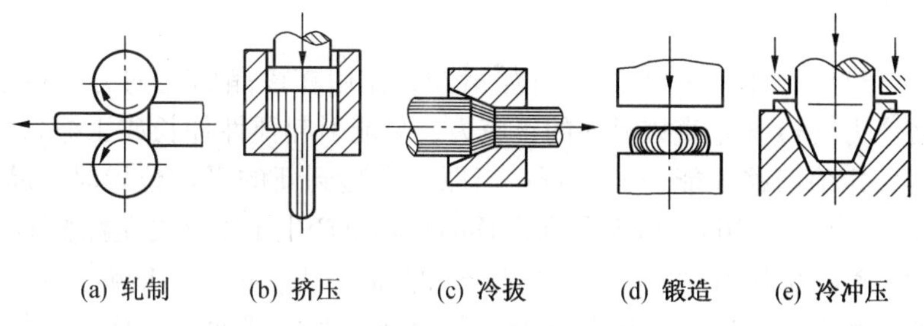

(a) 轧制　(b) 挤压　(c) 冷拔　(d) 锻造　(e) 冷冲压

图3－1　压力加工方法示意图

第一节　金属的塑性变形

金属在外力作用下，其原子的相对位置发生改变，宏观上表现为形状、尺寸的变化，这种变化称为变形。金属变形按其性质分为弹性变形和塑性变形。

（1）弹性变形。当外力消除后，金属能恢复原来形状的变形称为弹性变形。弹性变形的本质是外力克服了原子间的作用力，使原子间距发生改变。但当外力去除后，原子间的作用力又使它们恢复到原来的平衡位置，使金属恢复到原来的形状。

金属在发生弹性变形时，只是原子间距发生了微小的变化，即原子暂时偏离了各自的位置，因而对金属的显微组织和性能没有什么影响。工程技术上广泛应用了金属弹性变形的这一属性，例如弹簧、钢轨、连杆、刀具等都是在弹性变形情况下工作的。

（2）塑性变形。金属因受外力而发生变形，卸载后仍不能消失的那部分变形称为塑性变形，或称永久变形。材料塑性变形是一种不可逆的变形，塑性变形量比弹性变形量大得多。

塑性变形是一个远较弹性变形复杂的过程，它是怎样进行的呢？下面先从单晶体塑性变形谈起。

一、单晶体的塑性变形

单晶体的塑性变形主要以滑移方式进行，即晶体的一部分沿着一定的晶面和晶向相对于另一部分发生滑动，滑动后原子处于新的稳定位置，不再回到原来位置。图 3－2 表示晶体在切应力（τ）作用下发生滑移产生变形的过程。

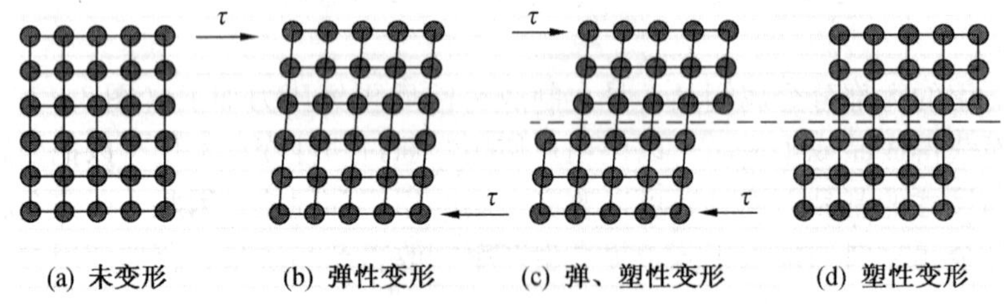

图 3－2　晶体在切应力作用下的变形

由图 3－2 可见，要使某一晶面能开始滑动，作用在该晶面上的力必然是相互平行、方向相反的切应力（τ）（垂直该晶面的正应力，只能引起弹性伸长或压缩），而且切应力（τ）必须达到一定值滑移才能开始进行。当原子滑移到新的平衡位置时，晶体就产生了微量的塑性变形（图 3－2d）。许多晶面滑移的总和就产生了宏观的塑性变形。

研究表明，滑移优先沿晶体中一定的晶面和晶向发生，晶体中能够发生滑移的晶面和晶向称为滑移面和滑移方向。不同晶格类型的金属，其滑移面和滑移方向的数目是不同的。一般来说，滑移面和滑移方向越多，金属的塑性越好。

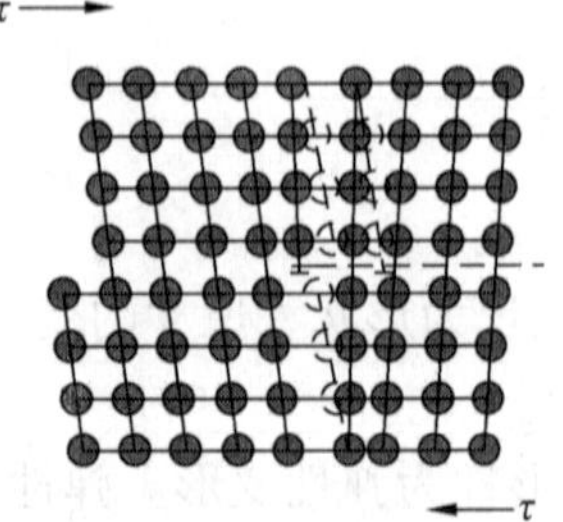

图 3－3　位错运动

近代理论及实验证明，晶体滑移时并不是整个滑移面上的全部原子一起移动，因为那么多原子同时移动需要克服的滑移阻力十分巨大（据计算比实际大千倍）。实际上滑移是借助位错运动来实现的，如图 3－3 所示。

位错的半原子面受到前后两边原子的排斥，处于不稳定的平衡位置。只需加上很小的力就能打破力的平衡，使位错的半原子面移动很小的距离（小于一个原子间距），到达虚线位置，使位错前进了一个原子间距。在切应力作用下，位错继续移动到晶体表面，就形成了一个原子间距的滑移量，如图 3－4 所示。大量位错移出晶体表面，就产生了宏观的塑性变形，与实验值基本相符，证实了位错理论的正确性。图 3－5 所示为锌单晶体滑移变形时的情况。

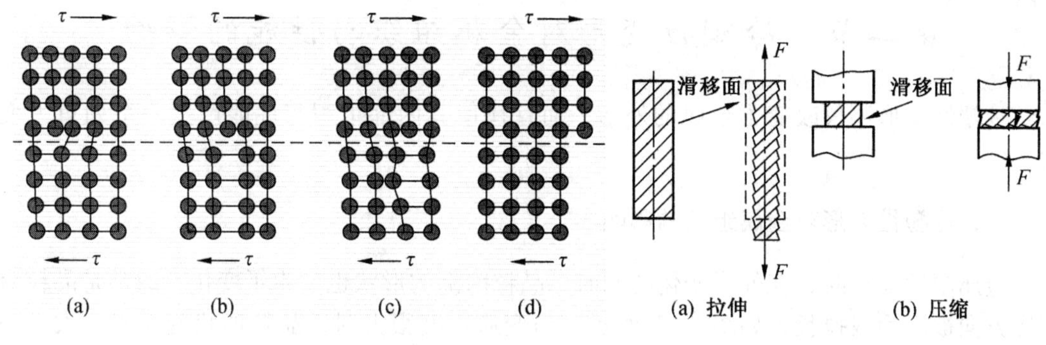

图 3－4　通过位错运动产生滑移示意图　　　图 3－5　锌单晶体滑移变形示意图

二、多晶体的塑性变形

实际使用的金属材料一般是多晶体。多晶体是由形状、大小、位向都不相同的许多晶粒组成，并且各晶粒之间有一晶界相连。因此，多晶体的塑性变形具有下列一些特点。

1. 晶粒位向的影响

由于多晶体中各个晶粒的位向不同，在外力作用下有的晶粒处于有利于滑移的位置，有的晶粒处于不利的位置。当有利于滑移的晶粒要进行滑移时，必然受到周围位向不同的其他晶粒的约束，使滑移阻力增加，从而提高了塑性变形的抗力。同时，多晶体各晶粒在塑性变形时，由于受到周围位向不同的晶粒与晶界的影响，多晶体的塑性变形是逐步扩展和不均匀的，其结果之一便是产生内应力。

2. 晶界的作用

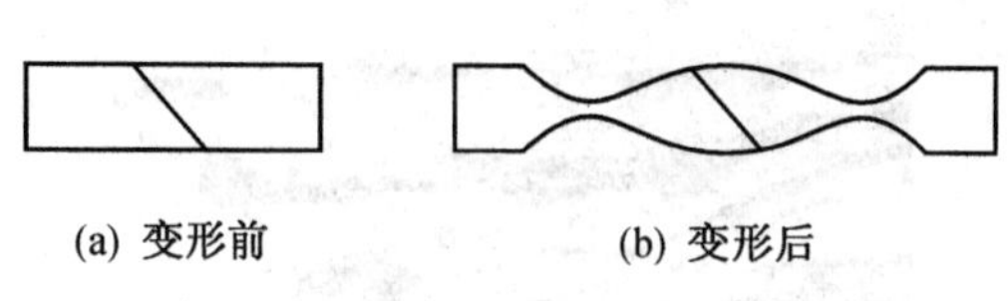

图 3－6　两个晶粒试样在拉伸时的变形

晶界对塑性变形有较大的阻碍作用。图 3－6 所示的是一个只包含两个晶粒的试样经受拉伸时的变形情况。由图可见，试样在晶界附近不易发生变形，出现了所谓的“竹节”现象。这是因为晶界处原子排列比较紊乱，阻碍位错的移动，因而阻碍了滑移的缘故。很显然，晶界越多，多晶体的塑性变形抗力越大。

3. 晶粒大小的影响

在晶体单位体积中的晶粒数目越多，晶界越多，晶粒就越细，并且不同位向的晶粒也越多，因而塑性变形抗力也就越大。细晶粒的多晶体不仅强度较高，而且塑性和韧性也较好。因为晶粒越细，在同样变形条件下，变形量可分散在更多的晶粒内进行，使各晶粒的变形比较均匀，而不致过分集中于少数晶粒，使其变形严重。又因晶粒越细，晶界就越多、越曲折，故不利于裂纹传播，从而在其断裂前能承受较大的塑性变形，吸收较多的功，表现出较好的塑性和韧性。

由于细晶粒金属具有较好的强度、塑性与韧性，故生产中一般要设法使金属材料得到细小均匀的晶粒。

第二节　冷塑性变形对金属组织与性能的影响

冷塑性变形不仅改变了金属的外形，而且还使其内部组织与性能产生一系列重大变化。

一、冷塑性变形对金属组织的影响

金属塑性变形时，在外形变化的同时，晶粒内部的形状也发生了变化。通常是晶粒沿变形方向被压扁或拉长，如图 3－7 所示。当变形程度很大时，晶粒形状变化也很大，晶粒被拉成细条状，金属中的夹杂物也被拉长，形成纤维组织，使金属的力学性能具有明显的方向性。

冷塑性变形除了使晶粒外形变化外，还会使晶体内部镶嵌块尺寸细碎化，位错密度增加，晶格畸变较严重，因而增加了滑移阻力，这就是形变强化产生的原因。

二、冷塑性变形对金属性能的影响

冷塑性变形对金属性能的主要影响是造成形变强化（也称加工硬化）。即随塑性变形程度的增加，金属的强度、硬度提高，而塑性、韧性下降的现象。图 3－8 表示了纯铜和低碳钢的强度和塑性随变形程度增加而变化的情况。

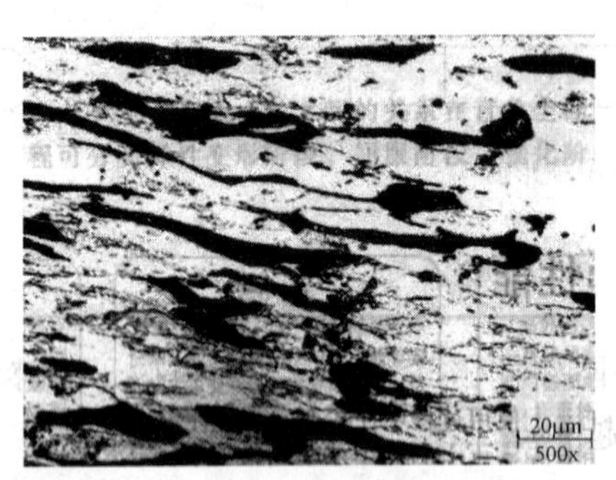

图 3－7　冷塑性变形后的金属组织

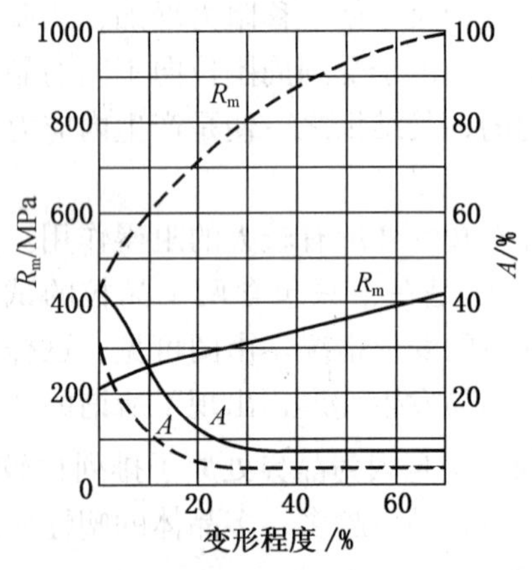

实线为冷轧的纯铜；虚线是冷轧的低碳钢（含碳 0.30%）

图 3－8　冷塑性变形对金属力学性能的影响

三、实际生产中的冷变形强化

形变强化在生产中具有很重要的意义。形变强化可以提高金属的强度、硬度和耐磨性。它和合金化、热处理一样，也是强化金属的重要工艺手段。尤其对于那些不能热处理强化的金属材料显得更为重要，例如 18－8 型奥氏体不锈钢，变形前强度不高，但经

40% 轧制变形后屈服强度提高了 3～4 倍，抗拉强度也提高了一倍。

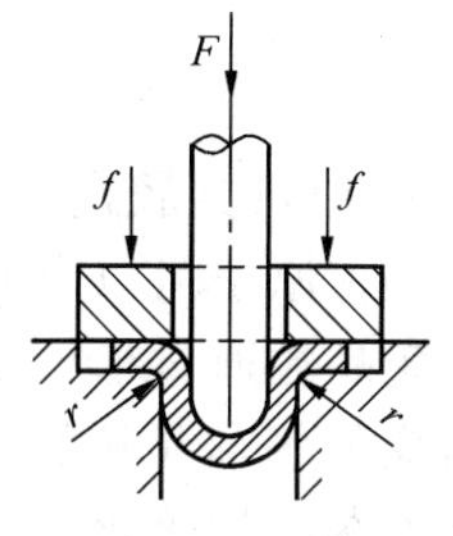

图 3－9　冲压示意图

此外，形变强化可以使金属具有一定的抗偶然超载能力，一定程度上提高了构件在使用中的安全性。

形变强化也是工件能用塑性变形方法成型的必要条件。例如金属材料在冷冲压过程中（图 3－9），由于 r 处变形最大，当金属在 r 处变形到一定程度以后首先产生形变强化，随后的变形即转移到其他部分，这样便可得到壁厚均匀的冲压件。但形变强化也有不利的一面。由于材料塑性降低，给金属材料进一步冷塑性变形带来困难。为了使金属材料能继续变形加工，必须进行中间热处理，以消除形变强化。这就增加了生产成本，降低了生产率。

塑性变形除了影响力学性能以外，也会使金属某些物理、化学性能发生变化，如电阻增加，化学活性增大，而耐蚀性降低等。

以上这些引起金属性能变化的原因，都与塑性变形过程金属的组织结构变化及相应的内应力形成有关。

第三节　回复与再结晶

金属经过冷塑性变形，其组织结构发生了变化，即晶格畸变严重，位错密度增加，晶粒碎化，并因金属各部分变形不均匀，引起金属内部残留内应力，这都使金属处于不稳定状态，使它具有自发地恢复到原来稳定状态的趋势。但在室温下，由于金属原子的活动能力很弱，这种不稳定状态要经过很长时间才能逐渐向较稳定的状态过渡。如对冷塑性变形的金属进行加热，则因原子活动能力增强，就会发生一系列组织与性能的变化。随着加热温度升高，这种变化过程可分为回复、再结晶及晶粒长大三个阶段，如图 3－10 所示。

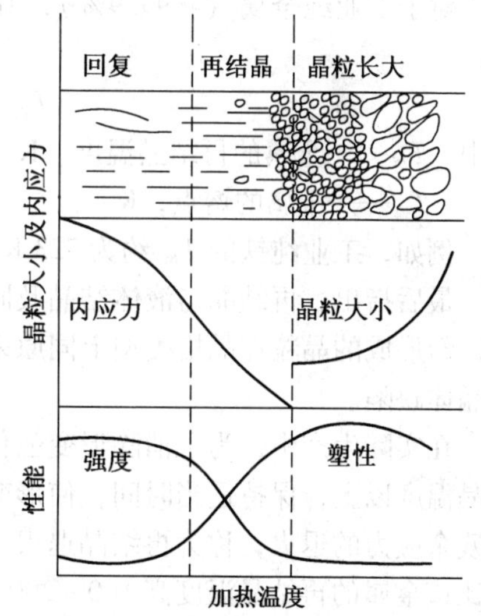

图 3－10　加热温度对冷塑性变形金属组织与性能的影响

一、回复

当加热温度较低时，原子活动能力有所增加，原子已能作短距离地扩散，所以，晶格畸变程度大为减轻，从而使内应力有所降低，这个阶段称为回复。然而这时的原子活动能力还不是很强，所以金属的显微组织无明显变化，因此力学性能也无明显改变。在工业生产中，为保持金属经冷塑性变形后的高强度，往往采用回复处理，以降低内应力，适当提高塑性。例如冷拔钢丝弹簧加热到 250～300 ℃，青铜丝弹簧加热到 120～150 ℃，就是进行回复处理，使弹簧的弹性增强，同时消除加工时带来的内应力。

二、再结晶

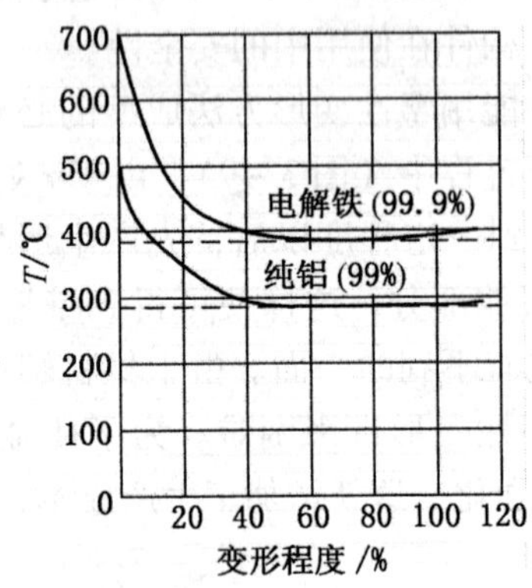

图 3-11　金属再结晶开始温度与预先变形程度的关系

当冷塑性变形金属加热到较高温度时，由于原子扩散能力增加，原子可以离开原来位置重新排列。由畸变晶粒通过形核及晶核长大而形成新的无畸变的等轴晶粒的过程称为再结晶。再结晶首先在晶粒碎化最严重的地方产生新晶粒的核心，然后晶核吞并旧晶粒而长大，直到旧晶粒完全被新晶粒代替为止。

再结晶后的晶粒内部晶格畸变消失，位错密度下降，因而金属的强度、硬度显著下降，而塑性则显著上升（图 3-10）。结果使变形金属的金属组织和性能基本上恢复到冷塑性变形前的状态，形变强化与残余应力被完全消除。

金属的再结晶过程是在一定温度范围内进行的。能进行再结晶的最低温度称为再结晶温度（$T_{再}$）。

实验证明，金属的再结晶温度与金属的变形程度有关。金属的变形程度越大，再结晶温度越低，如图 3-11 所示。

对于工业纯金属（>99.9%），其再结晶温度与熔点间的关系可按下列经验公式计算：

$$T_{再}=(0.35\sim0.4)T_{熔}$$

式中　$T_{再}$——金属的再结晶温度，K；

$T_{熔}$——金属的熔点，K。

例如，工业纯铁的 $T_{再}$ 约为 723 K。

最后指出，再结晶与液体结晶及同素异构转变的重结晶不同，再结晶过程并未形成新相，新形成的晶粒在晶格类型上同原来晶粒是相同的，只不过消除了因冷塑性变形而造成的晶体缺陷。

在实际生产中，为了消除形变强化，必须进行中间退火。经冷变形后的金属加热到再结晶温度以上，保持适当时间，使形变晶粒重新结晶为均匀的等轴晶粒，以消除形变强化和残余应力的退火，称为再结晶退火。为了保证质量和兼顾生产率，再结晶退火的温度一般比该金属的再结晶温度高 100～200 ℃。

三、再结晶后晶粒长大

冷塑性变形的金属经再结晶后，一般都得到细小而均匀的等轴晶粒。如果继续升高温度或延长保温时间，再结晶后的晶粒又以互相吞并的方式长大，如图 3-12 所示。这种使晶粒长大而导致晶粒粗化、力学性能变坏的情况应注意避免。

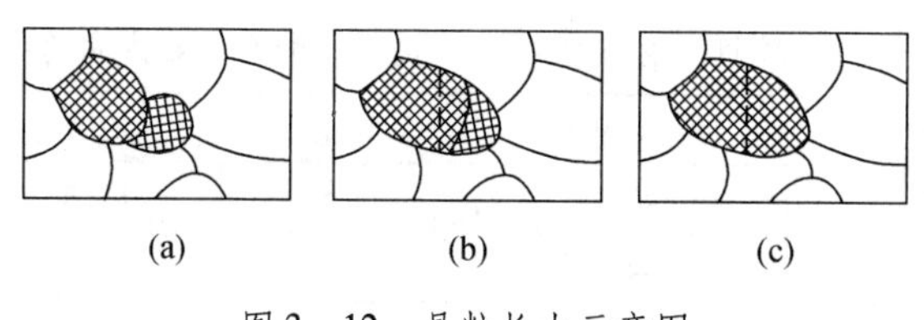

图 3-12　晶粒长大示意图

第四节　金属的热塑性变形

一、热加工和冷加工的区别

从金属学的观点来讲，冷加工和热加工的区别，是以金属再结晶温度为界限的。凡是金属的塑性变形是在再结晶温度以上进行的，称为热加工。凡是金属的塑性变形是在再结晶温度以下进行的，称为冷加工。例如钨的最低再结晶温度为 1200 ℃，对钨来说，在低于 1200 ℃的高温下进行变形仍属于冷加工；而锡的最低再结晶温度约为 -7 ℃，锡在室温下进行变形，已属热加工了。

热加工时，由于金属原子的结合力减小，而且形变强化现象随时被再结晶过程所消除，从而使金属的强度、硬度降低，塑性增强，因此其塑性变形要比低温时容易得多。

二、热加工对金属组织和性能的影响

1. 消除铸态金属的组织缺陷

通过热加工，可使钢锭中的气孔、缩孔大部分焊合，铸态的疏松被消除，提高了金属的致密程度。因此，金属的力学性能提高。

2. 细化晶粒

热加工的金属经过塑性变形和再结晶作用，一般可使晶粒细化，因而可以提高金属的力学性能。但热加工金属的晶粒大小与变形程度和终止加工的温度有关。变形程度小，终止加工的温度过高，再结晶晶核少而晶核长大又快，加工后得到粗大晶粒；相反则得到细小晶粒。但终止加工温度不能过低，否则会造成形变强化及残余应力。因此，制定正确的热加工工艺规范，对改善金属性能有重要意义。

3. 形成锻造流线

在热加工过程中，由于铸态组织中的各种夹杂物在高温下具有一定的塑性，它们会沿着变形方向伸长而形成锻造流线（又称为纤维组织）。锻造流线的出现，使金属材料的性能在不同方向上有明显的差异。通常沿流线方向，其抗拉强度及韧性高，而抗剪强度低。在垂直于流线方向上，抗剪强度较高，而抗拉强度较低。表 3-1 表示含碳量为 0.45% 碳钢的力学性能与流线方向的关系。

因此，采用正确的热加工工艺，可以使流线合理分布，以保证金属材料的力学性能。图 3-13a 为切削加工螺栓的流线分布，图 3-13b 是锻造螺栓。很明显，锻造螺栓流线分布合理，因而其力学性能较高。

表 3-1 碳钢（含碳 0.45%）力学性能与流线方向的关系

方向	R_m/MPa	$R_{P0.2}$/MPa	A/%	Z/%	KU_2/J
纵向	715	470	17.5	62.8	62
横向	675	440	10.0	31.0	30

4. 形成带状组织

如果钢在铸态组织中存在比较严重的偏析，或热加工的终锻（终轧）温度过低时，钢中常会出现沿变形方向呈带状或层状分布的显微组织，这种组织形态称为带状组织，如图 3-14 所示。带状组织也是一种缺陷，它会引起钢材力学性能的各向异性。带状组织一般可用热处理方法加以消除。

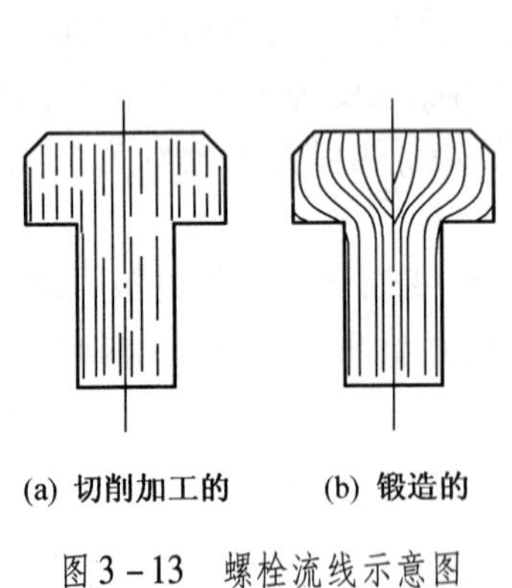

(a) 切削加工的　(b) 锻造的

图 3-13 螺栓流线示意图

图 3-14 高速钢中带状碳化物组织

练　习　题

一、填空题

1. 单晶体的塑性变形主要以______方式进行，它是在______的作用下，使晶体的一部分沿一定的__________相对于另一部分发生滑动，滑动后原子处于__________。

2. 多晶体内晶界对塑性变形有较大的______作用，这是因为晶界处原子排列比较______，阻碍了______的进行。所以晶界越多，多晶体的__________越大。

3. 冷变形后的金属进行加热，当温度不太高时，金属内部的晶格畸变程度__________，内应力__________，这个阶段称为__________。当加热到较高温度，不但晶格畸变__________，金属的位错密度__________下降，使变形的晶粒逐步变成等轴晶粒，这一过程称为__________。

二、判断题

1. (　　) 一般来说，晶体内滑移面和滑移方向越多，则金属的塑性越好。

2. (　　) 实际上滑移是借助于位错的移动来实现的，故晶界处滑移阻力最小。

3. (　　) 回复时，金属的显微组织没有变化。

4. （　　）再结晶与液体金属结晶一样，有一个固定的结晶温度。
5. （　　）金属铸件可以用再结晶退火来细化晶粒。
6. （　　）为保持冷变形金属的强度和硬度，应采用再结晶退火。
7. （　　）在高温状态下进行变形加工，称为热加工。
8. （　　）热变形加工过程，实际上是加工硬化和再结晶这两个过程的重叠。

三、选择题

1. 再结晶和重结晶都有形核和长大两个过程，主要区别在于有没有（　　）改变。
A. 温度　　B. 晶体结构　　C. 应力状态
2. 实际生产中，碳钢的再结晶温度应选择（　　）
A. 750～800 ℃　　B. 600～700 ℃　　C. 360～450 ℃
3. 冷、热加工的区别在于加工后是否留下（　　）。
A. 加工硬化　　B. 晶格改变　　C. 纤维组织
4. 钢在热加工后形成纤维组织，使钢性能相应变化，即沿纤维方向具有较高的（　　），垂直于纤维方向具有较高的（　　）。
A. 抗拉强度　　B. 抗弯强度　　C. 抗剪强度

四、简答题

1. 什么是弹性变形？什么是塑性变形？
2. 什么是滑移面、滑移方向？滑移面和滑移方向的数量多少与塑性好坏有何关系？
3. 多晶体的塑性变形具有哪些特点？
4. 试述细晶粒金属具有较高强度、塑性和韧性的原因。
5. 什么是形变强化？它在生产中有何利弊？如何消除形变强化？
6. 热加工对金属组织有何影响？

第四章　合金及铁碳合金相图

【知识目标】

1. 了解合金的概念及组织类型。
2. 掌握铁碳合金相图的组成及合金结晶过程分析方法。
3. 了解碳钢和白口铁的成分（含碳量）、组织和性能之间的关系并明白铁碳合金相图的应用。

【技能目标】

1. 学会使用金相显微镜。
2. 学会制作简单金相试样。
3. 能够画出典型钢材显微组织示意图。

虽然纯金属在工业生产上应用也比较广泛，但是由于纯金属材料冶炼难度大，价格比较高，另外在力学性能方面局限性比较大，一般纯金属材料强度、硬度比较低，所以在工业生产上应用更为普遍的是各种合金材料。通过改变合金材料各组元间化学成分的比例等方法，可以改变合金的组织结构，从而可以获得所需要的相应材料性能，来满足工业生产过程中对材料性能的各种要求。

所谓金属材料，就是指金属元素或以金属元素为主构成的具有金属特性（具有一定的光泽、一定的密度、良好的导电导热性、良好的延展性等）的材料。如我们常说的金、银、铜、铁、锡和它们的合金。钢铁就是应用最广的金属材料。

金属材料分为两大类：黑色金属与有色金属。黑色金属是指铁、锰和铬及其合金，有色金属是指黑色金属以外的金属材料。常用金属材料的分类如图 4－1 所示。

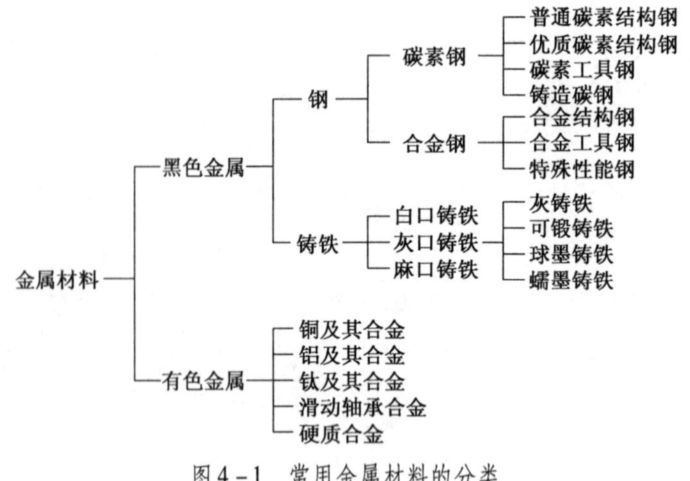

图 4－1　常用金属材料的分类

第一节 合金及合金的组织

一、有关合金的几个基本概念

1. 合金

由一种金属元素与另一种（或几种）金属或非金属元素所熔合成的具有金属特性的物质称为合金。合金与纯金属是不同的，纯金属是由单一元素组成的，而合金是由两种以上元素组成的。通常我们所说的钢铁材料中的铁其实一般不是指纯铁，而是生铁，是由铁元素和碳元素熔合成的合金材料。而钢也是由铁元素和碳元素熔合成的合金材料，只不过钢和生铁中的碳含量不同，有的钢中还加入铁碳之外的其他合金元素。

2. 组元

组成合金最基本的、独立的物质称为组元，简称“元”。组元通常是单纯的元素，也有的组元是稳定的化合物。我们说的钢铁材料，都是含有铁组元和碳组元的。通常见到的黄铜（普通黄铜），就是由铜和锌两种组元形成的合金。两个组元形成的合金叫二元合金，三个组元的叫三元合金，三个以上组元形成的合金叫多元合金。

碳钢和生铁就是由铁和碳两个组元形成的铁碳二元合金，根据合金中碳的含量不同，可以形成一系列不同含碳量的铁碳合金。由若干个组元按照不同的比例，可以配制出一系列成分不同的合金，这一系列不同成分的合金就是一个合金系，合金系也分二元合金系、三元合金系和多元合金系。碳钢和生铁就是铁碳二元合金系。

3. 相

合金中化学成分、晶体结构和性能相同的组成部分称为相。同一种相具有相同的性能特点，而且一种相与另一种不同的相之间具有明显的界面，这个界面叫相界。这里的相是个微观概念，是在合金中很小的区域内成分和结构相同的组成状态。

4. 组织

合金的性能是各种各样的，即使是同一种合金系甚至是同一种合金，也常常表现出不同的力学性能，这是因为合金中的各种相之间所处的存在方式不同。数量多少、形状大小和分布方式不同的相构成了合金不同的组织。可以说合金的组织，就是指用金相观察方法看到的由形态、尺寸不同或分布方式不同的一种或多种相构成的总体（以及各种材料缺陷或损伤的类型或形态）。合金即使是由同样的相组成，但是如果组织不同（这些相的数量、大小、分布形态等不同），那么合金的性能也不同。

二、合金的晶体结构

前面我们已经学过，金属的常见晶格类型有体心立方、面心立方和密排六方三种。对于合金来说，由于形成合金的各个组元之间的存在方式和相互作用不同，在固态合金中会形成不同的相，其原子排列方式也与理想状态不同，使得合金中晶格发生了一些变化。根据合金中各组元间相互作用方式的不同，合金中的晶体结构通常有纯组元、固溶体和化合物三类。纯组元晶体结构前面章节我们已学过，这里就不重复了。我们在这里来认识一下固溶体和化合物。

1. 固溶体

当合金中组元间不只是在液态时能互相溶解，在合金由液态结晶为固态时，组元间仍能互相溶解而形成的均匀相称为固溶体。固溶体与中学时学过的溶液相似，所不同的是一个液态一个固态。形成固溶体时，自身晶格类型保持不变的组元称为固溶体的溶剂。晶格消失的组元称为溶质。固溶体晶格类型与溶剂组元的晶格一样。

按照晶格消失的溶质原子在溶剂晶格中所处的位置不同，固溶体分为间隙固溶体和置换固溶体。

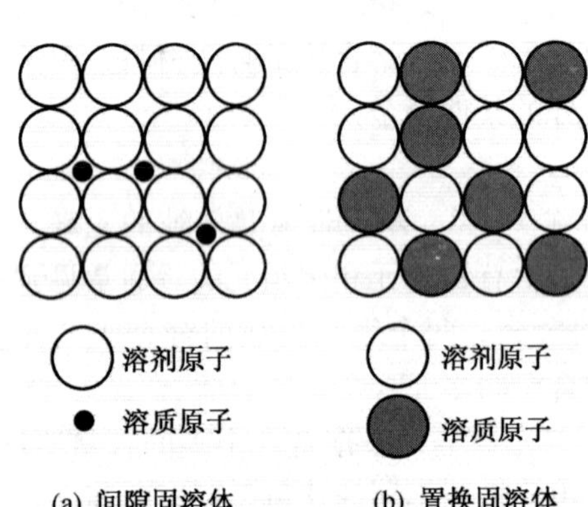

图 4－2　固溶体示意图

1）间隙固溶体

溶质原子处于溶剂晶格各结点的空隙中，这种固溶体叫间隙固溶体。如图 4－2a 所示。由于溶剂晶格间隙的空间是很小的，所以只有尺寸很小（一般原子半径小于 10^{-10} m）的非金属原子，才可以进入溶剂晶格的间隙中而形成间隙固溶体。又因为溶剂晶格间隙的空间很小，所以这种固溶体能溶解的溶质原子的数量也是有限的，只能形成有限固溶体，一般温度越高，溶解度越大。如碳原子溶于面心立方的 γ－Fe 时，727 ℃时溶解度只有 0.77%，而在 1148 ℃时溶解度可达 2.11%。

2）置换固溶体

当溶质原子代替溶剂原子，占据了溶剂晶格中的一些结点位置时，这种固溶体称为置换固溶体，如图 4－2b 所示。置换固溶体由于溶质原子要代替溶剂原子占据结点位置，所以形成这类固溶体时溶质原子和溶剂原子各方面不能相差太多。

置换固溶体溶解度的大小主要取决于溶质和溶剂的原子半径、晶格类型以及在化学元素周期表中的位置。通常溶质和溶剂原子半径相差越小、晶格类型相同、在化学元素周期表中的位置越近，则溶解度越大，有时甚至可以无限溶解，形成无限固溶体。如铁（Fe）和铬（Cr）以及铜（Cu）和镍（Ni）都可形成无限固溶体。

无论是间隙固溶体还是置换固溶体，都保持有溶剂的晶格类型，但由于都溶入了溶质原子，而使得溶剂晶格产生晶格畸变，从而使得合金中位错的移动变得更加困难，在宏观上来说，提高了材料抵抗塑性变形的能力，使合金的强度、硬度普遍比纯金属要高。这种因形成固溶体而使得材料强度、硬度升高的现象称为固溶强化。固溶强化是提高金属材料，特别是有色金属材料力学性能的重要途径之一。

虽然固溶体的强度、硬度较纯组元的强度、硬度高，但总体上来说固溶体这种组织类型的力学性能特点，还是强硬度较低而塑韧性较高的。

2. 化合物

组成合金的组元间，按照一定的原子数量比，相互结合而成的一种完全不同于其他组元晶格的新固相称为化合物。

1）金属化合物

有的化合物由相当程度的金属键结合，并具有明显的金属特性，这种化合物称为金属化合物。

金属化合物是合金中对力学性能影响很大的组成相，由于组成金属化合物的组元原子数有定比，所以一般可以用分子式来表示。如钢中的渗碳体就是铁原子和碳原子以 3 比 1 的定比形成的金属化合物（Fe_3C）。

金属化合物的晶格类型一般比较复杂，其性能特点是：硬度高，脆性大，熔点高，化学稳定性强。

2）非金属夹杂物

有的化合物不具备一定的金属键结合，且不具有金属特性，这种化合物称为非金属化合物。一般这类化合物数量较少，又常对合金的性能起到不好的影响，通常我们称它们是非金属夹杂物。不同的非金属夹杂物对合金性能的影响不同，如钢中的 FeS 就是常常引起钢产生“热脆性”的非金属夹杂物。

三、合金的组织

1. 合金中的混合物

组成合金的各组元，当有一部分不能完全溶解或完全化合时，那么就形成了两相及多个相混合在一起的组织，我们称这些组织为混合物或机械混合物。混合物可以由固溶体与另外的固溶体组成，也可以由固溶体与化合物组成。

各个相在组成混合物的时候，仍然保持各自的晶格类型和性能特点，因此整个混合物的性能特点大体上是组成这个混合物各个相性能特点的平均值，但是各个组成相的数量、形状、大小以及分布形态等会对混合物的性能产生很大影响。

2. 合金中的组织

通常我们所说的晶格结构，主要是指空间尺度上原子级别的原子排列。而生产中说到的组织，常常是指在金相显微镜下就能观察到的材料内部构造。合金内部可以同时存在好几种晶体结构，合金的组织要比纯金属组织复杂得多。合金的组织虽然由许多相组成，但再复杂的组织都是由几种最基本的相组成的，例如纯组元、固溶体和金属化合物这些都是组成合金组织的基本相。生产中大多数合金的组织都是由纯组元、固溶体和一些金属化合物作基本相组成的。

第二节　铁碳合金中的基本组织

铁碳合金是生产中应用最为广泛的合金材料，钢和铁都属于铁碳合金，不同成分的钢铁材料，它们的组织、性能和用途也不同。铁碳合金中由于含碳成分、所处温度不同，常见的组织有铁素体、奥氏体、渗碳体、珠光体和莱氏体五种，其中三个基本相是铁素体、奥氏体和渗碳体。

一、铁素体

α－Fe 中溶入一种或多种溶质元素构成的固溶体称为铁素体。通常是指碳溶入体心

立方的 α－Fe 中所形成的间隙固溶体，如图 4－3 所示。铁素体用 F 表示。铁素体溶解碳的溶解度很小，在常温下约为零（0.0008%）；在 727 ℃时溶碳量最多可达 0.0218%。由于 F 含碳量很小，故其性能与纯 α－Fe 相差不大，都是强度、硬度弱而塑性、韧性强。铁素体的显微组织也跟纯铁相同，在显微镜下为明亮的多边形晶粒组织，如图 4－4 所示。

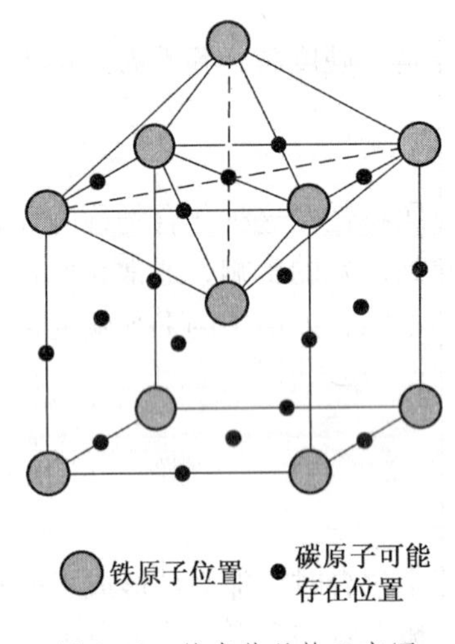

图 4－3　铁素体晶格示意图

图 4－4　铁素体（400 倍）

二、奥氏体

γ－Fe 中溶入了碳原子（或其他原子）构成的固溶体称为奥氏体。奥氏体通常是指碳溶入面心立方的 γ－Fe 中形成的间隙固溶体，如图 4－5 所示。奥氏体用 A 表示。奥氏体溶碳量虽比铁素体略多，但也属于溶碳量较低的，在 727 ℃时溶碳量为 0.77%，随温度升高溶解度也升高，到 1148 ℃时溶碳量可达最高值 2.11%。铁碳合金中的奥氏体一般是高温稳定相，在 727 ℃以上才能稳定存在。奥氏体力学性能特点是强度、硬度弱而塑性、韧性强，特别是延展性强，适用于锻压加工。奥氏体的显微组织如图 4－6 所示。

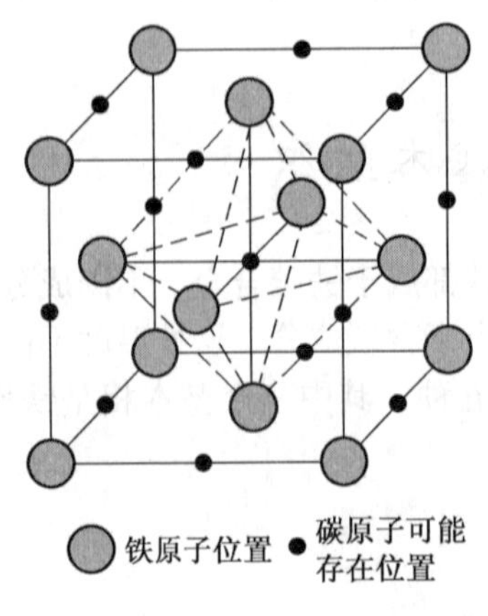

图 4－5　奥氏体晶格示意图

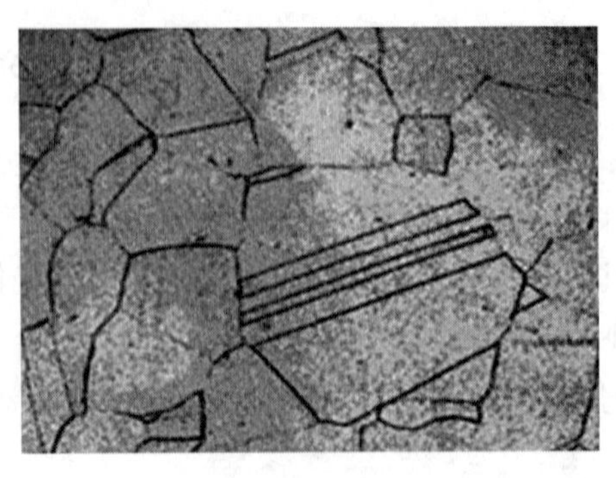

图 4－6　奥氏体（400 倍）

三、渗碳体

铁碳合金中，铁原子与碳原子以3∶1的数量比形成的具有复杂斜方晶格的金属化合物称为渗碳体，其晶格结构如图4－7所示，可用分子式 Fe_3C 表示。渗碳体含碳量为6.69%，熔点可达1227 ℃，具有金属化合物的典型特点——硬度很高（可达800 HBW），而塑性、韧性几乎为零，脆性很大。渗碳体无同素异构转变，但在230 ℃以下具有弱的铁磁性。渗碳体的组织形态随具体情况不同，可呈现出片状、颗粒状、网状或条束状等（图4－8）。渗碳体的数量、形态、大小及分布情况对铁碳合金力学性能有很大影响。渗碳体是亚稳定的相，一定条件下可分解为单质铁和石墨态的单质碳。

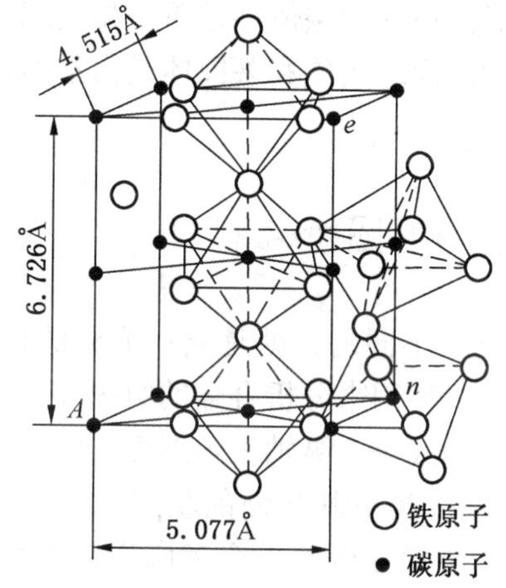

图4－7　渗碳体晶格示意图

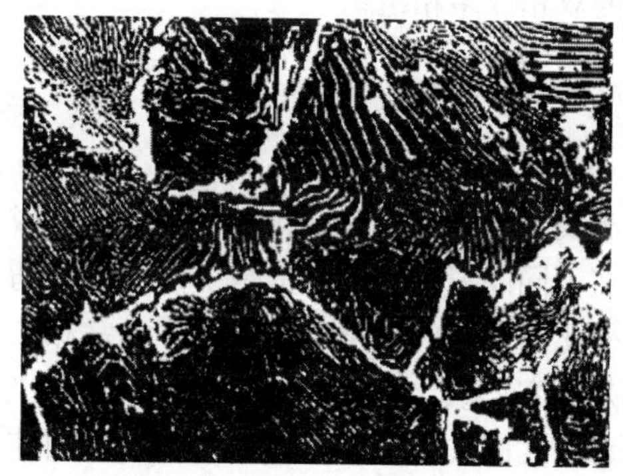

图4－8　珠光体中片状渗碳体与周围网状渗碳体

四、珠光体

铁素体和碳化物（通常是渗碳体）的混合物称为珠光体，用P表示，平均含碳量为0.77%。平衡状态下为铁素体和渗碳体片层相间、交替排列的混合物，其显微组织如图4－9所示。由于珠光体是硬度强的渗碳体和塑性强的铁素体组成的混合物，因此珠光体的硬度、塑性、韧性介于两个组成相之间，但因为是由硬的片和韧的片交替排列复合组成，这使得珠光体的强度比组成它的两个相都高。

五、莱氏体

奥氏体和碳化物（通常是渗碳体）的混合物称为莱氏体，用Ld表示，平均含碳量为4.3%。由于平衡状态时奥氏体是高温稳定相，温度在727 ℃以下时奥氏体转变为珠光体，所以727 ℃以下时莱氏体由珠光体和渗碳体的混合物组成，这种莱氏体叫低温莱氏体，用符号L′d表示。低温莱氏体的显微组织如图4－10所示。莱氏体的基体是渗碳体，所以其性能特点与渗碳体相似，即硬而脆。莱氏体通常存在于铸铁中，较少出现在碳钢中。

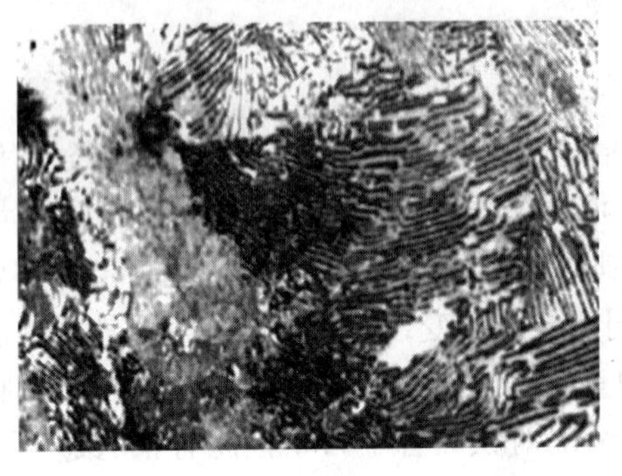

图4-9 珠光体

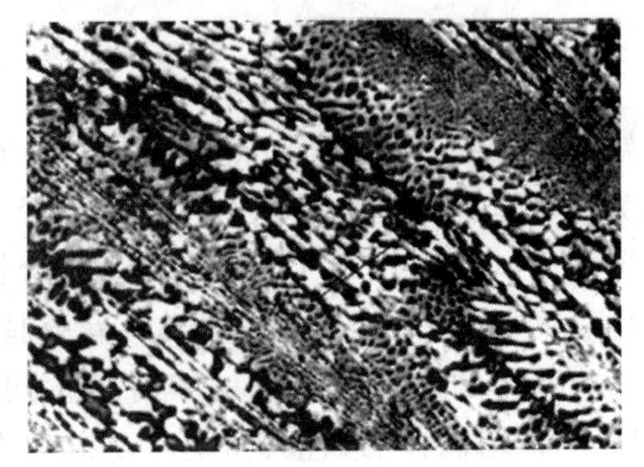

图4-10 低温莱氏体

以上五种铁碳合金常见的基本组织中，铁素体、奥氏体和渗碳体都是单一相组织，称为基本相，铁碳合金中绝大部分组织都是由它们组成的。而珠光体和莱氏体是由基本相混合而成的双相或多相组织。

第三节 铁碳合金相图

对于我们常用的钢铁材料来说，不同的成分其性能是不同的，就是同一成分的材料，当其处在不同的温度下性能也是不同的。所谓相图就是一种用来分析合金的组织随成分和温度的变化而变化的直角坐标图表。通常相图的横轴表示成分，纵轴表示温度。铁碳合金相图就是研究铁碳合金在平衡状态（加热或冷却时温度变化极其缓慢的状态）下，组织与成分和温度的关系的图表。铁碳合金相图非常重要，要想在生产中合理应用钢铁材料，首先必须了解铁碳合金相图。

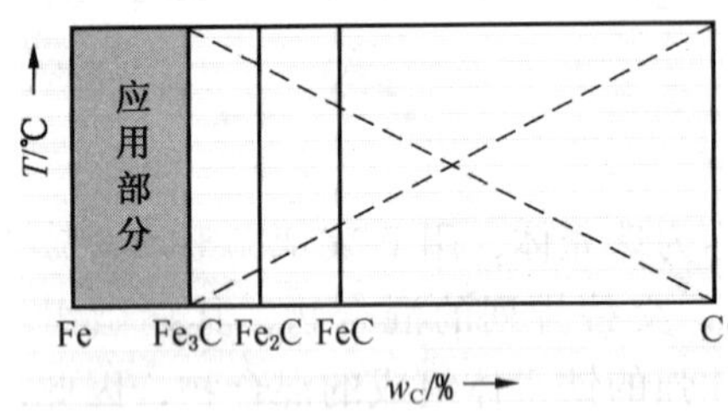

图4-11 Fe-C合金相图的组成

一、铁碳相图的组成

在形成铁碳合金时，铁（Fe）组元和碳（C）组元除了可以形成我们前面认识的固溶体（铁素体 F 与奥氏体 A）和金属化合物（渗碳体 Fe_3C）外，还可以形成其他化合物，如 Fe_2C 和 FeC 等。如图4-11所示，横轴表示含碳量，纵轴表示温度。当含碳量超过5%时，铁碳合金的力学性能很差，在工业生产中很少用到，因此我们只研究铁碳合金相图中含碳量少于6.69%的那一部分就足够了，这一部分相图也可称为 Fe-Fe_3C 相图，通常也称铁碳相图，如图4-12所示。

相图中左上角和左下角的部分工业生产上通常用得不多，所以为了方便我们掌握和分析 Fe-Fe_3C 相图，常用的是简化后的 Fe-Fe_3C 相图，如图4-13所示。

二、Fe-Fe_3C 相图的分析

分析 Fe-Fe_3C 相图时，把握七个特性点和六条特性线的含义，就可以把看似很复杂

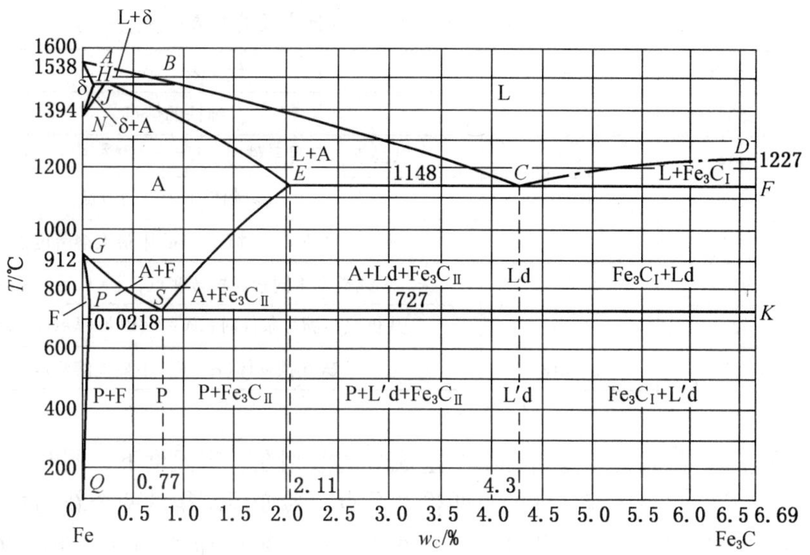

图 4－12　Fe－Fe_3C 相图

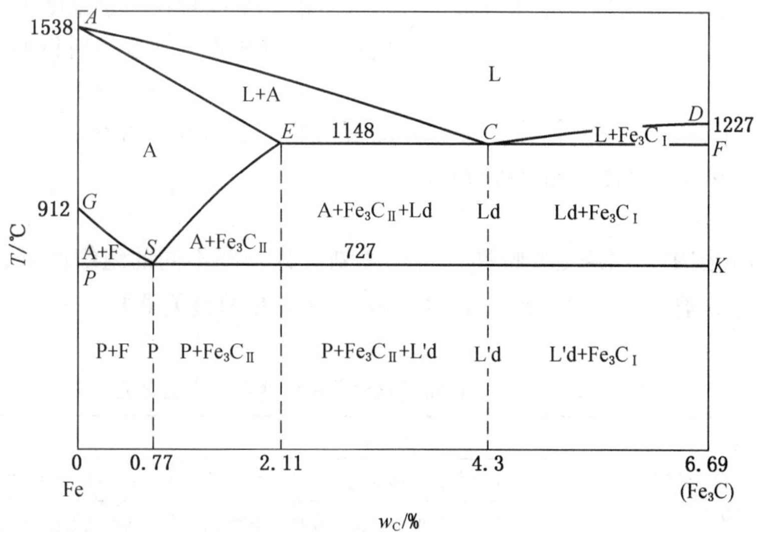

图 4－13　简化后的 Fe－Fe_3C 相图

的相图分割成不同的小区域，当含碳量和温度变化时，就可以方便地分析出各区域产生的相应组织。

1. 七个主要特性点

Fe－Fe_3C 相图中七个重要的特性点及其温度、含碳量和代表的含义见表 4－1。

以上七个特性点中，尤其以共晶点 C 和共析点 S 最为重要。钢铁材料中的组织变化大多与共晶转变和共析转变有关。

表 4-1　Fe-Fe_3C 相图中七个特性点及其代表含义

点符号	温度/℃	含碳量/%	代表含义
A	1538	0	纯铁的熔点
C	1148	4.3	共晶点，满足条件时：L $\rightleftharpoons$ Ld(A + Fe_3C)共晶转变
D	1227	6.69	渗碳体(Fe_3C)的熔点
E	1148	2.11	碳在奥氏体(γ-Fe)中最大溶解度点
G	912	0	纯铁发生同素异构转变点，γ-Fe $\rightleftharpoons$ α-Fe
S	727	0.77	共析点，满足条件时：A $\rightleftharpoons$ P(F + Fe_3C)共析转变
P	727	0.0218	碳在铁素体(α-Fe)中最大溶解度点

（1）共晶点 *C*。共晶转变是指合金一定成分的液相在一定温度下，同时结晶出两个固相的转变。满足发生共晶转变条件的点叫作共晶点，转变后所得的两个新固相的混合物称为共晶体。铁碳合金中，含碳量为 4.3% 的液相，在平衡冷却到 1148 ℃时（*C* 点为共晶点），将同时结晶出奥氏体和渗碳体的混合物，也就是莱氏体，即 L $\rightleftharpoons$ Ld（A + Fe_3C）。分析铁碳合金结晶过程时，我们再对共晶转变加以详细讲解。

（2）共析点 *S*。共析转变是指合金中一定成分的一个固相在一定温度下，同时析出两个新的固相的转变。满足发生共析转变条件的点叫作共析点，转变后所得的两个新固相的混合物称为共析体。铁碳合金中，含碳量为 0.77% 的奥氏体，在平衡冷却到 727 ℃时（*S* 点为共析点），将同时析出铁素体和渗碳体的混合物，也就是珠光体，即 A $\rightleftharpoons$ P（F + Fe_3C）。共析转变我们也在结晶过程分析时再阐述。

2. 六条主要特性线

Fe-Fe_3C 相图中，六条主要特性线将相图划分为一些不同的组织区域，掌握以下六条特性线所代表的含义（表 4-2），对学习 Fe-Fe_3C 相图至关重要。

表 4-2　Fe-Fe_3C 相图中六条特性线及其代表含义

特性线	代表含义
ACD	液相线。在此线温度以上时合金处在液态，冷却到此线温度开始结晶，加热到此线温度合金完全熔化为液态
AECF	固相线。在此线温度以下时合金处在固态，加热到此线温度开始熔化，冷却到此线温度合金完全结晶为固态
GS	A_3 线。冷却时奥氏体析出铁素体的开始温度线；加热时铁素体转变为奥氏体的终了温度线
ES	A_{cm} 线。碳在奥氏体中溶解度随温度的变化曲线
ECF	共晶线。含碳量 2.11% ~6.69% 的合金在 1148 ℃发生 L $\rightleftharpoons$ A + Fe_3C 共晶转变
PSK	共析线，又称 A_1 线。含碳量 0.0218% ~6.69% 的合金在 727 ℃发生 A $\rightleftharpoons$ F + Fe_3C 共析转变

在铁碳二元合金中，共析转变在钢和白口铁中都会发生，而共晶转变只发生在白口铁中。两种转变很相似，都是一种在恒定温度下由一个相转变为两个相的机械混合物，不同的是共晶转变是液相转变来的，而共析转变则是由一个固相转变来的。由于共析转变比共晶转变处的温度低，原子拥有的能量低，扩散困难距离短，所以共析转变所得的共析组织

比共晶转变后的组织更细密，力学性能特点通常是具有较高的强硬度和塑韧性。

三、铁碳合金的分类

按照 Fe－Fe_3C 相图中铁碳合金含碳量和室温平衡组织的不同，通常把铁碳合金分为工业纯铁、钢和白口铸铁三类，见表 4－3。

表 4－3　铁碳合金的分类

合金分类	工业纯铁	钢			白口铸铁		
		亚共析钢	共析钢	过共析钢	亚共晶白口铸铁	共晶白口铸铁	过共晶白口铸铁
碳的质量分数/%	≤0.0218	0.0218～0.77	0.77	0.77～2.11	2.11～4.3	4.3	4.3～6.69
室温组织	F	F＋P	P	P＋Fe_3C_{II}	L′d＋P＋Fe_3C_{II}	L′d	L′d＋Fe_3C_I

四、典型铁碳合金结晶过程分析

1. 共析钢（含碳量 0.77%）

合金Ⅰ为含碳量 0.77% 的共析钢，其从液态缓慢冷却（平衡状态）到室温的结晶过程如图 4－14 所示。成分线与相图温度自高向低相交于 1、2、3 三个点。温度在 1 点以上合金处在液态，平均含碳量为 0.77%。经缓慢冷却到 1 点温度时，合金开始结晶出奥氏体（A），此时合金放出结晶潜热，冷却曲线变缓，随时间推移，奥氏体（A）越来越多，液相越来越少，直到温度降低到 2 点温度时，液态完全结晶为固态奥氏体（A）。这时候合金处于奥氏体（A）单相区。随温度缓慢冷却到 3 点温度，奥氏体（A）含碳量为 0.77%，温度达到 727 ℃，这时就满足铁碳合金中共析转变的条件了，此时奥氏体（A）同时析出铁素体（F）和渗碳体（Fe_3C）的共析组织珠光体（P）。共析转变完成后温度到了 3 点（即 *S* 点）以下直到室温，此时合金内部是稳定的组织，除了铁素体（F）作

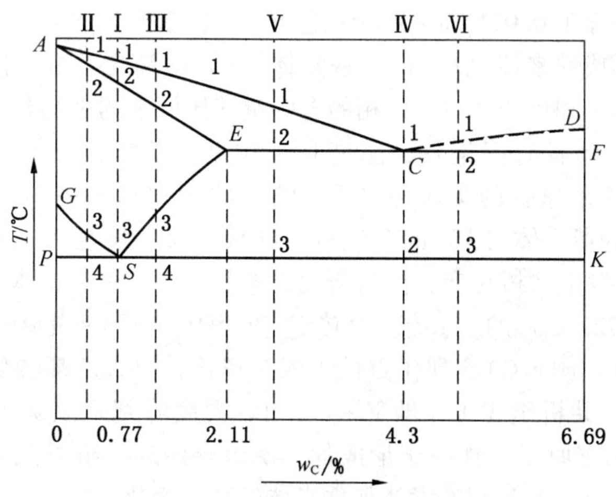

图 4－14　典型铁碳合金在 Fe－Fe_3C 相图中的位置

为固溶体，随温度降低溶解度降低析出极少量溶质碳原子，而与铁组元生成三次渗碳体（由铁素体析出的渗碳体称为三次渗碳体）外，室温下合金不再有组织转变。共析钢结晶过程组织按从液相 L 到固相珠光体 P 的顺序变化：L→L + A→A→P （F + Fe_3C），如图4 – 15所示。

共析钢显微组织如图 4 – 16 所示。

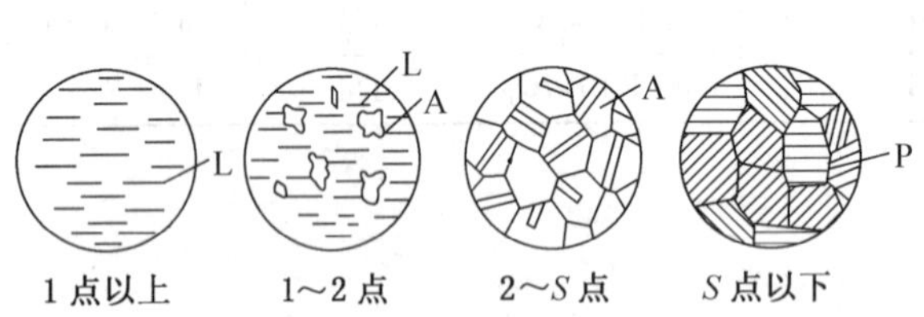

图 4 – 15　共析钢结晶过程示意图

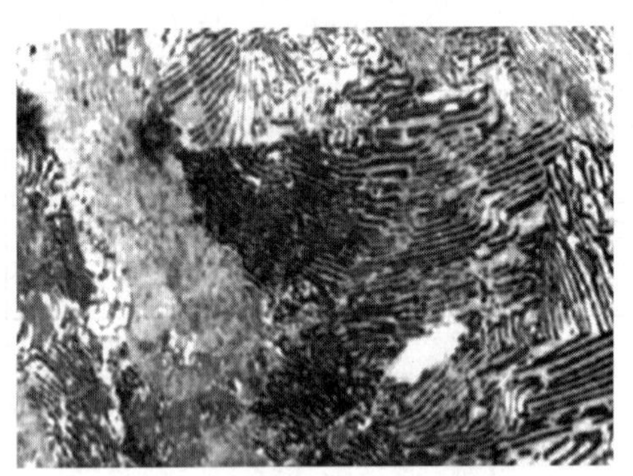

图 4 – 16　共析钢显微组织

2. 亚共析钢（0.0218% <含碳量< 0.77% ）

合金Ⅱ为含碳量在 0.0218% ~ 0.77% 之间的亚共析钢，其从液态缓慢冷却（平衡状态）到室温的结晶过程如图 4 – 14 所示。成分线与相图温度自高向低相交于 1、2、3、4 四个点。温度在 1 点以上合金处在液态，平均含碳量介于 0.0218% ~ 0.77% 之间，经缓慢冷却到 1 点，合金开始结晶出奥氏体（A）固相，平均含碳量不变，到温度冷却到 2 点液态都结晶为单一的奥氏体（A）固相，奥氏体（A）含碳量为 0.0218% ~ 0.77% 。温度在 2 点到 3 点之间时，由于奥氏体（A）是固溶体，温度越低溶解度越小，另外奥氏体（A）中的溶剂 γ – Fe 温度越低越不稳定，有发生同素异构转变为 α – Fe 的趋向。温度降低到 3 点时，转变发生，析出铁素体（F），组织变为奥氏体（A）和铁素体（F）的两相组织，两相平均含碳量还是介于 0.0218% ~ 0.77% 之间，但转变产生的 α – Fe 溶解了从γ – Fe 中析出的溶质碳原子形成铁素体（F）时，铁素体（F）最高含碳量仅仅是 0.0218% ，比平均含碳量少许多，另一相奥氏体（A）相的含碳量就比原来的平均含碳量要高，以保持平均含碳量的恒定值。随着时间推移，温度越来越低，铁素体（F）越来越多，奥氏体（A）越来越少，但越来越少的奥氏体（A）的含碳量却越来越多。当温度降低到 4 点（727 ℃）时，剩下的奥氏体（A）的含碳量达到 0.77% ，满足产生共析转变的条件，则剩下的奥氏体（A）发生共析转变，同时析出铁素体（F）和渗碳体（Fe_3C）的共析体即珠光体 P，这时候（727 ℃）的组织有：没转变完的奥氏体(A) + 先析出的铁素体（F）+ 共析组织珠光体 P（即 F + Fe_3C）。到 4 点以下时，奥氏体（A）都转变了，稳定组织为先析出的铁素体（F）+ 共析组织 P（即 F + Fe_3C），温度降到室温除了极少量由于铁素体（F）溶解度降低析出碳原子与铁原子形成的三次渗碳体外，组织没有什么变化。亚共析钢结晶过程组织按从单一液相到铁素体加珠光体的顺序变化：L→L + A→A→A + F→F + P（F + Fe_3C），如图 4 – 17 所示。

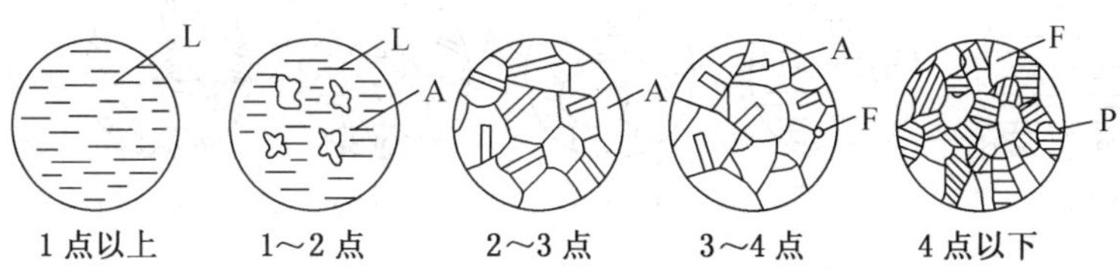

图 4－17　亚共析钢结晶过程示意图

钢的含碳量越多，室温组织中珠光体就越多，铁素体相对就少。亚共析钢显微组织如图 4－18所示。

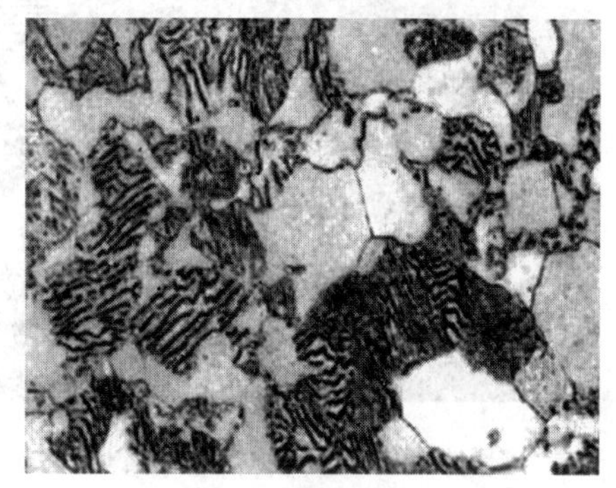

图 4－18　亚共析钢显微组织

3. 过共析钢（0.77%＜含碳量＜2.11%）

合金Ⅲ为含碳量介于 0.77%～2.11% 之间的过共析钢，其从液态缓慢冷却（平衡状态）到室温的结晶过程如图 4－14 所示。成分线与相图温度自高向低相交于 1、2、3、4 四个点。温度在 1 点以上合金处在液态，平均含碳量在 0.77%～2.11% 之间，经缓慢冷却（平衡状态）到 1 点，合金开始结晶出奥氏体（A）。1 点到 2 点之间，随温度降低，奥氏体（A）越来越多，液相越来越少，到了 2 点后完全结晶为单一的奥氏体（A）固相，奥氏体（A）含碳量介于 0.77%～2.11% 之间。在 2～3 点之间随温度下降，奥氏体（A）溶解碳的能力不断下降，但在 3 点温度以上时还能完全溶解，温度降到了 3 点时，奥氏体（A）的溶解度已溶解不了原来那么多的碳了，开始析出碳原子，同时奥氏体（A）的含碳量开始下降，析出的碳原子与铁原子形成二次渗碳体（由奥氏体中析出的碳形成的渗碳体称为二次渗碳体，通常以网状存在于珠光体团边界）。此时合金进入 3～4 点之间的两相区，合金内部组织为奥氏体（A）和二次渗碳体（Fe_3C_{II}），两相平均含碳量仍介于 0.77%～2.11% 之间，但由于渗碳体含碳量为 6.69%，大大高于平均含碳量，所以奥氏体（A）含碳量低于平均值，随温度降低渗碳体越来越多，奥氏体（A）越来越少，而且奥氏体（A）的含碳量越来越趋近于 0.77%。当温度达到 4 点（727 ℃）时，奥氏体（A）的含碳量达到 0.77%，满足共析条件，开始发生共析转变，奥氏体（A）同时析出铁素体（F）和渗碳体（Fe_3C_{II}）的共析组织珠光体（P），在此温度（727 ℃）时，合金内部组织为 $A+Fe_3C_{II}+P$（$F+Fe_3C_{II}$），当共析转变完成后，合金中没有了奥氏体（A）组织，温度也开始下降到 4 点（727 ℃）以下，组织为珠光体 P（$F+Fe_3C_{II}$）$+Fe_3C_{II}$，直到室温除了有极少量的三次渗碳体出现，合金内部组织基本没有什么变化。过共析钢结晶过程组织按从单一液相 L 到 $Fe_3C_{II}+P$ 的顺序变化：$L \rightarrow L+A \rightarrow A \rightarrow A+Fe_3C_{II} \rightarrow Fe_3C_{II}+P$（$F+Fe_3C_{II}$），如图 4－19 所示。

过共析钢的含碳量越多，室温组织中网状的二次渗碳体就越多，珠光体相对就少，其显微组织如图 4－20 所示。

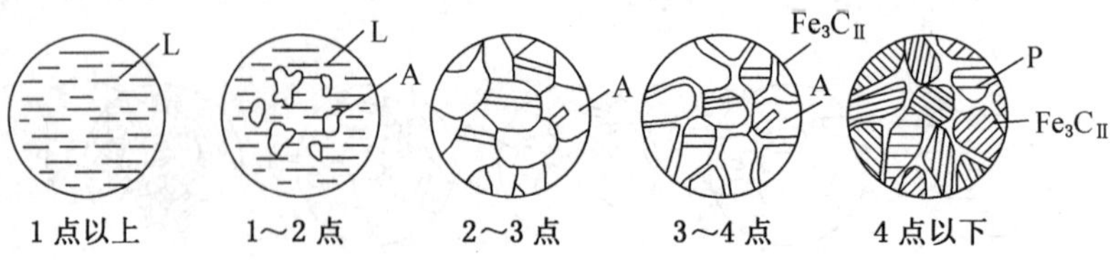

图 4－19 过共析钢结晶过程示意图

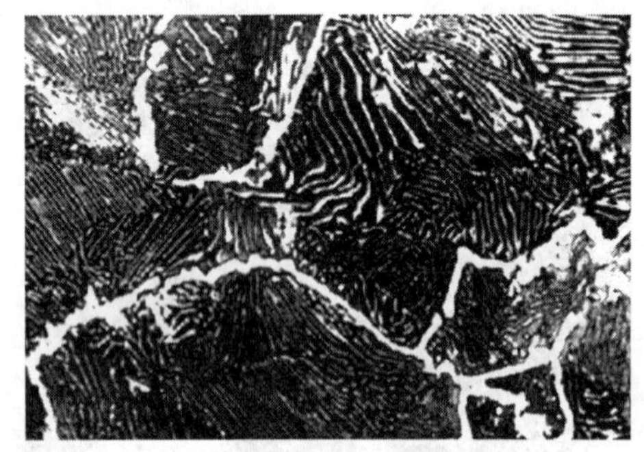

图 4－20 过共析钢显微组织

4. 共晶白口铸铁（含碳量为 4.3%）

合金Ⅳ为含碳量 4.3% 的共晶白口铸铁，其从液态缓慢冷却（平衡状态）到室温的结晶过程如图 4－14 所示。成分线与相图温度自高向低相交于 1、2 两个点。温度在 1 点（1148 ℃）以上时合金处在液态，平均含碳量为 4.3%。经缓慢冷却（平衡状态）到 1 点（1148 ℃）时，合金满足共晶条件，开始发生共晶转变，由液相同时结晶出奥氏体（A）和一次渗碳体（Fe_3C_I）（由液相直接生成的渗碳体称为一次渗碳体）的共晶体即莱氏体（Ld）。共晶转变完成后温度继续下降到 1～2 点之间时，随温度下降，奥氏体（A）溶解碳的溶解度要下降而析出少量溶质碳原子与铁原子形成二次渗碳体（Fe_3C_{II}），奥氏体（A）也因为析出了溶质碳原子而使溶碳量下降。冷却到 2 点（727 ℃）时，奥氏体中的溶碳量低到 0.77%，满足产生共析转变的条件，此时奥氏体（A）发生共析转变，同时析出铁素体（F）和二次渗碳体（Fe_3C_{II}）的共析体也就是珠光体 P（$F + Fe_3C_{II}$）组织，所以在 727 ℃以下时，莱氏体（Ld）不再是由奥氏体（A）和渗碳体（Fe_3C）组成，而是由珠光体（P）和渗碳体（Fe_3C）组成，称为低温莱氏体，用 L′d 表示。共晶白口铸铁结晶过程组织按从单一液相到混合物 L′d 的顺序变化：L→L + Ld（$A + Fe_3C_I$）→Ld（$A + Fe_3C_I + Fe_3C_{II}$）→L′d［P（$F + Fe_3C_{II}$）+ $Fe_3C_{II} + Fe_3C_I$］，如图 4－21 所示。

共晶白口铸铁显微组织如图 4－22 所示。

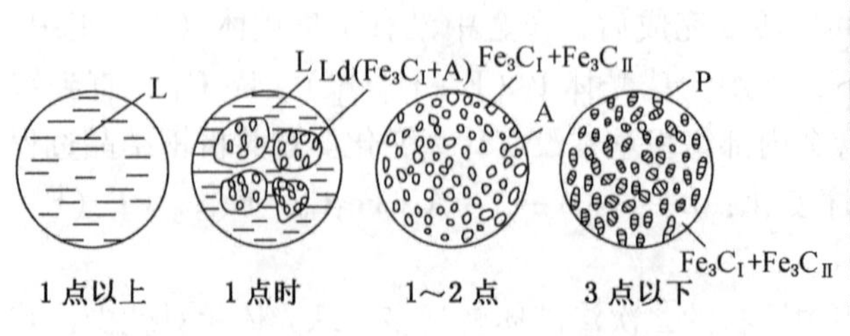

图 4－21 共晶白口铁结晶过程示意图

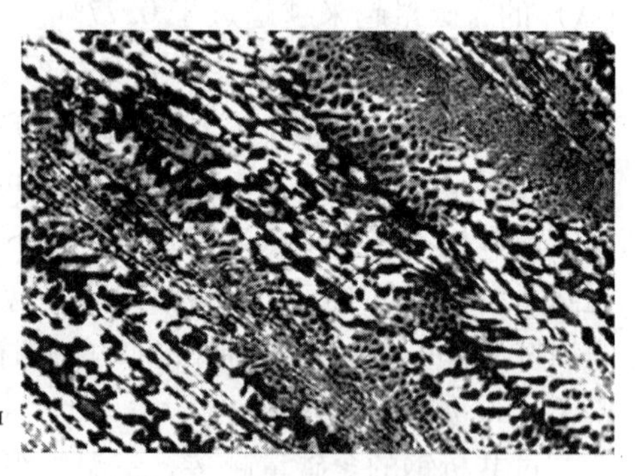

图 4－22 共晶白口铸铁显微组织

5. 亚共晶白口铸铁（2.11%＜含碳量＜4.3%）

合金Ⅴ为含碳量介于2.11%～4.3%的亚共晶白口铸铁，其从液态缓慢冷却（平衡状态）到室温的结晶过程如图4－14所示。成分线与相图温度自高向低相交于1、2、3三个点。温度在1点以上合金处在液态，经缓慢冷却到1点温度时，合金开始结晶出奥氏体（A）固相。温度在1～2点之间时，温度越低结晶出的奥氏体（A）越多，剩下的液相越少，由于奥氏体最大溶碳量只有2.11%，合金平均含碳量是恒定的，所以越来越少的液相的含碳量越来越多。待温度冷却到2点温度（1148℃）时，没有结晶的液相含碳量达到了4.3%，满足发生共晶转变的条件，开始同时结晶出奥氏体（A）和一次渗碳体（$Fe_3C_{Ⅰ}$）的共晶体即莱氏体（Ld），此时合金三相共存L＋Ld（A＋$Fe_3C_{Ⅰ}$），到共晶转变完成后，液相完全消失。温度在2～3点继续缓慢下降，此时奥氏体（A）因温度下降使溶碳能力下降，而析出少量溶质碳原子与铁原子结合成二次渗碳体（$Fe_3C_{Ⅱ}$），直到温度降低到727℃时，奥氏体（A）溶碳量降到0.77%，满足共析转变的条件而开始由奥氏体同时析出铁素体（F）和二次渗碳体（$Fe_3C_{Ⅱ}$）的共析体即珠光体（P），这样莱氏体（Ld）也就转变成了低温莱氏体（L′d）。亚共晶白口铸铁结晶过程组织按从单一液相L到P＋$Fe_3C_{Ⅱ}$＋L′d的顺序变化：L→L＋A→A＋Ld（A＋$Fe_3C_{Ⅰ}$）→A＋$Fe_3C_{Ⅱ}$＋Ld（A＋$Fe_3C_{Ⅰ}$）→P＋$Fe_3C_{Ⅱ}$＋L′d，如图4－23所示。

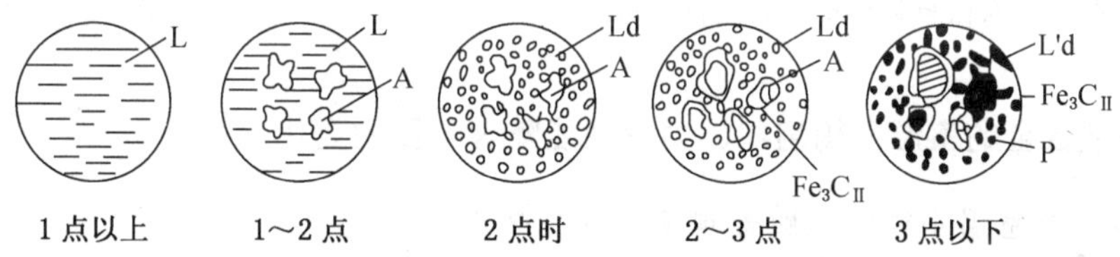

图4－23　亚共晶白口铸铁结晶过程示意图

亚共晶白口铸铁显微组织如图4－24所示。

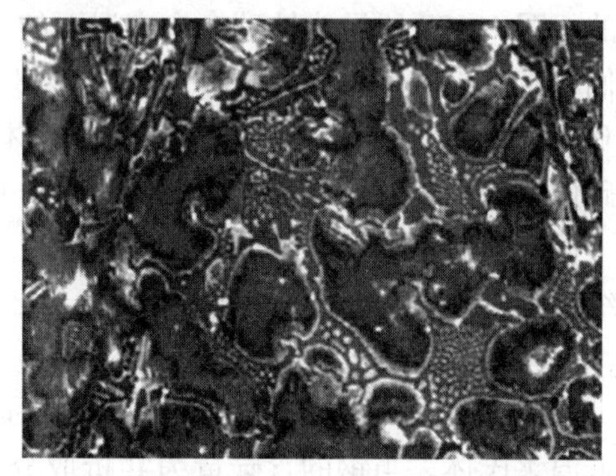

图4－24　亚共晶白口铸铁显微组织

6. 过共晶白口铸铁（4.3%＜含碳量＜6.69%）

合金Ⅵ为含碳量介于4.3%～6.69%的过共晶白口铸铁，其从液态缓慢冷却（平衡状态）到室温的结晶过程如图4－14所示。成分线与相图温度自高向低相交于1、2、3三个点。温度在1点以上，合金处在液态，经缓慢冷却到1点时，合金开始结晶出一次渗碳体（$Fe_3C_{Ⅰ}$）固相，$Fe_3C_{Ⅰ}$含碳量为6.69%，高于过共晶白口铸铁平均含碳量，随时间推移含碳量6.69%的$Fe_3C_{Ⅰ}$越来越多，未结晶的液相越来越少，而且液相的含碳量也越来越少。直到2点温度（1148℃）时，剩下的液相含碳量达到4.3%，满足共晶转变条件发生共晶转变，由未结晶的液相同时结晶出奥氏体（A）和一次渗碳体（$Fe_3C_{Ⅰ}$）的共晶体即莱氏体（Ld）。共晶转变完成后，温度降低到2点和3点之间，合金进入Ld（A＋

$Fe_3C_Ⅰ$）+ $Fe_3C_Ⅰ$ 相区，温度降低到 3 点温度（727 ℃）时，莱氏体（Ld）中的奥氏体（A）开始发生共析转变，转变为铁素体（F）和二次渗碳体（$Fe_3C_Ⅱ$）的共析组织珠光体（P），这样莱氏体（Ld）就变成了低温莱氏体（L′d），早先由液相结晶来的一次渗碳体（$Fe_3C_Ⅰ$）是低温稳定相，不发生转变，合金在 3 点温度以下的组织由 L′d + $Fe_3C_Ⅰ$ 组成。过共晶白口铸铁结晶过程组织按从单一液相 L 到 $Fe_3C_Ⅰ$ + L′d 的顺序变化：L→L + $Fe_3C_Ⅰ$→$Fe_3C_Ⅰ$ + Ld→$Fe_3C_Ⅰ$ + L′d，如图 4 - 25 所示。

过共晶白口铸铁显微组织如图 4 - 26 所示。

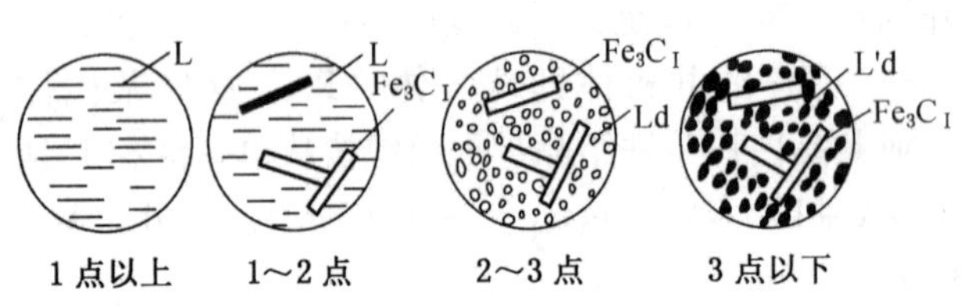

图 4 - 25　过共晶白口铸铁结晶过程示意图

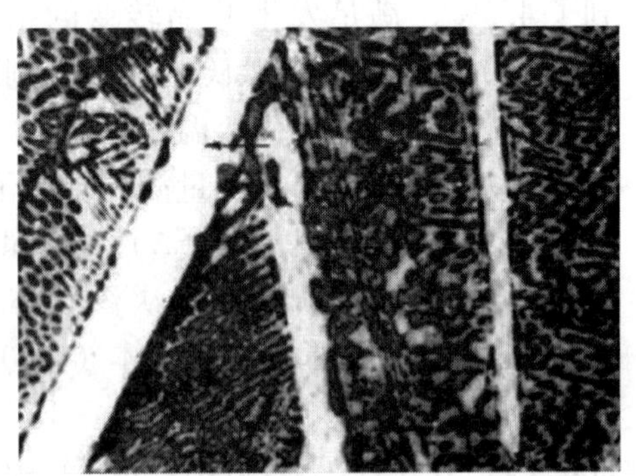

图 4 - 26　过共晶白口铸铁显微组织

五、铁碳合金的室温平衡组织、力学性能随含碳量的变化规律

1. 铁碳合金室温平衡组织随含碳量的变化规律

铁碳合金的室温平衡组织实际上只有两个基本相，就是铁素体 F 和渗碳体 Fe_3C，在室温下无论是珠光体 P 还是低温莱氏体 L′d，都是由铁素体和渗碳体这两个基本相混合而成的。图 4 - 27 所示为铁碳合金室温下的基本相和平衡组织随含碳量的变化规律。从图中我们不难看出，室温下铁碳合金从含碳量低于 0.0008% 时的单一铁素体相，到含碳量超过 0.0008% 开始出现渗碳体，形成铁素体和渗碳体两个基本相后，随着含碳量的增加，渗碳体逐渐增加，而铁素体则逐渐减少，直到含碳量为 6.69% 形成单一的渗碳体 Fe_3C。

而室温组织随含碳量的变化，从图 4 - 27 中可以看出，随含碳量的增加，铁碳合金的组织变化顺序为：F + $Fe_3C_Ⅲ$→F + P→P→P + $Fe_3C_Ⅱ$→P + $Fe_3C_Ⅱ$ + L′d→L′d→L′d + $Fe_3C_Ⅰ$→$Fe_3C_Ⅰ$。

从图 4 - 27 中可以看出，钢在室温下的基本组织是珠光体，白口铸铁的室温基本组织是低温莱氏体。当钢的含碳量为共析成分 0.77% 时，室温组织完全由珠光体组成，含碳量与共析成分相差越多，则钢中珠光体的相对含量就越少，而铁素体或二次渗碳体相对含量就越多。同样，白口铸铁中含碳量为共晶成分 4.3% 时，室温组织完全由低温莱氏体组成，含碳量与共晶成分相差越多，则白口铸铁中的低温莱氏体相对含量就越少，而珠光体 + 二次渗碳体或一次渗碳体的相对含量就越多。

2. 铁碳合金力学性能随含碳量的变化规律

力学性能方面，从图 4 - 27 中可以看出，铁碳合金的力学性能随含碳量的变化规律是：硬度（HBW）随含碳量的增加而近似地以直线形态升高。塑性（A）和韧性（KU_2）随含碳量的增加而不断下降。而强度（R_m）的变化是当含碳量低于 0.9% 时，含碳量越高，则强度越高；当含碳量高于 0.9% 时，含碳量越高，则铁碳合金的强度越低；并且在超过 0.9% 时，由于随含碳量的升高，合金中脆性很高的网状二次渗碳体相对含量较多，使铁碳合金的强度呈急剧下降趋势；当含碳量超过 2.11% 后，由于硬而脆的低温莱氏体及过共晶时一次渗碳体的出现，使得合金呈现较低的强度与较高的脆性。

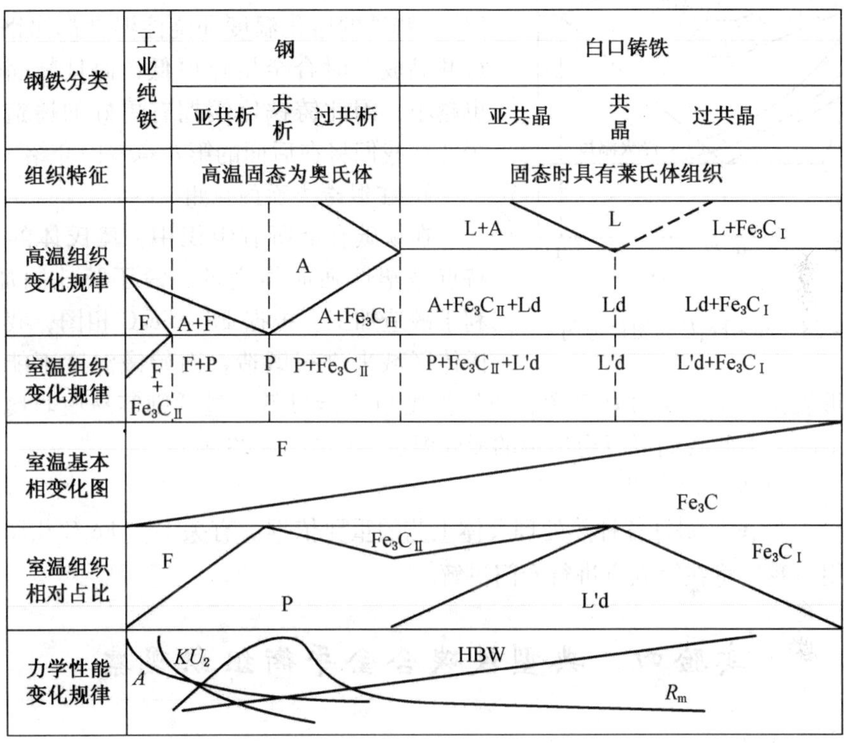

图 4－27　铁碳合金相、组织、性能随含碳量变化规律

六、Fe－Fe_3C 相图的应用

Fe－Fe_3C 相图揭示了不同成分铁碳合金的组织、性能随温度的变化规律。在生产实践中，对于钢铁材料的选用以及制订铸造、锻造、焊接、热处理等生产工艺时，铁碳相图将提供重要依据。

1. 在选用钢铁材料方面的应用

选用钢铁材料时，依 Fe－Fe_3C 相图，如制造机械零件要选综合力学性能高的材料时，则选用含碳居中的钢，既要保证强硬度又要保证塑韧性指标；如用于工程结构件时，则选用含碳较低的钢，以保证良好的塑韧性和焊接性；用来制造刀具量具的，则应选用含碳较高的钢，以保证高的硬度和耐磨性。相图中平衡状态的白口铸铁虽说很少直接用于工业生产中，但是可以通过各种成熟的工艺方法，利用共晶转变是铁碳合金中，结晶完成温度最低的特点，使相图中具有白口铸铁成分范围的铁碳合金广泛应用于实际生产生活中。

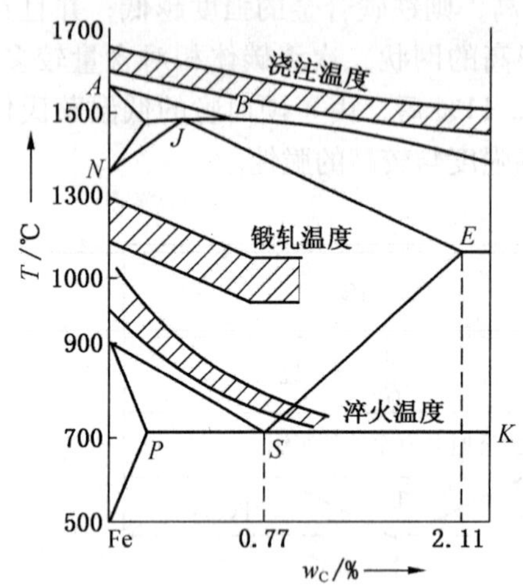

图 4－28　$Fe-Fe_3C$ 相图的应用

2. 在铸造方面的应用

在 $Fe-Fe_3C$ 相图中，我们可以找出各种成分的铁碳合金的熔点和凝固点，依图来确定铁碳合金合适的熔化温度和浇注温度，我们也可以在相图中看出铸造用钢浇注的最佳温度区间（图 4－28）。铸铁的熔化温度和浇注温度都比钢要低，靠近共晶成分时合金熔点更低，而且凝固温度区间也越小，因此铸铁比钢拥有更好的铸造性能。关于铸铁我们将在后面的第八章专门介绍。

3. 在锻造方面的应用

在铁碳合金所有组织中，奥氏体的力学性能特点是塑性强而强度低，锻压及轧制加工性强，利于锻造加工。根据 $Fe-Fe_3C$ 相图，我们选择奥氏体区域来进行锻造，而始锻温度不能过高，过高则易严重氧化甚至产生过烧现象，终锻温度也不能过低；过低则容易使非奥氏体相增多，塑性下降。由此我们可以得出钢的锻轧温区，如图 4－28 所示。

4. 在热处理方面的应用

$Fe-Fe_3C$ 相图是制订各种热处理具体工艺的重要依据。有关 $Fe-Fe_3C$ 相图在热处理方面的应用，我们将在第五章进行专门讲解。

实验四　典型铁碳合金平衡组织观察

一、实验目的

（1）了解金相显微镜的基本结构与使用方法及金相试样的制备过程。

（2）观察典型铁碳合金平衡组织的基本形态。

（3）进一步理解含碳量与铁碳合金组织之间的关系，并推论含碳量与铁碳合金性能的关系。

二、实验仪器与实验材料

（1）金相显微镜，如图 4－29 所示。

（2）典型铁碳合金的金相试样 1 套，工业纯铁 1 个，不同含碳量亚共析钢 2 个，共析钢 1 个，不同含碳量过共析钢 2 个，亚共晶白口铸铁 1 个，共晶白口铸铁 1 个，过共晶白口铸铁 1 个。

三、实验内容与步骤

实验内容：①观察典型铁碳合金的平衡组织，并画出示意图；②了解金相试样的制备过程。

金相显微镜是一种精密光学仪器，使用时必须细心谨慎，严格按照操作规程使用。其使用方法如下：

(1) 按要求选择正确的物镜和目镜，所观察的倍数是物镜倍数与目镜倍数的乘积。转动粗调手轮升高载物台，取下物镜底座盖，将物镜在物镜底座上稳定装好；取下目镜筒套盖，将目镜插在目镜筒中。

(2) 将所需观察试样的目标面对准下面的物镜在载物台上放好。

(3) 按要求正确接通电源。

(4) 左右手分别缓慢调整两面的粗调手轮，先使载物台带着试样靠近物镜，眼在目镜中观察到视场由暗转亮，到逐渐能大概观察到金相组织，再调节细调手轮，直到能观察到最清晰的组织形态为止。操作时要缓慢小心，严禁载物台或试样碰撞到物镜。

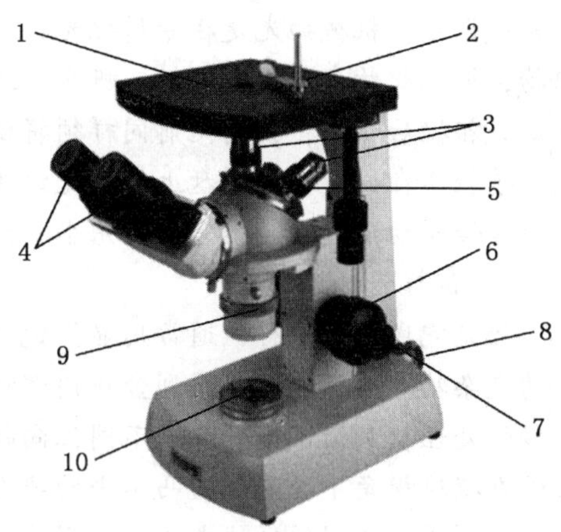

1—载物台；2—试样扣；3—物镜；4—目镜；
5—物镜转换盘；6—粗调手轮；7—精调手轮；
8—电源插口；9—视场光栏；10—孔径光栏

图 4－29　4XB 双目金相显微镜

(5) 双手缓慢平移推动载物台，观察试样金相组织，寻找最具代表性组织特征的视场，画出所观察到的显微组织示意图。

(6) 观察完成后，调粗调手轮将载物台升起，取下观察过的试样并按要求收好，再换下一个试样进行观察并画出显微组织示意图。依此法，做完观察实验后，按要求将金相显微镜恢复到实验前的状态。

金相试样的制备过程：

1) 试样采取

一般试样多用直径 15 mm，高 15～20 mm 的圆柱体或边长 15 mm 的立方体。

视具体情况，在接近需观察组织处进行相应取样。取样时，应注意避免所取样品温度升高，尽量减少样品因温度改变而出现内部组织发生变化的可能性。取样可视具体情况，采用敲击、锯削、刨削、车削等方法。对于比较坚硬的样品，也可采用砂轮切割完成。

对于本身尺寸较小（薄、细等）的试样，可采用镶嵌方法将试样镶嵌在塑料、低熔点金属等材料中，也可以采用能夹稳的夹具夹住，以方便对试样进行打磨。

观察试样组织的金相显微镜，是很精细的光学仪器，要求试样待观察表面不能有划痕磨痕等痕迹。取样完成后，还需按下面步骤仔细制作。

2) 试样打磨

首先用锉刀或砂轮机将试样打磨平整，注意勿使试样温度过高，可在磨平时随时用水冷却。试样磨平后用水清洗并擦干，再用由粗到细的砂布进行磨光处理。磨光时须按同一方向打磨，用力须均匀、平稳，避免来回打磨，当试样上的磨痕呈同一方向均匀排列并且没有前一道粗磨痕时，用水将试样和手冲洗擦干后，换更细的砂布沿垂直于上道砂布打磨方向进行打磨，直到完成最细号砂布的打磨。

3) 试样抛光

抛光其实是进一步精细的打磨。抛光包括机械抛光、电解抛光及化学抛光等，通常使用机械抛光。机械抛光是在专用抛光机上完成，使用涂有或滴有极细高硬度研磨料的抛光织物，抛光织物一般用毛呢料、帆布、绒布等制成，将抛光织物固定在抛光盘上，抛光时也要先粗抛后精抛，换精抛前同样须将试样和手清洗干净。抛光操作时，将试样平稳均匀地用手轻压在固定在抛光盘上的抛光织物上，并在抛光过程中沿径向平稳往返移动，同时还应缓慢转动试样，精抛完成后用水将试样清洗干净并用吹风机烘干待用。

4）试样侵蚀

抛光完成后的试样，通常用显微镜也是看不到内部组织的，除非有一些具有特殊氧化色的夹杂物。为了能够观察到金属内部组织，必须用具有一定腐蚀性的介质对试样表面进行侵蚀处理，利用不同的相或不同位向晶粒的化学稳定性不同，被腐蚀介质腐蚀后的试样表面在微观视角下会呈现凹凸不平的状态，这样在金相显微镜这种光学仪器下，我们就可以观察到明暗不同的区域或痕迹，那反映的就是不同的显微组织。

四、实验记录与实验报告

（1）在直径为 30 mm 的圆内，用铅笔画出所观察到的各典型铁碳合金显微组织示意图，并标明各组织的名称，注明各个示意图的材料名称、所处组织状态、所用侵蚀剂、放大倍数。

（2）根据所观察到的结果，分析铁碳合金的组织、性能与合金含碳量之间的变化规律。

练　习　题

一、名词解释

铁素体与奥氏体、共晶转变与共析转变、莱氏体与低温莱氏体、合金与组织、珠光体与渗碳体

二、填空题

1. 根据合金中各组元之间的相互作用不同，合金组织可分为__________、__________和__________三种类型。

2. 根据溶质原子在溶剂晶格中所处的位置不同，固溶体可分为__________和__________两种。

3. 合金组元间发生__________而形成一种具有__________的物质称为金属化合物，其性能特点是______高、______高、______大。

4. 铁碳合金的基本组织有五种，它们是__________、__________、__________、__________和__________。其中属于固溶体的有__________和__________，属于金属化合物的是__________，属于混合物的有__________和__________。

5. 共析钢冷却到 S 点时，会发生__________转变，从奥氏体中同时析出__________和__________的混合物，称为__________。

6. 碳溶解在 $\gamma-Fe$ 中形成的间隙固溶体称为__________。

7. 含碳量为__________的铁碳合金称为钢。根据室温平衡组织的不同，钢分为三

类：______钢，其室温组织为______和______；______钢，其室温组织为______；______钢，其室温组织为______和______。

8. 奥氏体和渗碳体组成的共晶产物称__________，其含碳量为__________；当温度低于727 ℃时，组织转变为珠光体加渗碳体，又称__________。

9. 奥氏体的力学性能特点为__________弱、__________强。

10. 当含碳量超过0.9%时，由于在钢中形成__________组织，使钢的__________开始下降。

11. 工业生产中广泛使用的是合金，这是因为生产中可以通过改变合金的化学成分来提高金属的力学性能，并可获得某些特殊的______和______。

12. 通常把以__________及以__________为主的合金称为黑色金属。

13. 铁素体具有较好的塑性和______，较低的强度和______。

14. 珠光体是______和______的混合物。

15. 铁碳合金相图是研究铁碳合金的______、______和组织结构之间关系的图形。

16. 按含碳量不同，铁碳合金可分为______、______和白口铸铁。

三、选择题

1. 在 $Fe-Fe_3C$ 相图中，奥氏体冷却到 *ES* 线时开始析出（　　）。

A. 铁素体　　B. 珠光体　　C. 二次渗碳体　　D. 莱氏体

2. 组成合金的最基本的独立物质称为（　　）。

A. 相　　B. 组元　　C. 组织

3. 金属发生内部结构改变的温度称为（　　）。

A. 临界点　　B. 凝定点　　C. 过冷度

4. 合金发生固溶强化的主要原因是（　　）。

A. 晶格类型发生了变化　　B. 晶粒细化

C. 晶格发生了畸变

5. 铁素体是（　　）晶格，奥氏体是（　　）晶格。

A. 面心立方　　B. 体心立方　　C. 密排六方

6. 渗碳体的含碳量为（　　）%。

A. 0.77　　B. 2.11　　C. 6.69

7. 珠光体的含碳量为（　　）%。

A. 0.77　　B. 2.11　　C. 6.69

8. 共晶白口铸铁的含碳量为（　　）%。

A. 2.11　　B. 4.3　　C. 6.69

9. 铁碳合金共晶转变的温度是（　　）℃。

A. 727　　B. 1148　　C. 1227

10. 含碳量为0.77%的铁碳合金，在室温下的组织为（　　）。

A. 珠光体　　B. 珠光体 + 铁素体　　C. 珠光体 + 二次渗碳体

11. 铁碳合金相图上 *PSK* 线用（　　）表示。

A. A_1　　B. A_3　　C. A_{cm}

12. 铁碳合金相图上的共析线是（　　）。

A. *ACD*　　B. *ECF*　　C. *PSK*

13. 将含碳量为1.5%的铁碳合金加热到650 ℃时其组织为（　　），加热到1100 ℃时其组织为（　　）。

A. 珠光体　　B. 奥氏体　　C. 珠光体 + 渗碳体

14. 亚共析钢冷却到*PSK*线时，要发生共析转变，奥氏体转变为（　　）。

A. 珠光体 + 铁素体　　B. 珠光体　　C. 铁素体

15. 亚共析钢冷却到*GS*线时，要从奥氏体中析出（　　）。

A. 铁素体　　B. 渗碳体　　C. 珠光体

16. 根据$Fe-Fe_3C$相图可以看出钢的熔化与浇注温度都要比铸铁（　　）。

A. 低　　B. 高　　C. 一样

17. 从奥氏体中析出的渗碳体称为（　　），从液体中结晶出的渗碳体称为（　　）。

A. 一次渗碳体　　B. 二次渗碳体　　C. 三次渗碳体

18. 铁碳合金相图上*ES*线，其代号用（　　）表示，*PSK*线用代号（　　）表示，*GS*线用代号（　　）表示。

A. A_1　　B. A_3　　C. A_{cm}

19. 过共析钢平衡组织中二次渗碳体的组织形态是（　　）。

A. 网状　　B. 球状　　C. 块状

20. 碳的质量分数为0.40%的铁碳合金，室温下的平衡组织为（　　）。

A. 珠光体　　B. 珠光体 + 铁素体

C. 珠光体 + 二次渗碳体

21. 下列组织中塑性最强的是（　　），脆性最大的是（　　），强度最高的是（　　）。

A. 铁素体　　B. 珠光体　　C. 渗碳体

四、判断题

1.（　　）由一种成分的固溶体，在一恒定温度下同时析出两个新的不同固相的过程，称为共析转变。

2.（　　）由于共析转变前后相的晶体构造、晶格的致密度不同，所以转变时常伴随体积的变化，从而引起内应力。

3.（　　）所谓共晶转变，是指在一定的温度下，已结晶的一定成分的固相与剩余的一定成分的液相一起，生成另一新的固相的转变。

4.（　　）靠近共晶成分的铁碳合金熔点低，而且凝固温度也较低，故具有良好的铸造性，这类铁碳合金适用于铸造。

5.（　　）由于奥氏体组织具有强度低、塑性好，便于塑性变形的特点，因此钢材轧制和锻造多在单一奥氏体组织温度范围内。

6.（　　）固溶体的晶格类型与其溶剂的晶格类型相同。

7.（　　）金属化合物晶格类型完全不同于任一组元的晶格类型。

8.（　　）金属化合物一般具有复杂的晶体结构。

9. (　　) 碳在 γ - Fe 中的溶解度比 α - Fe 中的溶解度低。

10. (　　) 奥氏体的强度、硬度不高，但具有良好的塑性。

11. (　　) 渗碳体是铁与碳的混合物。

12. (　　) 过共晶白口铸铁的室温组织是低温莱氏体加一次渗碳体。

13. (　　) 碳在奥氏体中的溶解度随温度的提高而减小。

14. (　　) 渗碳体的性能特点是硬度高、脆性大。

15. (　　) 奥氏体向铁素体的转变是铁发生同素异构转变的结果。

16. (　　) 含碳量为0.15%和0.35%的钢属于亚共析钢，在室温下的组织由珠光体和铁素体组成，所以它们的力学性能相同。

17. (　　) 莱氏体的平均含碳量为2.11%。

18. (　　) 奥氏体和铁素体都是碳溶于铁的固溶体。

19. (　　) 珠光体是奥氏体和渗碳体组成的机械混合物。

20. (　　) 共析钢中碳的质量分数为0.77%。

21. (　　) 铁碳合金中随着碳质量分数由小到大，渗碳体量逐渐增多，铁素体量逐渐减少，铁碳合金的硬度越来越高，而塑性、韧性越来越低。

22. (　　) 固溶体的强度一般比构成它的纯金属高。

23. (　　) 渗碳体的含碳量随温度升高而不断升高。

24. (　　) 为了保证工业上使用的钢具有足够的强度，并具有一定的塑性和韧性，钢中的含碳量一般不超过1.4%。

25. (　　) 碳的质量分数大于2.11%的铁碳合金称为钢。

五、简答题

1. 什么是合金的组织？合金的组织有哪几种类型？

2. 什么是铁素体、奥氏体、渗碳体、珠光体和莱氏体？它们各有什么力学性能特点？

3. 试画出简化后的铁碳合金相图，并说出各特性点和特性线的含义。

4. 什么是固溶体？什么是固溶强化？

5. 根据含碳量不同，铁碳合金分为哪几种？

6. 随含碳量变化，钢的力学性能的变化规律是什么？

7. 有三种铁碳合金，通过观察平衡态金相显微组织得知，A的组织中珠光体占60%，铁素体占40%；B的组织中只有珠光体；C的组织中珠光体占95%，网状二次渗碳体占5%；试回答：①A、B、C分别属于哪种铁碳合金？②它们的含碳量分别是多少？

8. 铁碳合金相图都有哪些实际用途？

第五章　钢的热处理

【知识目标】

1. 通过本章学习，使学生了解钢在加热和冷却时的组织转变。
2. 掌握热处理基本原理及热处理工艺的主要目的和工艺特点。

【技能目标】

1. 通过本章学习，使学生掌握钢的退火、正火、淬火、回火及表面热处理的基本方法。
2. 了解常用零件的热处理方法以及在零件加工过程中的作用和通常所处位置。
3. 能够合理安排零件的加工路线。

在工业生产过程中，特别是机械制造过程中，钢材的力学性能并不是正好满足生产需要的。甚至制造同一个零件时，不同的制造工序对钢材的力学性能的要求都不一样，比如有时候要求硬度高些，有时候又要求硬度低些，这种时候工件材料是不能变来变去的，而对钢材采用正确的热处理可以很好地解决这一问题。所谓热处理，就是采用适当的方式对金属材料或工件进行加热、保温和冷却，以获得预期的组织结构与性能的工艺方法。

热处理是机械零件及工具生产制造过程中的必要工序，是改善金属材料使用性能和工艺性能不可或缺的重要工艺方法，也是提高产品质量和使用寿命、充分发挥材料潜力、降低成本、提高产品竞争力的主要途径之一。掌握并能科学应用热处理工艺，是现代企业机械制造技术工人充分发挥工匠精神的有力武器。

第一节　热处理分类与热处理工艺曲线

一、热处理工艺曲线

任何一种热处理工艺方法都是由加热、保温和冷却三个阶段组成的，我们用一个时间－温度坐标图线来表示三个阶段温度随时间的变化情况，这个坐标图线就叫热处理的工艺曲线，如图 5－1 所示。要了解钢件在热处理过程中性能的变化情况，就要认真学习本章内容，结合前面的铁碳相图，分析钢件的组织在加热、保温和冷却过程中的变化规律。

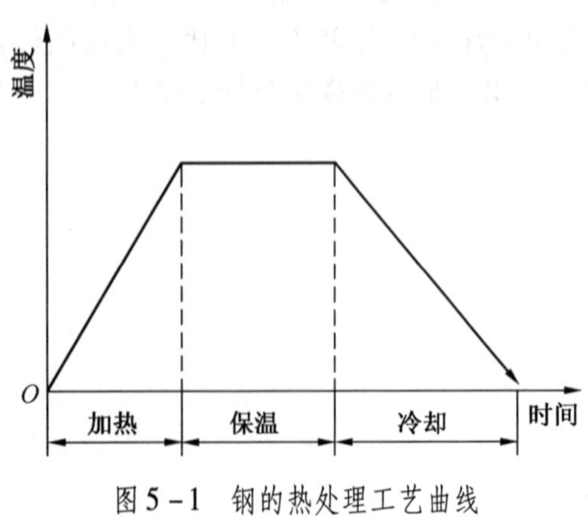

图 5－1　钢的热处理工艺曲线

二、热处理的分类

具体的热处理工艺方法可能有很多种，其中根据国家标准按工艺总称、工艺类型和工艺名称对热处理工艺进行的分类见表5-1。

表5-1 热处理工艺的分类及代号

<table>
<tr><th>工艺总称</th><th>代号</th><th>工艺类型</th><th>代号</th><th>工艺名称</th><th>代号</th></tr>
<tr><td rowspan="20">热处理</td><td rowspan="20">5</td><td rowspan="8">整体热处理</td><td rowspan="8">1</td><td>退火</td><td>1</td></tr>
<tr><td>正火</td><td>2</td></tr>
<tr><td>淬火</td><td>3</td></tr>
<tr><td>淬火和回火</td><td>4</td></tr>
<tr><td>调质</td><td>5</td></tr>
<tr><td>稳定化处理</td><td>6</td></tr>
<tr><td>固溶处理、水韧化处理</td><td>7</td></tr>
<tr><td>固溶处理+时效</td><td>8</td></tr>
<tr><td rowspan="5">表面热处理</td><td rowspan="5">2</td><td>表面淬火和回火</td><td>1</td></tr>
<tr><td>物理气相沉积</td><td>2</td></tr>
<tr><td>化学气相沉积</td><td>3</td></tr>
<tr><td>等离子体增强化学气相沉积</td><td>4</td></tr>
<tr><td>离子注入</td><td>5</td></tr>
<tr><td rowspan="7">化学热处理</td><td rowspan="7">3</td><td>渗碳</td><td>1</td></tr>
<tr><td>碳氮共渗</td><td>2</td></tr>
<tr><td>渗氮</td><td>3</td></tr>
<tr><td>氮碳共渗</td><td>4</td></tr>
<tr><td>渗其他非金属</td><td>5</td></tr>
<tr><td>渗金属</td><td>6</td></tr>
<tr><td>多元共渗</td><td>7</td></tr>
</table>

整体热处理就是对工件整体进行穿透加热。表面热处理就是为改变工件表面的组织和性能，仅对其表面进行热处理的工艺。化学热处理就是将工件置于适当的活性介质中加热、保温，使一种或几种元素渗入它的表层，以改变其化学成分、组织和性能。

对于我们来说，将主要学习整体热处理中的退火、正火、淬火及回火；表面热处理中的表面淬火和回火；化学热处理中的渗碳、渗氮及碳氮共渗的相关内容。

第二节 钢在加热时的组织转变

在钢的热处理工艺过程中，加热的主要目的是使钢获得成分均匀、组织合格的奥氏体，以便在随后的冷却中获得所需要的转变组织。下面我们就来了解一下，钢在加热时内部组织有什么变化。

一、钢的实际组织转变温度

由 Fe－Fe_3C 相图可知，不同成分的钢在不同温度下，其内部组织与结构是不同的，就是同一种成分的钢在不同温度下内部的组织与结构也是不同的。但 Fe－Fe_3C 相图，是铁碳合金在加热或冷却非常缓慢的平衡状态下获得的，相图中的各条线代表不同相之间相互转变的临界线，但平衡状态在实际生产过程中是不可能达到的，因此钢的实际组织转变温度线严格来说不是 A_1、A_3 和 A_{cm}线。如图 5－2 所示，在实际加热和冷却时，组织转变的临界线分别是 A_{c1} 线、A_{c3} 线、A_{ccm} 线和 A_{r1} 线、A_{r3} 线、A_{rcm} 线。实际加热时钢的组织转变温度要高于平衡状态的临界温度，实际冷却时钢的组织转变温度要低于平衡状态的临界温度，与我们前面在金属结晶章节学过的过冷度一样，温度变化越快，实际组织转变温度与平衡状态临界转变温度之间的温差就越大。

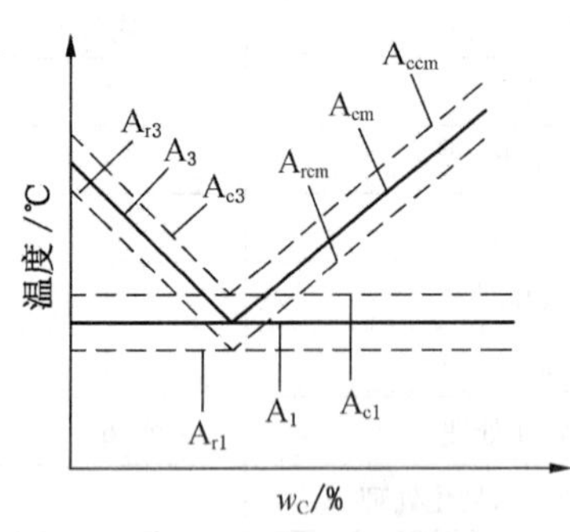

图 5－2　实际加热和冷却时碳钢临界转变温度的变化

二、钢在加热时的组织转变（共析钢为例）

不同的钢在实际加热时组织转变的具体温度略有不同，我们先以共析钢（含碳量 0.77%）为例，来分析钢在实际加热时的组织转变。由铁碳相图可知，室温时共析钢的内部组织为珠光体（P 平均含碳量 0.77%），即铁素体（F 最多溶碳量 0.0218%）和渗碳体（Fe_3C 含碳量 6.69%）的机械混合物，加热到 A_{c1} 温度时发生珠光体（P）向奥氏体（A）的转变。钢加热时的组织转变一般分为两个阶段：奥氏体的形成（图 5－3）和奥氏体形成后的晶粒长大。

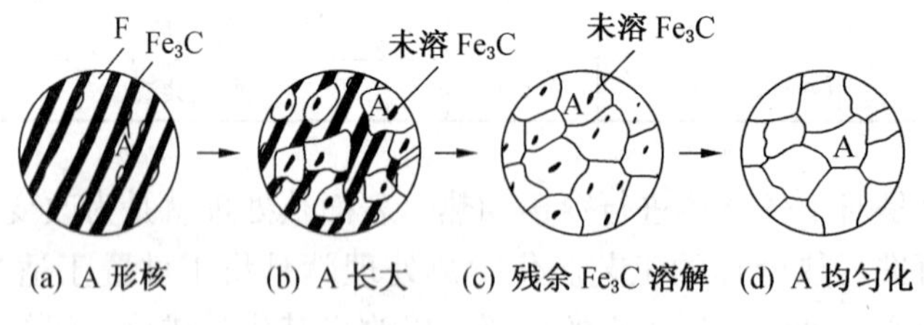

图 5－3　奥氏体形成过程示意图

1. 奥氏体的形成

奥氏体形成又分为以下三个步骤：

（1）奥氏体原始晶核的生成和晶核长大。当钢加热到 A_{c1} 温度时，组成珠光体的铁素体和渗碳体两个基本相首先在两相片层交界处生成奥氏体小晶核。珠光体中的两个基本相分别发生转变：一个是铁素体中体心立方的 α－Fe 转变为面心立方的 γ－Fe，γ－Fe 溶解碳形成奥氏体（A 最多溶碳量 2.11%）；另一个是 Fe_3C 分解为 Fe 和 C，此时的 Fe 是溶解了一部分碳的 $\gamma-Fe$，也就是奥氏体（A）；这样就在铁素体和渗碳体片的交界处生成了原始的奥氏体晶核。形成的奥氏体晶核分别与铁素体片和渗碳体片相接触，渗碳体处含碳量高，不断分解；铁素体处含碳量低，且不断发生同素异构转变，使得奥氏体晶核在原子（主要是碳原子）的扩散过程中不断向铁素体和渗碳体片中长大，直到铁素体消失，奥氏体晶粒相互会合。

（2）未溶渗碳体的继续溶解。因为铁素体向奥氏体的转变，基本上只完成一个同素异构转变，而渗碳体向奥氏体的转变要完成分解及碳的扩散溶解等，相对来说所用时间较长。因此，铁素体向奥氏体的转变完成后，仍有部分渗碳体还没来得及完全转变成奥氏体，这部分渗碳体称为残余渗碳体。残余渗碳体向奥氏体的转变时间，跟转变所处的温度有关，温度高原子扩散能力强，转变时间就短。这一步骤直到渗碳体都转变为奥氏体为止。

（3）奥氏体中碳的成分均匀化。残余渗碳体溶解转变成奥氏体后，形成的奥氏体中碳原子的分布是不均匀的，转变前铁素体区域碳原子较稀少，渗碳体区域碳原子较稠密。碳原子自发地进行扩散（下坡扩散），由浓度高处向浓度低处扩散迁移，即碳的成分进行均匀化。加热温度越高、保温时间越长，碳原子成分均匀化程度越高。

2. 奥氏体形成后的晶粒长大

钢在加热过程中，珠光体转变为奥氏体刚完成时，奥氏体的晶粒是很细小的，奥氏体形成后，即开始以晶粒的相互吞并形式长大。晶粒细小的奥氏体，在冷却时也将转变成其他的细小组织。通常情况下内部组织细小的钢材，其力学性能较强，而我们希望得到细小的内部组织。

三、奥氏体晶粒大小及其影响因素

1. 奥氏体的晶粒度

奥氏体晶粒大小是用晶粒度来衡量的，加热工艺不同，所得到的奥氏体晶粒大小也不同，因此晶粒度也视具体加热工艺的不同而不同。

起始晶粒度：加热时奥氏体晶粒刚刚长大到相互接触时的晶粒大小。

实际晶粒度：实际加热工艺条件下所获得的奥氏体晶粒大小。

本质晶粒度：将钢加热到规定的温度，并保温规定的时间后所获得的奥氏体晶粒的大小。

钢材加热时，刚形成的奥氏体晶粒都是很细小的，随后晶粒才开始长大。不一样的钢材，在规定的加热条件下，奥氏体晶粒的长大趋势是不一样的。通常有两种类型的钢材：一种是随加热温度升高，晶粒容易长大，这种钢我们称为本质粗晶钢；另一种是随加热温度升高，晶粒不容易长大，只有当温度很高（如 1050 ℃以上）时，晶粒才开始容易长大，这种钢我们称为本质细晶钢。要注意的是，本质细晶钢和本质粗晶钢只反映了钢材加热时奥氏体晶粒长大的难易，并不是说本质细晶钢就一定比本质粗晶钢晶粒细小，实际晶粒的粗细要看具体的加热工艺规范。

晶粒度大小的测定是由相关标准（GB/T 6394）来规范的。

2. 奥氏体晶粒大小的影响因素

1）钢的原始组织与成分的影响

钢的原始组织越细小，加热时形成奥氏体的形核率就越高，比较易于得到晶粒细小的奥氏体。

钢中碳含量较高时，易于得到粗奥氏体晶粒；当钢中含碳化物形成元素，形成富集于奥氏体晶界上的碳化物时，由于不易溶熔的碳化物颗粒对奥氏体晶界的“钉扎”作用，使晶界不易消失，晶粒不易吞并，可阻碍奥氏体晶粒的长大。

2）实际加热温度和保温时间的影响

钢在实际加热时，加热温度越高、保温时间越长，则越容易得到粗大的奥氏体晶粒。从能量最低原则来看，奥氏体晶粒相互吞并长大时，晶粒越大，晶界面积越小，能量越低越稳定，组织从高能量到低能量状态为自发进行。

3）加热速度的影响

钢在实际加热时，加热升温速度越快，则同时达到奥氏体形核条件的位置就越多，即形核率就越高，越易得到细小的奥氏体晶粒；反之，加热升温速度越慢，则越易得到粗大的奥氏体晶粒。

一定的钢材在加热时，加热温度越高、保温时间越长、升温速度越缓慢，就越容易得到粗大的奥氏体晶粒。我们希望钢在实际加热时，所得到的奥氏体晶粒要细小，而且成分要均匀，这是矛盾的。制订钢加热工艺就是要解决这个矛盾。

第三节　钢在冷却时的组织转变

钢的加热，就是为了在随后的冷却过程中能够获得所需要的转变组织，因此冷却过程是钢热处理的关键所在。同一种钢在相同的加热条件下获得的奥氏体组织，在用不同的冷却方式冷却后钢的力学性能有明显差异，这说明在不同的冷却方式下钢所获得的冷却后的组织是不同的。本节我们就是要弄清楚，加热后的钢在冷却时通常都会发生什么样的组织变化。

一、钢中过冷奥氏体及其转变方式

由于铁的同素异构转变的本质，奥氏体是高温稳定相，在 A_1 线温度以下是不稳定的，要转变为其他组织。但转变通常伴有原子的下坡扩散现象，原子从一个位置扩散到另一个位置需要时间，这就使不稳定的奥氏体要有一定的孕育期才能转变为其他组织。钢在加热奥氏体化后，冷却到共析转变温度以下时要转变而未转变，处于不稳定状态的奥氏体，我们把存在于共析温度以下的奥氏体称为过冷奥氏体。在实际生产中，钢的热处理常用的有下面两种冷却转变方式。

1. 等温冷却转变

钢经加热奥氏体化后，快速冷却到临界温度以下（通常是 A_{r1} 以下）某一温区进行等温，使过冷奥氏体在等温过程中进行组织转变，组织转变完成后再将温度降低到室温，这种冷却方式叫作等温冷却，如图 5－4 中①线所示。

2. 连续冷却转变

钢经加热奥氏体化后，采用某一冷却速率冷却到 A_{r1} 以下时，使过冷奥氏体在温度连续下降过程中进行组织转变，这种冷却方式叫作连续冷却，如图 5－4 中②、③线所示。

由于 Fe－Fe_3C 相图是在温度变化非常缓慢的平衡状态下获得的，通常用于理论研究。在实际生产中，一般用过冷奥氏体等温冷却转变曲线和连续冷却转变曲线来综合分析钢实际冷却时的组织转变。

二、过冷奥氏体的等温冷却转变

1. 过冷奥氏体等温冷却转变曲线

过冷奥氏体等温冷却转变曲线，是用一组加热奥氏体化后的同一钢种试样，分别快速冷却到 A_1 以下不同的温度等温，在时间－温度坐标系中记录下每个试样开始发生组织转变及转变结束的温度和时间，并记下各个试样观测出的转变组织，再将相同意义的记录点用平滑的曲线连接起来。因为曲线形状像英文字母“C”，所以又叫“C 曲线”。

不同成分钢的 C 曲线是不相同的，我们以最典型的共析钢为例来进行分析，如图 5－5 所示。

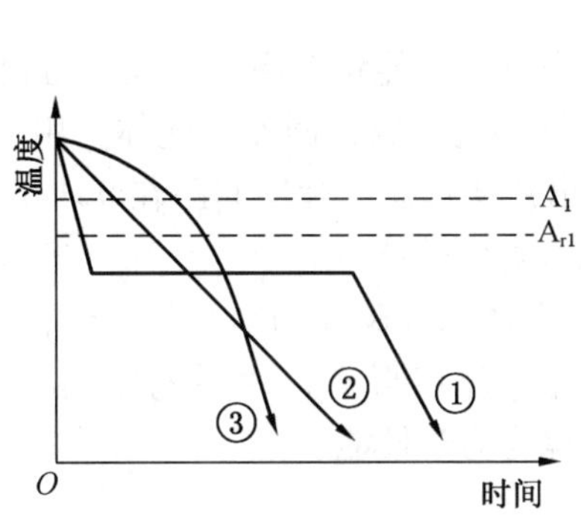

①—等温冷却转变；②、③—连续冷却转变

图 5－4　过冷奥氏体两种冷却转变曲线

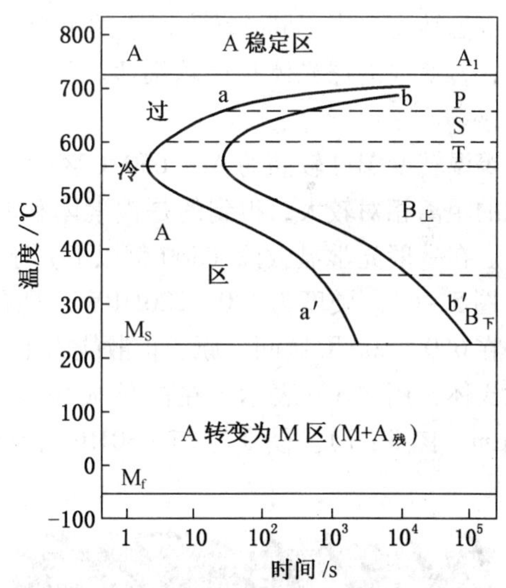

图 5－5　共析钢过冷奥氏体等温冷却转变曲线

图 5－5 中，水平线：A_1 以上为奥氏体稳定区；A_1 线到 M_S 线之间为过冷奥氏体等温转变区；M_S 线到 M_f 线之间是过冷奥氏体转变为马氏体区。曲线：aa′线以左为过冷奥氏体区（孕育区）；bb′线以右为奥氏体等温转变产物区（转变完成区）；aa′线与 bb′线之间为奥氏体等温转变过渡区（转变进行区）。水平虚线是为分析曲线图而画出的大致转变产物形成温度分界线。

等温转变曲线之所以呈 C 字形状，是由于过冷奥氏体的等温转变过程中，既有新晶核形成和形成后的长大过程，又有原子进行扩散和由 γ - Fe 向 α - Fe 的同素异构转变。过冷度较小时，形核率较小，相变的驱动力较小，转变相对所需孕育期较长；随着等温转变温度的降低，过冷度增大，形核率增大，相变的驱动力增加，使得孕育期缩短。另外，随着等温转变温度的下降，原子的能量降低，扩散能力减弱，转变所需的孕育期又随着等温转变温度的降低而延长。因此，过冷奥氏体的等温转变曲线呈带有“鼻尖”的 C 字形状。“鼻尖”温度以上称为高温转变区，奥氏体转变为珠光体；“鼻尖”温度到 M_S 线之间称为中温转变区，奥氏体转变为贝氏体；M_S 线以下称为低温转变区，奥氏体转变为马氏体。

不同钢的 C 曲线不尽相同。共析钢“鼻尖”温度约为 550 ℃，M_S 温度约为 230 ℃，而 M_f 温度约为 -50 ℃。

对于亚共析钢来说，过冷奥氏体在转变为珠光体之前要先从奥氏体中析出铁素体；而对于过共析钢来说，过冷奥氏体在转变为珠光体之前要先从奥氏体中析出渗碳体。

2. 过冷奥氏体等温转变产物组织与性能特点

1）高温转变区（A_1 ~550 ℃）

在此温度区域，过冷奥氏体等温转变产物为铁素体和渗碳体片层状的混合物，也就是珠光体组织。过冷奥氏体在高温转变区进行等温转变时，既有 γ - Fe 向 α - Fe 的同素异构转变，又有原子从浓度高处向浓度低处的扩散，转变过程是形核与形核后长大的过程。由于等温转变温度不同，转变产物的组织形态也有区别，等温转变温度越低，转变过冷度越大，转变成的珠光体片层越细薄。我们知道，同形态下的组织越细小，其力学性能越强。

等温转变温度较高的 A_1 ~650 ℃区间，过冷度较小，原子能量较高，扩散能力较强，扩散的距离相对较大，得到的是铁素体和渗碳体粗片状的混合物，叫作珠光体，用“P”表示。在一般光学显微镜（500 倍以下）下就可分辨出片层形态，片层间距在 0.4 μm 以上（图 5 -6）。硬度为 170 ~220HBW，具有一定的综合力学性能。

在 650 ~600 ℃区间，原子扩散能力下降，得到铁素体和渗碳体的细片状混合物，称为索氏体，用“S”表示。在高倍显微镜下才可分辨出片层形态，片层间距为 0.1 ~0.4 μm（图 5 -7）。硬度为 25 ~30HRC，具有良好的综合力学性能。

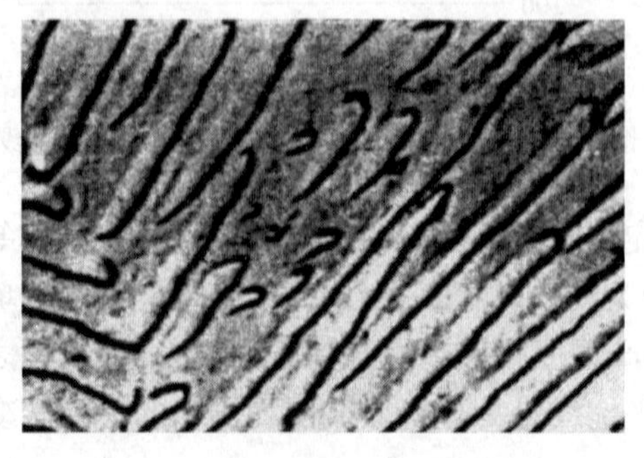

图 5 -6　粗片珠光体（3800 倍）

图 5 -7　索氏体（8000 倍）

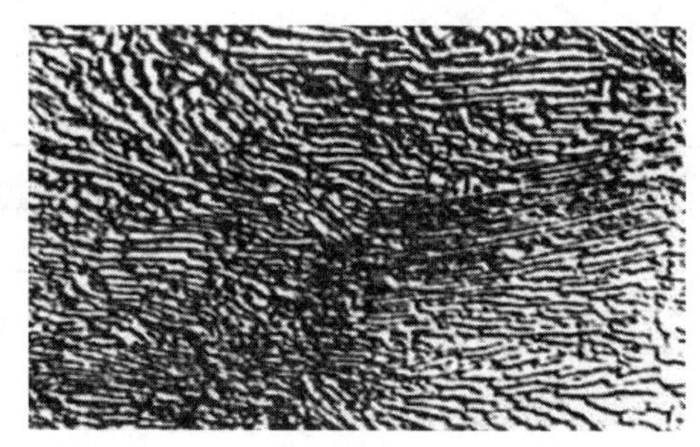

图5-8 屈氏体(8000倍)

在600~550 ℃区间，得到极细片状铁素体和渗碳体的混合物，称为屈氏体，用“T”表示。一般在光学显微镜下已分辨不出片层形态，只有在电子显微镜下才可分清片层形态（图5-8）。硬度为35~40HRC，综合力学性能较好，而且具有良好的弹性。

2）中温转变区（550 ℃~M_S）

在此温度区域，温度相对较低，过冷奥氏体转变为铁素体和渗碳体时，铁素体溶解不了原来溶解在奥氏体内的那么多的碳原子，就形成了具有一定过饱和程度的固溶体和渗碳体的混合物，这个混合物我们称为贝氏体，用“B”表示。

在550~350 ℃区间，大部分碳原子可以从铁素体中扩散到铁素体片层间界处，但少量碳原子没有足够的能量，不能从铁素体中扩散出去，而留在了铁素体片层内，形成了α-Fe溶解了一定过饱和程度的碳原子的固溶体。而渗碳体的形成也受到一些影响，只是沿铁素体片层间界处出现。这种贝氏体叫上贝氏体，用“$B_上$”表示。其显微组织形态为羽毛状（图5-9），硬度为40~45 HRC，脆性较大，通常生产中用处不大。

在350 ℃~M_S区间，温度更低，此时绝大部分碳原子已无能力扩散到铁素体边界处，而只是在铁素体内部形成按一定位相排列的碳化物。这种贝氏体称为下贝氏体，用“$B_下$”表示。其显微组织形态呈针叶状（图5-10），硬度为45~55 HRC，有很好的综合力学性能，是生产中许多机械零件要求的组织之一。

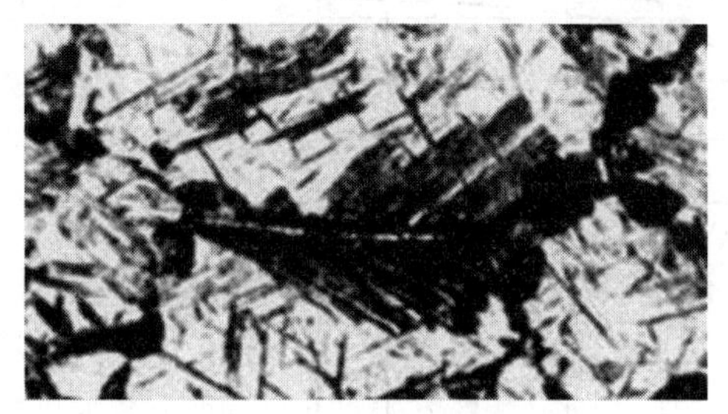

图5-9 上贝氏体(400倍)

图5-10 下贝氏体(400倍)

共析钢过冷奥氏体等温转变产物的组织与力学性能特点见表5-2。

表5-2 共析钢过冷奥氏体等温转变产物的组织与力学性能特点

转变温度区域	转变产物	代表符号	组织形态	硬度
A_1~650 ℃	珠光体	P	粗片状	170~220HBW
650~600 ℃	索氏体	S	细片状	25~30HRC
600~550 ℃	屈氏体	T	极细片状	30~40HRC

表 5-2（续）

转变温度区域	转变产物	代表符号	组织形态	硬度
550～350 ℃	上贝氏体	$B_{上}$	羽毛状	40～45 HRC
350 ℃～M_S	下贝氏体	$B_{下}$	针叶状	45～55 HRC

三、过冷奥氏体的连续冷却转变

当将加热奥氏体化后的钢快速冷却到 M_S 温度线以下时，过冷奥氏体很快就发生了转变，几乎没有孕育期。这是因为转变温度低了，原子失去了扩散能力，转变只完成了 γ－Fe 向 α－Fe 的同素异构转变，而原来溶入面心立方的 γ－Fe 中的碳原子，都留在了转变后的体心立方的 α－Fe 中，使 α－Fe 的体心立方晶格产生了强烈的晶格畸变。过冷奥氏体的转变产物为碳溶解在体心立方的 α－Fe 中的过饱和固溶体，这个过饱和固溶体称为马氏体，用“M”表示。由于实际生产中受生产成本及其他因素的制约，较常见的冷却方式还是连续冷却方式，而过冷奥氏体的连续冷却转变图的现场测定较困难。因此，在实际生产中，常用等温冷却转变图来分析连续冷却转变现象。按照连续冷却曲线与 C 曲线相交的位置，来分析评估过冷奥氏体在连续冷却转变时的组织。图 5－11 所示为共析钢在几种常见的连续冷却方式下，所得到的转变产物及其力学性能特点，在连续冷却转变时，转变产物的形态与性能特点与冷却速度有很大关系。

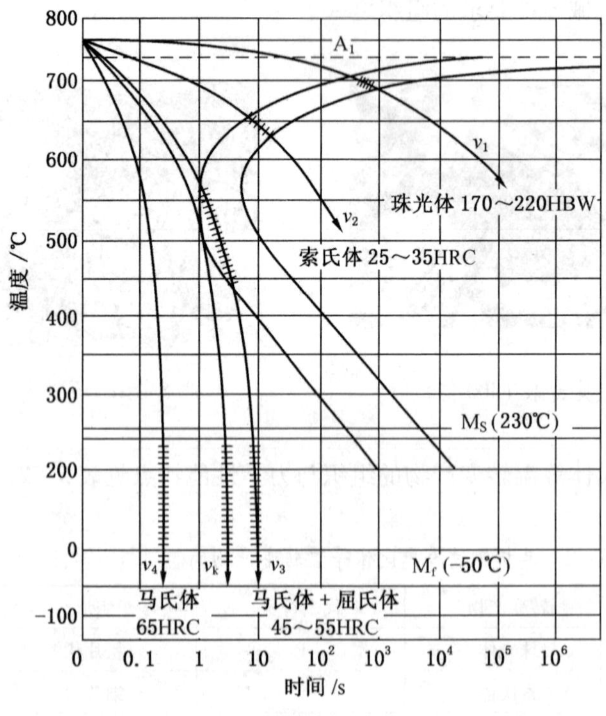

图 5－11　用 C 曲线分析过冷奥氏体的连续冷却转变

1. 冷却速度对过冷奥氏体转变产物形态和性能的影响

图5－11中，冷却速度曲线v_1约相当于随炉冷却（标准试样约10 ℃/min），冷却曲线与开始转变线相交的温度在A_1～650 ℃区间，与转变终了线也相交于这一温度区间，C曲线上A_1～650 ℃温度区间，转变产物为P，表明过冷奥氏体转变为粗片状的珠光体P；冷却速度曲线v_2约相当于在空气中冷却（标准试样约10 ℃/s），v_2线与开始转变线和转变终了线相交的温度区间都在650～600 ℃，此温度区间过冷奥氏体转变为细片状的索氏体S；冷却曲线v_3约为在油中冷却（标准试样约150 ℃/s），此时v_3与开始转变线相交于560 ℃左右，转变为极细片状的屈氏体T，v_3线与转变终了线没有相交，说明过冷奥氏体没有全部转变为屈氏体，温度就降低到了M_S以下，剩下没转变的奥氏体转变成了马氏体M，转变产物为M＋T；冷却曲线v_4相当于在水中冷却（标准试样约600 ℃/s），v_4与过冷奥氏体开始转变线没有相交，说明过冷奥氏体没有来得及转变就被冷却到M_S以下，发生马氏体转变，转变产物为马氏体M；冷却速度v_k线与C曲线的开始转变线相切，说明过冷奥氏体处在要转变而没有转变的临界点，因而v_k又叫临界冷却速度。临界冷却速度是指不发生非马氏体转变的最小冷却速度。冷却速度只要小于v_k，则钢中将会出现非马氏体转变产物。如果不希望钢中出现非马氏体转变产物，那么钢在加热奥氏体化后的冷却过程中，其冷却速度应该大于临界冷却速度v_k。

对于过冷奥氏体的连续冷却转变来说，按C曲线分析，在同一个温度区间转变产物虽说都是同一种类，但是形成温度越低的组织，所获得的组织越细小，力学性能相对越强。

2. 马氏体及马氏体转变的特点

钢中马氏体的形态与力学性能特点通常与钢的含碳量有很大关系。含碳量较低时（通常指低于0.6%），获得的马氏体形态为板条状的，又叫板条马氏体或低碳马氏体（图5－12），其性能特点是硬度较大（视含碳量可达50HRC以上），具有良好的韧性；含碳量较高时（常指高于0.6%），获得的马氏体形态为针片状，又叫针片马氏体或高碳马氏体（图5－13），其性能特点是硬度更大（可达60HRC以上），但脆性较高韧性较差。

图5－12 低碳马氏体形态（200倍）

图5－13 高碳马氏体形态（500倍）

马氏体转变具有以下特点：

（1）马氏体转变是一种无扩散转变。转变时温度低，不但铁原子失去了扩散能力，而且很小的碳原子也失去了扩散能力，转变时只有 $\gamma-Fe$ 晶格改组为 $\alpha-Fe$ 晶格。

（2）马氏体转变是一种瞬间转变。转变形成马氏体时，速度很快，瞬间完成，通常看不到马氏体的长大过程，马氏体数量的增多不是靠马氏体的长大实现的，而是靠不断有新的马氏体形成来增多的。

（3）马氏体转变是一种连续冷却转变。只有在 M_S 温度以下连续降温时，才有马氏体产量的增加，等温时奥氏体向马氏体的转变也停止了。

（4）马氏体转变是一种体积膨胀的转变。转变时，因为 $\gamma-Fe$ 的比容最小，$\gamma-Fe$ 晶格改组为 $\alpha-Fe$ 晶格，从而使体积瞬间增大，产生很大的组织应力。

（5）马氏体转变是一种不完全转变。转变时，体积瞬间膨胀，对没有来得及转变的奥氏体形成多方向压应力，使得少量奥氏体稳定性增加，暂停马氏体转变而留了下来，这部分没转变的奥氏体称为残余奥氏体，用“$A_{残}$”表示。不同的钢，在马氏体转变时所获得的马氏体产量是不同的，总是或多或少有少量残余奥氏体存在。残余奥氏体的存在，使钢的硬度和耐磨性降低，由于 $A_{残}$ 是常温下的不稳定组织，总是会缓慢转变为稳定组织，这就使得钢件的尺寸不稳定，生产中常用进一步降低温度（到 $-70\sim-80$ ℃）的冷处理工艺方法去除 $A_{残}$。

对共析钢来说，马氏体转变的转变产物中，无论马氏体还是残余奥氏体，都是不稳定组织，理论上来说共析钢的常温稳定组织只有珠光体 P，但不稳定的马氏体转变产物向稳定的珠光体转变时，由于常温下原子的扩散能力很差，组织的稳定化也很缓慢。

第四节　常用整体热处理工艺

在实际生产中，用钢材制造机械零件或各种工具时，通常要经过很多加工工序，在各工序之间常要按要求设置所需的热处理工艺方法。我们按照这些热处理工艺目的的不同，把热处理分为预备热处理和最终热处理。预备热处理是指为调整原始组织，以保证工件最终热处理或切削加工性能，预先进行热处理的工艺方法。最终热处理是指为使工件满足使用条件下的性能要求而进行的热处理工艺方法。经常用到的预备热处理是退火和正火。

一、退火与正火

1. 退火

退火是将钢件加热到适当温度，保温一定时间后再缓慢冷却（通常是随炉冷却）下来，以获得近于平衡组织的工艺方法。

退火的目的主要有：

（1）降低硬度，提高塑韧性，使工件更容易加工成型。

（2）细化晶粒，改善组织，为随后进行的热处理准备好所需的内部组织。

（3）消除残余内应力，降低工件变形和开裂的可能性。

根据具体退火工艺和退火目的不同，退火常分为完全退火、球化退火、去应力退火、等温退火、扩散退火等。常用退火方法的目的、组织特点及应用见表5－3。

表5－3 常用退火方法的目的、组织特点及应用

退火名称	定　义	目的与组织特点	应　用
完全退火	将工件完全奥氏体化后缓慢冷却，获得接近平衡组织的退火。通常加热到 A_{c3} 以上 30～50 ℃，保温后随炉冷却（30～120 ℃/h）	目的：细化晶粒、消除内应力（为最终热处理准备好组织）、降低硬度（利于加工成型）。 特点：加热使组织完全转变为A。冷却后得到均匀细小的F＋P组织	常用于亚共析成分的中碳钢和低、中碳合金钢的锻件、铸件等。过共析钢因在完全A化后缓慢冷却时，会析出脆性很大的网状二次渗碳体，使钢件脆化，故不适用
球化退火	为使工件中的碳化物球状化而进行的退火。通常将钢加热到 A_{c1} ＋20～30 ℃，保温后以不大于 50 ℃/h 的冷速冷却下来，以获得球状珠光体组织	目的：降低硬度、利于切削加工，均匀组织，提高塑韧性，降低工件变形开裂倾向。 特点：得到细小球状渗碳体均匀弥散分布在铁素体基体中的混合物，即球状珠光体	常用于含碳量在共析及过共析成分的碳钢或合金钢工件的预备热处理。 含碳高硬度高不易加工，球状P硬度比片状P要低，塑韧性比片状P高
去应力退火	为去除工件塑性变形加工、切削加工或焊接造成的内应力及铸件内存在的残余应力而进行的退火。通常将钢加热到低于 A_1 温度（多见于500～650 ℃），保温后缓冷下来	目的：去除内应力。 特点：因为加热时温度没有超过 A_1 温度，故此法退火过程中没有组织转变，主要是提高原子扩散能力，使内应力得到松散而去除	各种铸锻件、焊接件及切削加工件等，都可以用此法退火，来消除残余内应力，降低工件变形开裂倾向，稳定工件组织及尺寸

2. 正火

正火是指将工件加热奥氏体化后，在空气中或其他介质中冷却，获得以珠光体组织为主的热处理工艺。

正火的目的与退火相同，但是，由于正火相对于退火来说冷却较快，过冷度大，获得的组织比退火组织要细小，在强度、硬度方面比退火钢要高。45钢经正火后与退火后的力学性能对比见表5－4。

表5－4 45钢经正火后与经退火后力学性能对比

工艺方法	抗拉强度 R_m/MPa	延伸率 A/%	布氏硬度 HBW
正火	700～800	15～20	～220
退火	650～700	15～20	～180

正火常用于普通结构零件，力学性能要求不太高时，正火可作为最终热处理使用。对于力学性能要求较高的重要零件．正火可改善较低含碳量的碳钢或合金钢的切削加工性能；对于过共析含碳量的碳钢或合金钢，常用正火来消除钢中的网状二次渗碳体，以改善钢的力学性能，为后续的热处理准备良好的组织状态。

正火在具体应用时，通常将钢加热到 A_{c3}（亚共析钢）或 A_{ccm}（过共析钢）以上 30～50 ℃，保温适当时间后，在空气中冷却到室温，来获得细小的片状珠光体组织（S 甚至 T）。

正火与退火都是常用的预备热处理工艺，实际应用时如何选择正火与退火，主要应考虑以下三个因素：

（1）切削加工性。通常硬度在 170～230HBW 范围的钢材切削加工性好。太硬难啃不好加工，过软容易“粘刀”，切削加工性也不好。

（2）使用性能。正火有时候在工件力学性能要求不高时，可作为最终热处理。但如工件结构复杂，易形成内应力而变形及开裂时，应选退火。对于带有网状二次渗碳体组织的过共析成分钢，应先进行正火去除脆性的网状二次渗碳体后，再做球化退火，以降低硬度改善切削加工性。

（3）经济方面。正火生产周期短，操作简单，成本低，同等条件下应优先采用正火。

图 5－14 是常用的正火与退火工艺的加热温度范围及工艺曲线示意图。

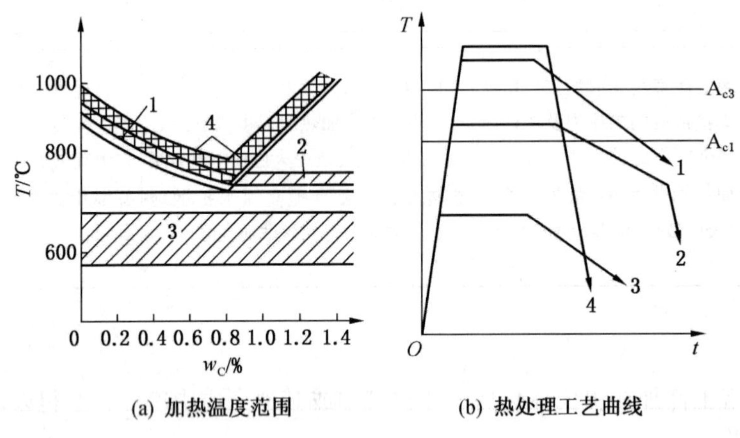

(a) 加热温度范围　　(b) 热处理工艺曲线

1—完全退火；2—球化退火；3—去应力退火；4—正火

图 5－14　常用正火与退火工艺示意图

二、淬火

钢件经预备热处理后，硬度降低有利于切削加工，但当工件加工成型后必须满足使用时对力学性能的严格要求，常常是要求工件具有一定的强硬度和塑韧性，只经过正火或退火处理的工件很难满足大多数使用性能方面的要求。就内部组织来说，珠光体组织的力学性能很多时候达不到使用性能的要求，常常要将工件内部组织通过淬火工艺转化为性能更强的马氏体或下贝氏体，来满足工件在实际应用时对力学性能的各种要求。

淬火是指将钢件加热到 A_{c3} 以上 30 ~ 50 ℃（亚共析钢）或 A_{c1} 以上 30 ~ 50 ℃（过共析钢），保温后采用适当的冷却速度进行冷却，以获得马氏体或下贝氏体组织的工艺方法。

淬火通常作为最终热处理（也有在精加工之前粗加工之后进行淬火的），将加工成型后工件的力学性能提升到使用性能要求。大多数情况下，淬火是为了获得强硬度较高的马氏体组织，因此冷却时，其冷却速度常要大于所用钢材的临界冷却速度，以避免出现珠光体组织而降低力学性能。淬火工艺是一个机械零件在生产过程中，保证质量合格的关键因素。为使工件淬火得以顺利进行，除了科学设计工件结构外，更为重要的是采用科学的淬火加热冷却等工艺参数和正确合理的操作方法。

1. 淬火加热温度的选择

钢淬火加热温度选择的依据是 $Fe-Fe_3C$ 相图。不同成分的钢加热温度是不同的，此外还要考虑工件结构特点和设备情况等。

理论上来说亚共析成分的钢件，淬火加热温度应选 A_{c3} 以上 30 ~ 50 ℃。加热温度过高，容易造成奥氏体晶粒粗大，淬火后易得到粗大的马氏体组织，增大钢件的脆性。加热温度过低则容易使钢中存在没有奥氏体化的铁素体，淬火后存在于马氏体中，降低工件的强硬度。所以，亚共析成分的钢淬火加热温度选 A_{c3} 以上 30 ~ 50 ℃。

对于过共析成分的钢件，淬火加热温度应选 A_{c1} 以上 30 ~ 50 ℃。加热温度过高，不但奥氏体晶粒易粗大，淬火后得到脆性大的粗大马氏体组织，使工件变形开裂倾向增加，而且加热温度高，溶入奥氏体中的碳就多，淬火后残余奥氏体增多，降低了钢件的硬度及尺寸稳定性。如加热温度过低，有可能得不到奥氏体，不能防止淬火时得到非马氏体组织，使得力学性能达不到使用要求。所以，过共析成分的钢淬火加热温度应选 A_{c1} 以上 30 ~ 50 ℃。

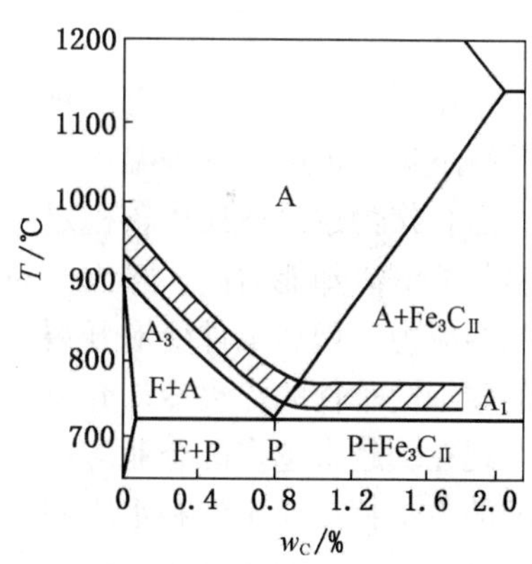

图 5－15 碳钢淬火加热温度范围

图 5－15 所示为碳钢淬火加热温度范围。

2. 淬火加热时间的选择

一般情况下，我们将工件加热到所需温度的时间与温度保持的时间合在一起称为淬火加热时间。

工件淬火所需的加热时间通常与钢的成分、内部原始组织、工件结构形态与尺寸大小、加热方式、加热介质及加热温度高低等因素有关，甚至不同企业都有自己的选择依据。但多数情况下依据工件的有效厚度，由经验公式来确定加热时间。碳钢淬火加热时间计算常用经验公式如下：

$$T = KD$$

式中 T——淬火加热时间，min；

D——工件有效厚度，mm；

K——工件加热系数，min/mm。

工件各部位壁厚不同时，如按某处壁厚确定加热时间即可保证工件的热处理质量，则该处的壁厚称为工件的有效厚度。工件加热系数是指工件每毫米（mm）有效厚度所需的淬火加热时间。实际工作中，工件有效厚度和加热系数可依据工件的钢材成分、结构形态、尺寸大小、工件摆放方式、加热介质等因素查阅有关热处理手册获得。

3. 淬火冷却介质的选择

淬火是为了获得马氏体或下贝氏体组织，如果冷却速度低于工件所用钢种的临界冷却速度，则工件内部淬火后会有珠光体型组织出现，降低了工件的力学性能。所以，淬火时应保证工件冷却速度大于自身临界冷却速度，但冷却速度又不能过快，过快则内应力大，工件易产生变形开裂现象。理想的淬火冷却速度如图 5－16 所示，保证工件在过冷奥氏体最不稳定的“鼻子温度”快速通过，而在过冷奥氏体相对稳定的区域尽量缓慢冷却，这样既可以防止工件中出现珠光体型组织，又可以在缓冷时使淬火内应力得到松散降低，减少了变形开裂的倾向。通常希望冷却介质在“鼻子温度”冷却快，而过了“鼻子温度”到 200～300 ℃时冷却缓慢些。

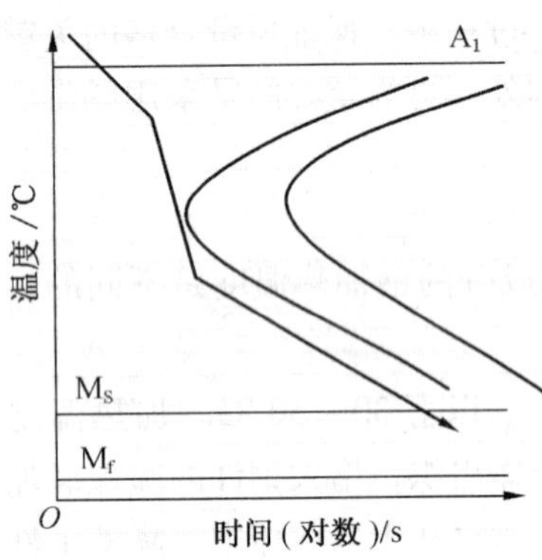

图 5－16　钢理想淬火冷却速度

常用的淬火冷却介质有矿物油、水、盐水溶液、碱水溶液及熔融盐浴等。盐浴通常用于获得下贝氏体组织的等温淬火。油、水、盐水、碱水按冷却能力增强。油的冷却能力较低，适合作为过冷奥氏体较稳定、临界冷却速度较低的合金钢的淬火冷却介质；水及其盐或碱的溶液冷却能力高，淬火时易使工件获得淬火马氏体组织，但同时也易使工件产生较大的内应力，增加工件变形开裂的倾向，适合作为过冷奥氏体稳定性低、临界冷却速度较高的碳钢简单件的淬火冷却介质。

现在，越来越多的企业应用一些新型有机聚合物的水溶液作为淬火冷却介质，这类水溶液的冷却特点介于油和水之间。总之，选用淬火冷却介质时，应考虑工件钢种、结构形态、尺寸大小、加热方式等因素，正式生产前还要进行试淬检验。

4. 常用淬火工艺方法

如图 5－16 那样的理想淬火冷却介质，现实中很难得到。在实际生产中，应依据现场淬火工作条件，如工件钢种、结构特点、尺寸大小、加热方式等合理设计可行的淬火工艺方法。努力做到淬火后，工件在性能上满足技术要求，且不出现各种淬火缺陷。表 5－5 是常用的四种淬火方法简介。

5. 钢的淬透性与淬硬性

钢的淬透性是指在规定条件下，钢试样淬硬深度和硬度分布情况的材料特性。一般用端淬试验来比较淬透性的好坏。端淬试验是指用 ϕ25 mm × 100 mm 的试样，加热奥氏体化后，在专用设备上对其一端采用一定压力喷水冷却，冷却后沿轴线方向测出硬度相对距水冷端距离的关系曲线的试验方法。端淬试验是测定钢的淬透性的主要方法。

表5-5 常用淬火方法简介

名称	工艺方法	特点及用途	淬火冷却曲线示意图
单介质淬火	将钢件加热奥氏体化后，在某种单一冷却介质中连续冷却到 M_S 以下，获得马氏体组织的工艺称单介质淬火	操作简单，易实现机械化、自动化生产。缺点是内应力大，容易产生硬度不足或变形开裂等缺陷。碳钢简单件常用水淬，合金钢常用油淬	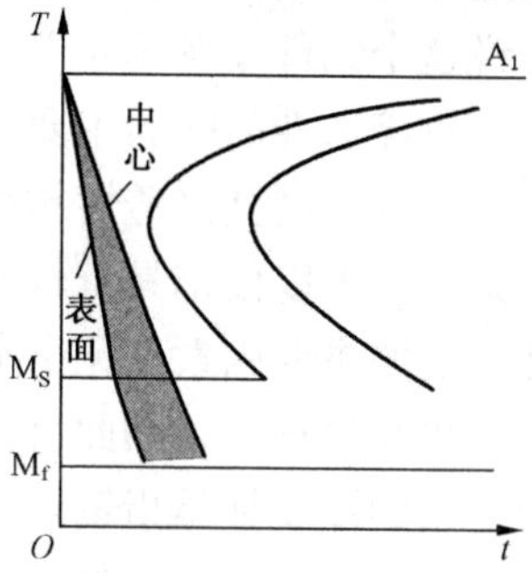 T、A₁、中心、表面、M_S、M_f、O、t
双介质淬火	将钢件加热奥氏体化后先浸在冷却能力强的介质中，再冷却到“鼻子”温度以下，组织即将发生马氏体转变之前立即转入冷却能力缓和的介质中进行冷却的工艺方法称双介质淬火。如水淬油冷或油淬空冷等	内应力小，变形开裂倾向小，但操作难度大，换液时间不易把握好，换快了易出现珠光体型组织，换慢了则易弄成单介质淬火。此法常用于结构较复杂的易变形开裂件的淬火	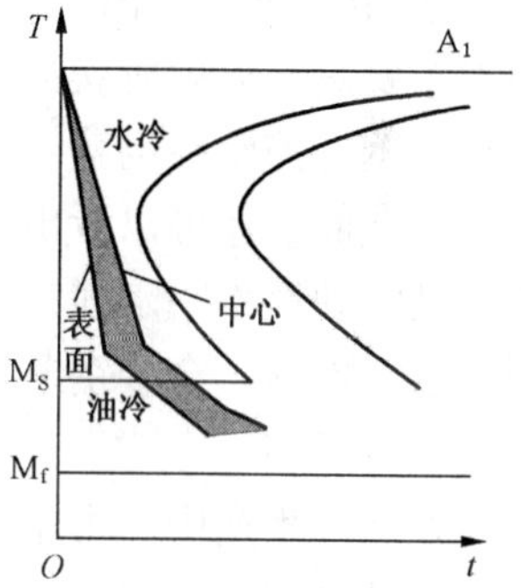 T、A_1、水冷、中心、表面、M_S、油冷、M_f、O、t
马氏体分级淬火	将钢件加热奥氏体化后，浸入稍高于或稍低于 M_S 温度的碱浴或盐浴中保持适当时间，在钢件整体温度达到介质温度后，取出空冷以获得马氏体的工艺方法称为马氏体分级淬火	内应力较小，钢件变形开裂倾向小，但盐浴或碱浴具有一定温度，对工件的冷却能力较低，淬透性差的钢件易出现非淬火组织。常用于小尺寸结构复杂件和淬透性强的钢件的淬火	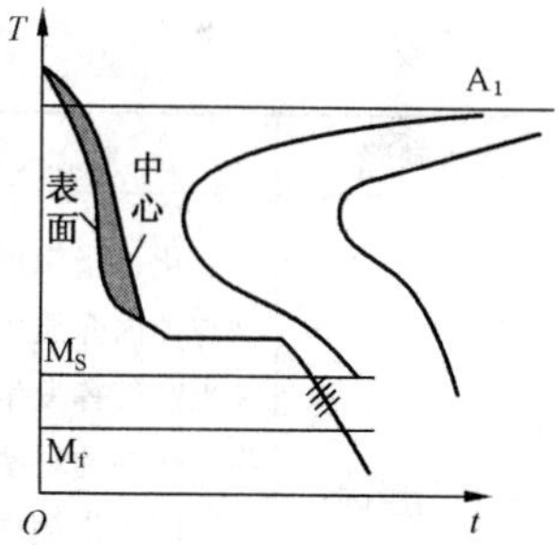 T、A_1、表面、中心、M_S、M_f、O、t
贝氏体等温淬火	钢件加热奥氏体化后，快冷到下贝氏体转变温度区间的盐浴或碱浴中等温保持，待过冷奥氏体转变为下贝氏体后取出空冷下来的工艺方法叫贝氏体等温淬火	内应力很小，变形开裂倾向很小，操作简单方便，综合力学性能强。常用于小尺寸、结构复杂、尺寸精度和综合力学性能要求较高的钢件的淬火	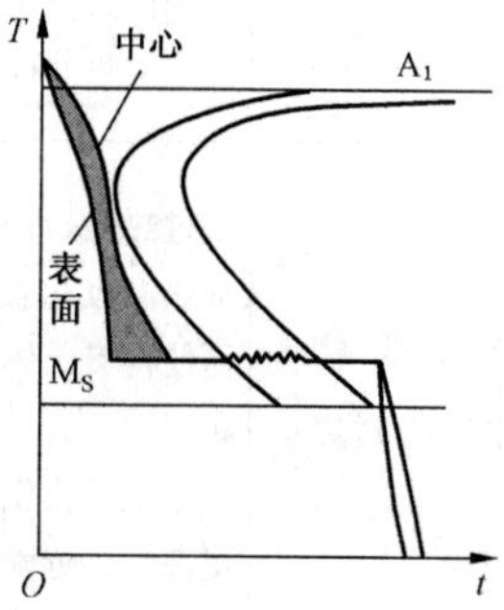 T、中心、A_1、表面、M_S、O、t

钢件在淬火时，从表面到心部的冷却速度是逐渐下降的，从表面到心部获得的马氏体组织也在逐渐减少。淬透层是指钢件经淬火后获得从表面到内部半马氏体层的深度，淬透层越深越厚则淬透性越强。如果一个钢件淬火后，心部获得了 50% 以上的马氏体组织，则说这个钢件“淬透了”。

钢淬透性的强弱主要决定于钢的临界冷却速度，钢中过冷奥氏体越稳定，临界冷却速度就越低，则其淬透性越强。凡是能提高钢中过冷奥氏体稳定性，使“C 曲线”右移的因素，都可以使钢具有较低的临界冷却速度，也就都可以提高钢的淬透性。影响钢临界冷却速度的主要因素是化学成分，一般情况下，钢中加入合金元素（钴除外）可以不同程度地提高淬透性，因此合金钢比碳钢的淬透性要强。

钢的淬硬性是指钢经理想条件淬火后，所能达到的最高硬度值。能达到的硬度值越高，则钢的淬硬性越强。

钢的淬硬性与淬透性都是衡量钢淬火质量的重要指标，与淬透性不同，淬硬性的影响因素主要是淬火后所获得马氏体中的含碳量。马氏体中的含碳量越高，能达到的硬度值就越高，钢的淬硬性也就越强。

从上面叙述可以看出，钢的淬硬性和淬透性是两个不同的淬火性能指标，淬透性强的钢，其淬硬性不一定强；反之，淬硬性强的钢，其淬透性不一定强。高碳钢淬硬性较强，但淬透性不强；合金钢通常淬透性强，但淬硬性不一定比高碳钢强。

6. 常见淬火缺陷

在实际生产中，由于钢件淬火时各种因素的制约，不可能完全达到理论上的理想淬火过程和结果，会出现一些达不到要求的淬火缺陷。钢常见的淬火缺陷见表 5－6。

表5－6　钢常见的淬火缺陷

淬火缺陷	概念与形成原因	造成后果	预防及补救措施
氧化与脱碳	氧化是指钢件加热时，表面的铁与炉内介质中的氧、二氧化碳及水蒸气等发生反应生成铁的松脆氧化物的现象。 脱碳是指钢件加热时，表面的碳与炉内介质中的氧等发生反应从钢件表面逸出而使钢件表面碳浓度下降的现象	氧化将造成钢件损耗，降低表面硬度和耐磨性及尺寸精度；脱碳使钢件表面硬度和耐磨性下降，并使表面呈拉应力状态，增加了变形开裂的倾向	重要精密件可在脱氧良好的盐浴中加热或在钢件表面涂覆保护层，也可采用保护气氛或真空炉内加热。防脱碳也可采用在加热炉内放置铸铁沫或碎木炭等进行补碳处理
过热与过烧	过热是指钢件在加热时，由于加热温度过高或保温时间过长，而使得奥氏体晶粒明显粗大的现象。 过烧是指钢件在加热时，温度更高，接近固相线时造成奥氏体晶界出现氧化或熔化的现象	钢件过热后，奥氏体晶粒粗大，淬火后得到粗大组织，性能差，脆性大。 钢件过烧后，内部组织结构被损坏，只能报废	防止此类缺陷，必须严格控制加热温度与保温时间，认真查炉。 出现过热应重新退火或正火后，再合理加热淬火。出现过烧则无法补救，只能报废

表5-6（续）

淬火缺陷	概念与形成原因	造成后果	预防及补救措施
变形与开裂	变形是指钢件在淬火时，因内应力超过钢件屈服强度，而引起的形状或尺寸改变超标的现象。 开裂是指钢件在淬火时，因内应力超过钢件抗拉强度而出现裂纹的现象	钢件淬火过程中，变形是不可避免的，但是变形超标甚至开裂就形成了淬火缺陷，使生产成本增加	工件钢种结构和淬火规范选用都要科学合理。淬后及时回火。 变形件可采用及时校正来补救，但开裂件只能报废
硬度不足与软点	硬度不足是指钢件经淬火后，因加热温度偏低、保温时间太短、淬火冷却速度过低或者加热时出现氧化脱碳等，使得钢件硬度未能达到技术要求的现象 软点是指钢件经淬火后，因事先清洗不到位、加热不均匀、冷却液不干净等，使局部硬度未能达到技术要求的现象	出现不合格产品，返工率升高，生产成本增加	防止此类缺陷，应严格执行工艺纪律和操作规程。 发现此类缺陷后，可将问题工件进行一次退火或正火后，再采用正确的淬火工艺和合理的操作方法

三、回火

钢经淬火后的内部组织通常是马氏体和少量残余奥氏体，两者都不是室温下的稳定组织，都有自发转变为稳定组织的趋势；另外，淬火后钢件内应力大而且脆性高，韧性差。因此，淬火后的钢件不能直接使用，必须在淬火后及时进行回火处理才能使用。

回火就是将钢件经淬火硬化后，再加热到 A_{c1} 以下某一温度，保温一定时间，冷却到室温的热处理工艺方法。

回火的主要目的有：①获得具有所需力学性能的内部组织；②消除残余奥氏体，提高组织和尺寸的稳定性；③减少淬火内应力，降低脆性、提高韧性，防止钢件变形和开裂。

回火通常是机械零件制造过程中最后一道主要工序，回火基本上决定了零件的力学性能。因此，回火是机械制造过程中非常重要的一个环节，我们必须清楚钢件在回火过程的组织变化和回火的应用。

1. 回火时的组织转变

回火与去应力退火都是将钢件加热到 A_{c1} 以下，但回火与去应力退火有本质区别。室温下进行去应力退火工件的组织是稳定的，而进行回火工件的组织是不稳定的淬火组织。淬火组织本身就有向稳定的平衡组织（铁素体与渗碳体）转变的趋势，只是室温下原子的能量较低，向稳定组织转变的速度很缓慢。回火加热时，钢件内原子的能量升高，促成了回火时淬火组织向稳定组织的转变，但因回火温度不同，组织转变所得的产物也不同。对碳钢来说，一般按转变产物或回火温度的不同，将回火时的组织转变按表 5－7 所列分为四个阶段。

表 5－7　淬火碳钢件回火时的组织转变

组织转变阶段	回火温度与产物	转变特点与产物性能	转变产物显微组织
马氏体分解	80～200 ℃ 产物为（$M_{回}+A_{残}$）	在此回火加热温度区间，M 中过饱和的碳原子能够从溶剂晶格中析出，与铁原子形成碳化物弥散分布在过饱和程度下降了的 M 中，这个混合物叫回火马氏体，用“$M_{回}$”表示。$M_{回}$ 与 M 比，硬度相近，甚至更高，但韧性提高，内应力降低	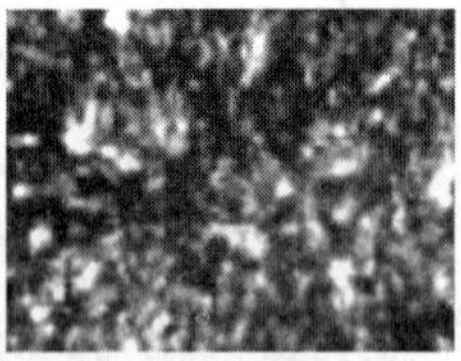 回火马氏体（黑）（500 倍，T10 钢）
残余奥氏体分解	200～300 ℃ 产物为 $M_{回}$	在此回火加热温度区间，残余奥氏体进行分解，转变为下贝氏体或回火马氏体，同时马氏体也继续分解为回火马氏体。M 转变为 $M_{回}$ 硬度稍降，但 $A_{残}$ 转变为 $B_{下}$ 或 $M_{回}$ 使硬度升高，故此阶段硬度变化不大，但内应力明显降低	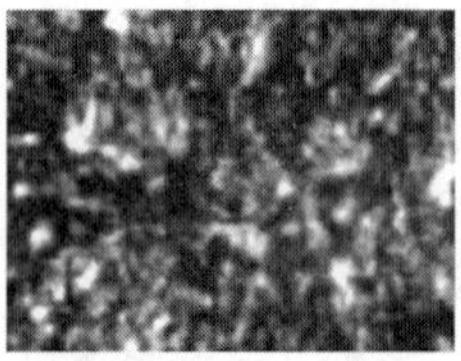 残余奥氏体（白）（500 倍，T10 钢）
生成渗碳体	300～400 ℃ 产物为 $T_{回}$	300 ℃左右回火，$A_{残}$ 可完全分解完，从 M 中析出的过饱和的碳原子与铁原子形成渗碳体 Fe_3C，400 ℃左右可以得到极细颗粒的 Fe_3C 弥散分布在铁素体基体上的混合组织，即回火屈氏体，用“$T_{回}$”表示。此阶段晶格恢复正常，基本没有内应力，硬度下降，韧性提高，弹性较好	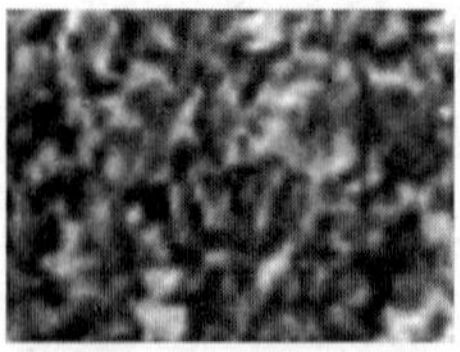 回火屈氏体（800 倍，45 钢）

表5-7（续）

组织转变阶段	回火温度与产物	转变特点与产物性能	转变产物显微组织
渗碳体聚集长大	400 ℃以上 产物为$S_回$	在此回火阶段，原子的扩散能力增强，碳原子不断从更细小颗粒 Fe_3C 中分解出来而溶入F中，并向较大 Fe_3C 颗粒上扩散沉积，使 Fe_3C 聚集长大。得到铁素体基体上均匀分布着细小 Fe_3C 颗粒的混合组织，即回火索氏体，用“$S_回$”表示。具有良好的综合力学性能，内应力完全消失。	回火索氏体（800倍，45钢）

在不同的阶段回火，会发生不同的组织转变而得到不同的转变产物，当然就会有不同的力学性能。还应注意，高温度回火阶段会出现低温度回火阶段的组织转变，而低温度回火阶段不会出现高温度回火阶段的组织转变。一般情况下，回火时钢的力学性能与回火温度高低有关，而与回火后的冷却速度没有关系。除了一些钢种（主要是合金钢）在回火时会出现“回火脆性”外，通常钢件回火温度越高，强硬度越低，而塑韧性越高，如图5-17所示。

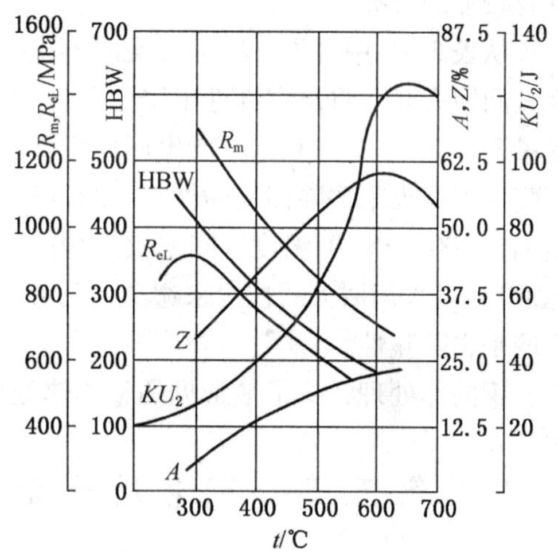

图5-17　40钢力学性能与回火温度的关系

2. 回火的分类与应用

钢件在回火时所获得的力学性能，主要决定于回火时的温度。不同温度下回火所得到的力学性能特点是不同的。在生产中常根据回火温度的不同，将回火分为低温回火、中温回火和高温回火，选用时依据对工件的力学性能要求来选择合适的回火工艺。表5-8所列为回火的分类、所得力学性能特点及应用。

表5-8　回火的分类、所得力学性能特点及应用

回火分类	回火温度与所得组织	力学性能特点	应　　用
低温回火	150~250 ℃ $M_回$	高的硬度和耐磨性，一定的韧性，硬度为58~64HRC	要求硬而耐磨的工件，如刀具、量具、冷冲模具、滚动轴承及渗碳件等
中温回火	350~500 ℃ $T_回$	高的弹性强度和高的屈服强度与抗拉强度之比，硬度为35~50HRC	各种弹性零件和热作模具等

表5-8（续）

回火分类	回火温度与所得组织	力学性能特点	应　　用
高温回火	500～650 ℃ $S_{回}$	生产中将淬火与高温回火相结合的工艺称为“调质”。足够的强度和较高的韧性，即综合力学性能强，抗疲劳能力强，切削加工性较好，硬度为200～330 HBW	各种重要受力构件，如轴类、丝杆、齿轮、连杆、螺栓等。也常用于精加工零件之前的预备热处理

实际生产中，调质常用于钢件表面热处理和化学热处理前的预备热处理。另外，重要的中碳成分钢的机械零件，在精加工之前也常采用调质（即淬火+高温回火）作为预备热处理，而较少采用正火作为预备热处理。这是由于经调质后，内部组织为铁素体基体上分布着细小均匀的颗粒状渗碳体的回火索氏体，而正火后得到铁素体和渗碳体片层状的索氏体，细颗粒的回火索氏体不但综合力学性能强于片状索氏体，而且组织形态也更均匀，具有较强的抗疲劳性。

从表5-8中可见，回火分类时不包括250～350 ℃温度区间，这是因为钢件在这一温度区间回火时，将出现韧性下降、脆性增大现象（第一回火脆性）。因此，钢件回火时应尽量避开250～350 ℃这一产生回火脆性的温度区间，一旦出现回火脆性，可以将钢件在更高温度回火来去除回火脆性后，再在这一温度区间回火，脆性便不再出现。对于一些合金钢在400～550 ℃温度区间回火后缓冷时，出现韧性下降、脆性升高的现象（第二回火脆性），可采用回火后快冷来避免。已经产生这类脆性时，应在高于回火温度再次回火后快冷来去除脆性。

钢的热处理，除了最常见的整体热处理外，还有表面热处理和化学热处理。

第五节　钢常用表面热处理和化学热处理工艺

对于各种机器上所用种类万千的零件来说，许多情况并不一定需要零件整体都要达到相同的力学性能要求。比如齿轮、曲轴、凸轮、活塞等是在弯曲、扭转等状态中，承受交变载荷、冲击载荷及摩擦条件下工作的。这些零件表面比心部承受的应力大很多，在扭转时更明显，而且产生的磨损几乎只发生在表面而心部很难磨损。这些零件工作时，通常达到“表硬心韧”就好了。这说明我们没有必要对这类零件进行整体热处理，来让零件心部和表面达到相同的力学性能。实际生产中，不是说一个零件只要力学性能达到使用要求就行了，还必须考虑经济成本问题。对钢件合理采用表面热处理和化学热处理，可以很好地解决对钢件“表面硬度高耐磨性好，心部韧性高抗冲击性好”的性能要求。

一、钢的表面淬火

钢的表面热处理是指为改变钢件表面的组织和性能，仅对钢件表面进行的热处理。表面热处理有多种工艺方法，包括表面淬火和回火、物理气相沉积、化学气相沉积、等离子体增强化学气相沉积和离子注入等。这里我们主要学习表面淬火和回火方法。

钢的表面淬火指只对钢件表层进行加热的淬火工艺。表面淬火通常有火焰加热表面淬火、感应加热表面淬火、接触电热表面淬火和激光加热表面淬火等。实际生产中普遍采用火焰加热表面淬火和感应加热表面淬火。

1. 火焰加热表面淬火

火焰加热表面淬火是采用高温火焰作为热源，对钢件表层进行快速加热，并及时快速冷却使表层获得马氏体组织的淬火工艺。中、小企业普遍应用的是氧－乙炔火焰加热表面淬火法，如图5－18所示。

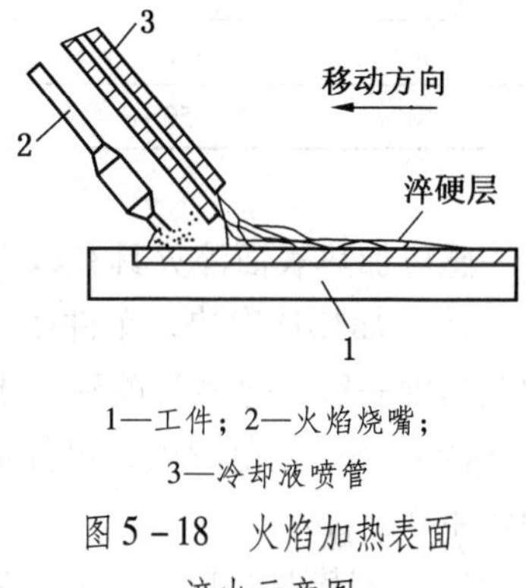

1—工件；2—火焰烧嘴；3—冷却液喷管

图5－18 火焰加热表面淬火示意图

火焰加热表面淬火淬硬层深度一般在2～6 mm，常用于中碳钢或中碳合金钢以及铸铁等较大型工件要求表面硬而耐磨的情况。其特点是操作简单方便、无须特殊设备，淬后硬度较整体淬火处理要稍高些，但淬硬层深度均匀性差、加热温度不易控制、工件表面易过热、淬火质量不易控制。因此多用于中、小企业单件或小批量生产，大批量生产较少用此法。大批量生产时，有条件的企业多采用专用火焰加热表面淬火机床进行生产活动。

2. 感应加热表面淬火

感应淬火是利用感应电流通过工件所产生的热量，使工件表层、局部或整体加热并快速冷却的淬火。

感应加热表面淬火是指依据电磁感应原理，利用钢件产生感应电流的涡流效应，使钢件表面得到快速加热，并及时进行快速冷却的淬火工艺。如图5－19所示，将钢件放在空心铜管绕成的感应器中间，感应器中通入一定频率的交流电，依电磁感应原理，感应器产生频率相同的交变感应磁场，作为导体的钢件内部就会产生与所通电流频率相同、方向相反的感应电流，感应电流在钢件内形成闭合回路，即“涡流”。由于涡流的“集肤效应”，钢件表面比心部电流密度高，加热速率也快。感应器中通入的电流频率越高，涡流就越向钢件表层集中，集肤效应就越明显。因此，实际生产中只要调节通入感应器中的电流频率，就可以有效控制钢件加热层深度。碳钢感应加热表面淬火不同电流频率下的淬硬层深度见表5－9。通入感应器中的电流频率越高，加热速率就越快，淬硬层就越薄。涡流通过集肤效应使钢件表层快速加热到淬火奥氏体化温度，而心部热量还没传导过去，温度仍在A_1温度以下，然后及时喷射冷却液进行淬火，使钢件表面获得淬火马氏体组织而心部还是原始组

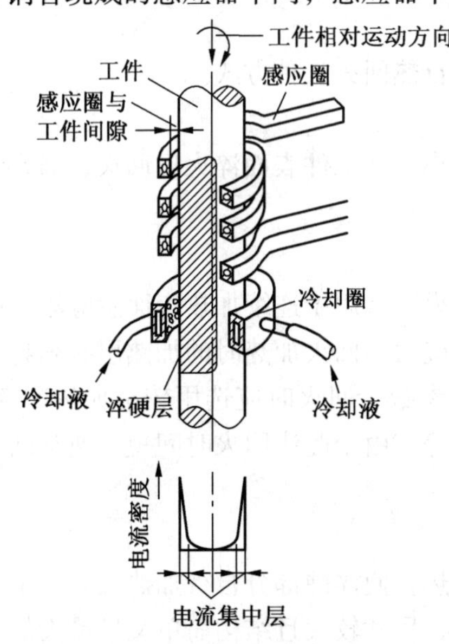

图5－19 感应加热表面淬火示意图

织，从而达到表面淬火的目的。

表5－9　碳钢感应加热表面淬火不同电流频率下的淬硬层深度

频　率		淬硬层深度/mm	应　用
高频	（200～300）kHz	0.5～2	小型轴、套、小模数齿轮等
中频	（1～10）kHz	2～8	尺寸较大的轴类、大模数齿轮等
工频	50 Hz	10～15	大型钢件表面淬火或棒料的整体淬火

感应加热表面淬火具有以下特点：

（1）加热速度快，单件生产率高。加热速度可达每秒几百上千度，而常规热处理炉加热速度一般为每秒几度到几十度。

（2）在一定范围内，可控制加热层深度，获得所需淬硬层深度，易实现机械化和自动化生产。

（3）加热时间短，不易产生氧化与脱碳现象，且钢件变形小。

（4）加热快，奥氏体晶粒来不及长大，淬火后表面硬度比常规加热淬火硬度高2～3 HRC，耐磨性更好，而且表层呈现压应力，具有更高的抗疲劳性。

（5）需专用设备，单件及量少时成本较高，常用于大批量生产。

（6）从安全环保考虑，一般喷射冷却时，应采用水及一些有机水溶液而不宜采用油类冷却液，用油作为冷却介质时应采用浸液冷却。

二、钢表面淬火后的表面回火

钢件淬火后应及时回火，钢件表面淬火后，针对表面淬硬层所进行的回火称为表面回火。

钢件表面回火一般有炉中回火、感应加热回火和自热回火三种方式。

1. 炉中回火

炉中回火就是在回火炉中进行回火。常用于薄壁小尺寸工件表面淬火后回火，通常在150～170 ℃进行及时回火。

2. 感应加热回火

感应加热回火指利用感应加热原理进行的表面回火。常用于连续加热表面感应淬火的长轴或套筒等工件的淬火后回火。回火时为了消除内应力，回火加热时的加热层必须超过淬硬层深度。因此，相对于表面感应淬火时所采用的参数，回火时应选用较小加热速率，选用较低频率，减少单位面积的功率，延长加热时间等。由于此法回火时间短，通常回火温度稍高于炉中回火温度。

3. 自热回火

自热回火是指利用局部或表层淬硬工件内部的余热，使淬硬部分自行加热回火的工艺方法。这种回火方式常用于同时加热表面感应淬火时，尺寸较大且结构简单又批量大的工件的表面回火。其回火时间短，回火温度可稍高于炉中回火温度。

由于钢件经表面淬火所得组织比较细小致密，使得钢件表面回火后获得较常规回火力学性能更强的细小回火组织。

三、钢的化学热处理

将钢件置于适当的介质中加热、保温，使一种或几种元素渗入钢件表层，以改变钢件表层化学成分和组织获得所需性能的热处理工艺称为化学热处理。

化学热处理不仅使钢件表层的组织发生了改变，而且使其化学成分也发生了改变，且化学热处理渗层能够按照工件外部轮廓均匀分布，使得钢件表面力学性能（强硬度等）获得强化的同时，还可以使钢件表面的某些物理、化学性能（抗氧化性等）得到提高。

化学热处理具体工艺方法有很多种，但都由三个基本阶段组成。

（1）分解阶段。在一定温度下分解出需渗入钢件元素的活性原子。

（2）吸收阶段。钢件表面吸收分解出的活性原子，使钢件表面所需活性原子达到要求的浓度。

（3）扩散阶段。钢件中活性原子由表面浓度高处向心部浓度低处进行“下坡扩散”，获得要求的渗层深度。

钢常见的化学热处理主要有渗碳、渗氮和碳氮共渗等。

1. 钢的渗碳

为提高工件表层的含碳量并在其中形成一定的碳浓度梯度，将工件在渗碳介质中加热、保温，使碳原子渗入工件的化学热处理工艺称为渗碳。

要将碳渗入工件表面，首先得有提供活性碳原子的渗碳剂。根据渗碳剂分解出活性碳原子时物理状态的不同，渗碳分为固体渗碳、液体渗碳和气体渗碳三种。其中气体渗碳因为渗碳过程较易控制、渗碳质量高、生产率高且易于实现机械化和自动化，而在生产中广泛应用。

气体渗碳是将渗碳钢件放置在密封的渗碳炉内，加热到 900～950 ℃时，向炉内滴入能在高温下分解出活性碳原子的煤油、丙酮或甲醇等有机渗碳剂，保温一定时间使钢件表面获得所需碳浓度和渗层深度后再出炉的工艺。图 5－20 所示为滴注式气体渗碳。

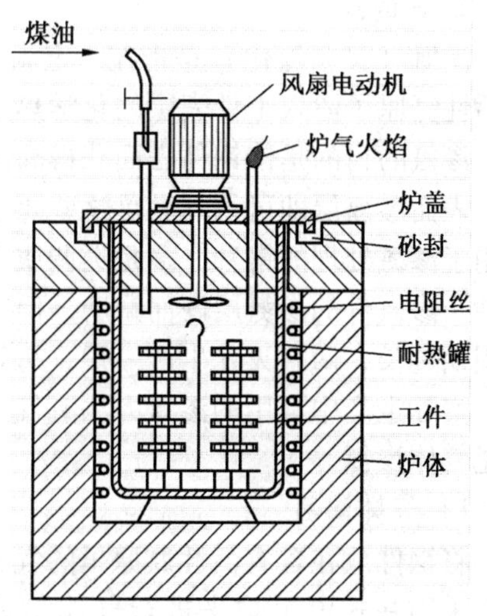

图 5－20 滴注式气体渗碳示意图

气体渗碳是在密封炉内进行的，为使表面碳浓度和渗层深度达到技术要求，渗碳后期要取出与工件一起放入的试样进行观察检测，达到技术要求便可出炉。气体渗碳的渗层深度主要取决于保温时间，一般按 0.2～0.25 mm/h 来估算渗层深度。

渗碳的最终目的是使工件表面获得高硬度、高耐磨和压应力下高疲劳强度，而心部具有一定强度和良好的抗冲击韧性。因此，一般渗碳处理的钢件含碳量都不高，通常采用含碳量在 0.1%～0.25% 的低碳钢或低碳合金钢。

钢件经渗碳处理后，表层含碳量通常控制

在0.85%~1.05%范围内，从表面向心部含碳量逐渐减少，直到心部的原始含碳量。这样钢件中的组织分布从表面到心部依次是过共析组织、共析组织、亚共析组织（渗入碳使含碳较原始含碳量高的过渡层）、亚共析组织（原始组织）。图5－21所示为低碳钢渗碳缓冷后显微组织。

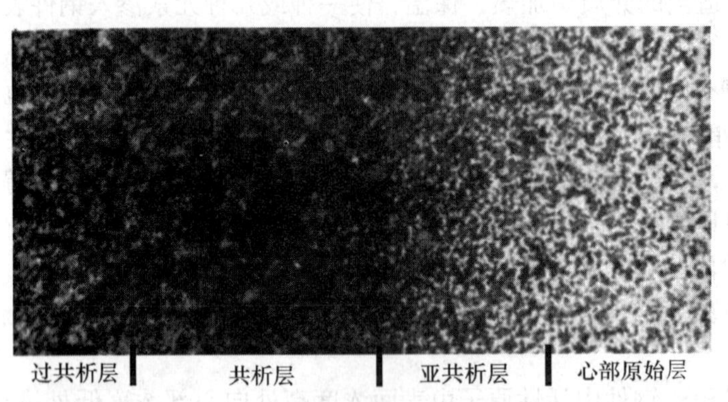

图5－21　低碳钢渗碳缓冷后显微组织（100倍）

渗碳的最终目的是达到“表硬心韧”的力学性能要求，而钢件渗碳后只是得到了含碳量较高的渗碳层，组织也只不过是铁素体和渗碳体的混合物，强硬度远达不到要求。要使钢件达到“表硬心韧”的性能要求，还必须对渗碳后的钢件进行淬火，并在淬火后及时进行低温回火。渗碳后钢件经淬火加低温回火后，表面主要得到含碳量高的回火马氏体，硬度可达58~64HRC，有很高的耐磨性，而且由于工件表面产生一定压应力，使得疲劳强度得以提高。工件心部淬透时是较低含碳量回火马氏体及铁素体（常见于淬透性强的合金渗碳钢），硬度在30~45HRC，未淬透时为珠光体和铁素体，心部都具有一定的强度和良好的韧性。

2. 钢的渗氮

渗氮（又叫氮化）是指在一定温度下（通常应低于钢件的调质温度），于一定介质中使活性氮原子渗入工件表层的化学热处理工艺。

渗氮的目的是使钢件表面获得高硬度、高耐磨性、高耐蚀性和高抗疲劳性。钢件渗氮后，表面渗氮层即可得到满足这些要求的氮化物，因此渗氮后不用再进行淬火处理了。通常用于渗氮处理的钢种，多是经调质或正火处理后的中碳成分的钢，以保证一定的心部强韧性。渗氮件的渗氮层硬而耐磨，但一般比较薄而且韧性不高。渗氮工艺主要的缺点是生产周期过长，两三天才生产一炉，每炉装炉量也不大。

实际生产中常用的渗氮方法有气体渗氮、液体渗氮、离子渗氮等，其中应用最为普遍的是气体渗氮。

1）气体渗氮

将钢件放在含有活性氮原子的气态介质中进行渗氮的工艺方法称为气体渗氮。生产中一般采用井式电阻炉来进行气体渗氮，将钢件放置在渗氮罐内装入炉中加热到500~600℃，通入可分解出活性氮原子的液氨（NH_3）作渗氮剂，利用NH_3在加热及保温时分

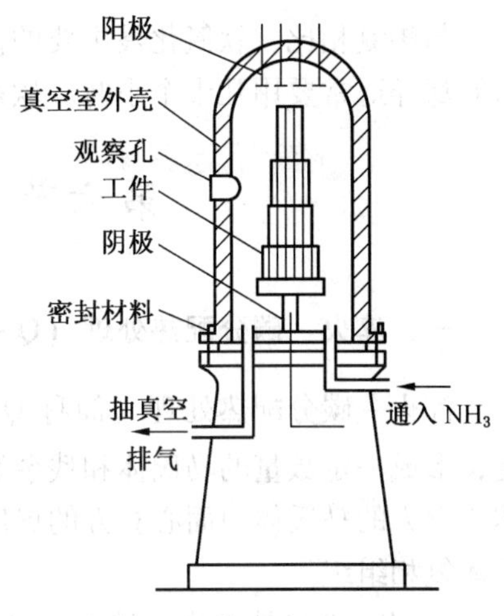

图5－22 离子渗氮装置示意图

解出活性氮原子，活性氮原子被工件表面吸附后，向工件心部进行扩散而形成渗氮层（0.1～0.6 mm）。渗氮后期随炉试样检验合格后，即可出炉空冷了。

2）离子渗氮

离子渗氮是指在低于一个大气压（低于1×10^5 Pa，通常低于2000 Pa）的渗氮气氛中，利用钢件（作阴极）和炉体（作阳极）之间产生的等离子体进行的渗氮工艺。图5－22所示为离子渗氮装置。

通入“真空”炉中的渗剂形成氨气（NH_3），在高压直流电作用下，被电离出带正电的离子和带负电的电子，离子和电子以很高的速度分别奔向阴极工件和阳极炉壁（或炉内专设阳极），工件在正离子“轰击”下，温度升高到450～650 ℃，正离子在工件表面获得电子形成活性原子（也有部分分解出并未被电离的活性氮原子），活性氮原子从工件表面向心部扩散形成渗氮层，同时活性氮原子与钢中氮化物形成元素（包括铁）形成硬度很高的氮化物。

渗氮工艺的发明已有近100年的历史，应用于实际生产也有50多年历史，且应用越来越普遍。与其他渗氮工艺相比，离子渗氮生产周期大为缩短，渗层质量高，工件氧化脱碳倾向及变形都很小，只有工件被加热，不需要渗氮的部位可以用其他材料进行覆盖防渗，工作环境大为改善。其缺点是装炉量小，投入高，生产时温度监测较困难等。通常应用于表面要求耐磨耐蚀的精密零件。

3. 钢的碳氮共渗

通常所说的碳氮共渗其实包含两种情况：一种以渗碳为主，另一种以渗氮为主。

以渗碳为主的碳氮共渗（又称氰化）是指将钢件放置在密闭设备中，加热到奥氏体化状态，同时渗入碳和氮两种元素，且以渗碳为主的工艺方法。一般将钢件加热到820～870 ℃，通入共渗剂（渗碳剂与渗氮剂一起加入），使钢件表面获得一定碳氮含量与一定深度的共渗层（以渗碳为主）。

钢件氰化后仍要对工件进行淬火和低温回火，才能获得表面为硬而耐磨的含氮回火马氏体（及少量硬而耐磨的氮化物）。

与渗碳相比，氰化加热温度低，工件变形小，生产周期短，渗层硬度更大更耐磨，且具有较高的抗疲劳性和一定的耐蚀性。

以渗氮为主的碳氮共渗又称软氮化，指将钢件放置在密闭设备中，加热到500～650 ℃（一般低于工件调质温度），同时渗入氮和碳两种元素，且以渗氮为主的工艺方法。有气体软氮化与液体软氮化，常用的气体软氮化是指将钢件放置在密闭设备中，加热到560～570 ℃，通入共渗剂（渗氮剂与渗碳剂一起加入），使钢件表面获得一定氮碳含量与深度的共渗层（以渗氮为主）。

钢件软氮化后，表面得到硬度很大的氮化物，通常不用对钢件再进行淬火处理，就可以使其表面硬而耐磨、心部具有一定韧性。

与渗氮相比，软氮化最主要的优点是生产周期大大缩短，一般可缩短到2~3 h，不像渗氮那样通常要用几十个小时。软氮化常用于精细模具、量具和一些高速钢刃具等。

第六节 热处理新工艺简介

一、淬火－碳分配热处理（Q－P及Q－P－T热处理）

淬火－碳分配热处理（简称Q－P处理）是将钢奥氏体化后，先淬火至$M_S \sim M_f$温度，形成一定数量的马氏体和残余奥氏体，再在$M_S \sim M_f$间或M_S以上温度停留，使碳由体心立方的马氏体向面心立方的奥氏体分配，最后形成碳重新分配的马氏体和富碳残余奥氏体复相组织。

Q－P－T热处理指经淬火－碳分配热处理后，再经回火处理。某些钢材经Q－P－T处理后，可获得超高的强度并同时具有良好的塑韧性，在保证优良力学性能的前提下，成本并不用提高多少。这一工艺自20世纪60年代出现后，发展很快，采用这一方法很好地解决了原来超高强度钢需要较多合金元素（多元少量）而冶炼成本较高的难题。

二、高能束热处理

高能束热处理是指利用激光、电子束、等离子弧、感应涡流或火焰等高功率密度能源快速加热工件（通常是工件表面），然后利用工件自身的热传导进行冷却淬火。目前应用越来越多的是激光束和电子束快速加热表面淬火工艺。这两种工艺的特点相似：加热速度非常快，不必采用淬火冷却介质，高效环保，淬火质量好且可控性高，淬火变形极小；但成本相对较高，需要专用的激光发生器及专用容器。随着对零件热处理质量要求的不断提高，高能束热处理工艺越来越受到广泛欢迎。

三、真空热处理

利用真空加热炉来对工件进行热处理的工艺方法，在20世纪20年代就已出现，但由于当时设备技术条件不成熟，使得这一新工艺的应用受到了很大制约，到20世纪六七十年代真空热处理才逐渐发展起来。随着时代的进步，真空热处理越来越受到普遍欢迎。真空热处理所处的真空环境通常指低于一个大气压的气氛环境，包括低真空、中等真空、高真空和超高真空，真空热处理实际也属于气氛控制热处理。真空热处理是指热处理工艺的全部和部分在真空状态下进行，其可以实现几乎所有的常规热处理所能涉及的热处理工艺，可使热处理质量大大提高。与常规热处理相比，真空热处理的同时可实现无氧化、无脱碳、无渗碳，可去掉工件表面的氧化皮，并有脱脂除气等作用，从而达到表面光亮净化的效果；并且温度均匀，加热和冷却速度可以严密控制，可以实现不同的工艺过程。真空热处理由于没有污染，是国际上公认的“绿色热处理”。零件经真空热处理后，畸变小，质量高，工艺本身操作灵活，且高效环保。因此真空热处理不仅是某些特殊合金热处理的必要手段，而且在一般工程用钢的热处理中也获得了广泛应用，特别是一些工具、模具等，经真空热处理后使用寿命较一般热处理有较大提高。另外炉内气氛可按需调控，在通入相应介质后，一些化学热处理如渗碳、渗氮、渗铬、渗硼以及多元共渗都能得到更快、更好的效果。

当前，真空热处理工艺已不再局限于低于标准大气压了，一些真空高压气冷淬火（工件在加热室内完成加热保温后，转入冷却室，采用一定流率的氮气等冷却淬火）技术发展很快，相继出现了负压（$<1\times10^5$ Pa）高流率气冷、加压（$1\times10^5\sim4\times10^5$ Pa）气冷、高压（$5\times10^5\sim10\times10^5$ Pa）气冷、超高压（$10\times10^5\sim20\times10^5$ Pa）气冷等新的热处理工艺。

四、数字化热处理

随着计算机产业的飞速发展，越来越多的热处理企业和研究机构在不断探索将数字技术融入热处理生产中，使得原来不可能实现的梦想变成了现实，热处理工作环境已不再像以往那样“乌烟瘴气”。许多具体热处理工艺已实现全程计算机数字化自动控制，甚至可以应用计算机模拟热处理，应用专业软件来实现新工艺虚拟试生产，并对热处理后的性能进行分析评估，满足性能要求后再通过实际试生产，大大降低了投入热处理新工艺生产的成本，并且安全环保。

第七节 热处理工艺应用

在机械制造业实际生产过程中，正确理解热处理的技术要求，合理安排热处理工艺在生产流程中的位置，对保证零件质量非常重要。

一、热处理技术要求

机械设计人员在设计零件或工量具时，首先需要根据零件或工量具的具体工作条件及应用环境，测算性能要求，科学选择材料，确定合理的热处理工艺和相关的技术要求，并在图样上标出热处理工艺的名称和需达到的力学性能指标等。因为在生产现场硬度测试是相对简易方便又不用对工件进行破坏性的试验，而且对于钢铁材料来说，硬度与强度之间一般存在正相应关系，所以钢件通常用硬度值作力学性能要求，但一些性能要求较苛刻的重要工件，热处理技术条件除了需要标出硬度值外，还应标出强度、塑性、韧性指标以及内部显微组织要求等。对于化学热处理工件，还应标出渗层深度、需达到的元素浓度、硬度值要求等。具体情况应符合现行国家相关标准（如 GB/T 12603）规定。

标注热处理技术要求时，应依据《金属热处理工艺分类及代号》（GB/T 12603）的规定进行标注，应标明需达到的力学性能指标及其他要求，可用文字在图样标题栏上方或左方作简要说明。图 5－23 所示为热处理工艺代号标记规定。虽然这些标准代号不适用于在图样上进行标注，但可以应用于计算机辅助工艺管理和工艺设计方面。在计算机辅助工艺管理和工艺设计越来普遍的今天，科学应用这些标准代号将为我们带来很大方便。

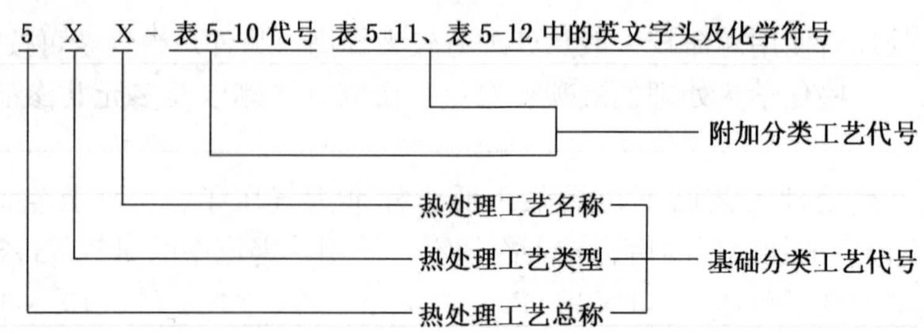

图5-23 热处理工艺代号标记规定

热处理工艺代号由基础分类工艺代号和附加分类工艺代号组成。

在基础分类工艺代号中，根据工艺总称、工艺类型和工艺名称（按获得的组织状态或渗入元素进行分类），将热处理工艺按三个层次进行分类（见本章第一节表5-1）。对于基础分类中某些工艺的具体条件有更细化的要求时，应使用附加分类工艺代号。

附加分类工艺代号标注时，应按表5-10~表5-12的顺序标注。当工艺在某个层次不需要进行分类时，该层次用阿拉伯数字“0”代替。当对冷却介质及冷却方法需要用表5-12两个以上字母表示时，用加号将两个或几个字母联结起来，如H+M代表盐浴分级淬火。化学热处理中，没有表明渗入元素的各种工艺，如渗其他非金属、渗金属、多元共渗工艺，按在其代号后用括号表示出渗入元素的化学符号来表示。

表5-10 加热方式及代号

加热方式	可控气氛（气体）	真空	盐浴（液体）	感应	火焰	激光	电子束	等离子体	固体装箱	液态床	电接触
代号	01	02	03	04	05	06	07	08	09	10	11

表5-11 退火工艺及代号

退火工艺	去应力退火	均匀化退火	再结晶退火	石墨化退火	脱氢处理	球化退火	等温退火	完全退火	不完全退火
代号	St	H	R	G	D	Sp	I	F	P

表5-12 淬火冷却介质和冷却方法及代号

冷却介质和方法	空气	油	水	盐水	有机聚合物水溶液	盐浴	加压淬火	双介质淬火	分级淬火	等温淬火	形变淬火	气冷淬火	冷处理
代号	A	O	W	B	Po	H	Pr	I	M	At	Af	G	C

对于多工序热处理代号用破折号将各工艺代号连接起来，但除第一个工艺外，后面的工艺均省略第一位工艺总称数字“5”，如515-33-01表示整体调质气体渗氮。

二、热处理工序位置

在机械制造生产过程中，正确应用热处理工艺和合理安排热处理工序在机械零件或工量具加工工艺路线中的位置，对于保证工件质量意义重大。前面我们已学习过，根据热处理的目的和工序位置不同，热处理分为预备热处理和最终热处理两大类。

预备热处理一般包括退火、正火和调质等工艺。退火与正火通常安排在工件毛坯生产之后，切削加工之前进行。其目的主要是消除毛坯件残余内应力，调整内部组织，改善切削加工性能，并为工件加工成型后的最终热处理作准备。调质一般安排在粗加工之后，精加工之前进行（有的资料又称为中间热处理），以避免粗加工时将表层调质组织切除而失去调质的作用。调质的目的是使工件获得良好的综合力学性能。对于一些性能要求不是很高的零件，退火、正火或调质也可作为工件的最终热处理。

最终热处理一般指淬火、回火、表面热处理及化学热处理等工艺。最终热处理的目的是使工件满足使用性能方面的要求，通常安排在除磨削以外的精加工之后进行。工件在进行最终热处理时，通常包含了一个零件绝大部分生产过程所产生的附加价值。因此，选择合理的热处理工艺并采取正确的操作方法就显得尤为重要。

三、典型零件的热处理分析

1. 钳工锉刀

钳工锉刀是最为常用的钳工工具（图 5 - 24）。使用钳工锉刀锉削时的切削速度较低，因此对材料的热硬性要求不是很高，但要使锉刀锋利，就必须有足够的硬度和耐磨性。另外，锉削时操作者要通过刀柄部施加力量，所以刀柄要具有一定的韧性，不能硬度过高，硬度过高脆性往往较大，容易使锉刀折断而出现安全生产事故。考虑以上因素，通常材料选择 T12 钢锻件坯料，热处理技术条件为：锉刀刀刃部位硬度为 58 ~ 62HRC，刀柄部位硬度为 30 ~ 35HRC。

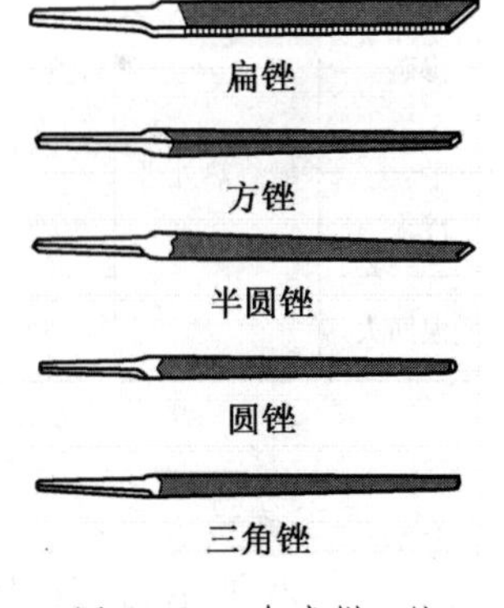

图 5 - 24 各式钳工锉

加工工艺路线为：备料→锻造→正火后球化退火→加工成型→刀刃局部淬火、低温回火→精加工。

T12 钢制钳工锉刀加工工艺路线中热处理工序的目的与作用分析见表 5 - 13。

表 5 - 13 T12 钢制钳工锉刀加工工艺路线中热处理工序的目的与作用分析

工艺名称	热处理性质	加热温度/℃	热处理目的与作用
正火	预备热处理	850 ~ 870	消除坯料锻造应力，细化晶粒，去除钢中网状渗碳体
球化退火		750 ~ 760	降低硬度以利于切削加工成型，降低淬火加热晶粒长大倾向
局部淬火	最终热处理	760 ~ 780	锉刀刃部得到足够硬度，经低温回火后应达 58 ~ 62HRC；锉刀柄部冷却时不浸入冷却介质中，使其硬度为 30 ~ 35HRC，保证一定韧性
低温回火		200 ~ 300	

图5－25　汽车变速齿轮

2. 汽车变速齿轮

图5－25所示为汽车变速齿轮。汽车变速齿轮在工作时，齿面和内花键孔表面主要承受摩擦载荷，整个齿轮主要承受扭转载荷及一定的冲击载荷。工作环境条件表明，汽车变速齿轮属于典型的要求力学性能“外硬内韧”的零件，所以在选材时选择淬透性强、晶粒长大倾向弱的合金渗碳钢中号称“王牌齿轮钢”的20CrMnTi钢来制造，热处理技术条件为：

齿面渗碳层深度：0.8～1.3 mm。

硬度要求：齿面为58～62HRC，心部为33～48HRC。

加工工艺路线为：备料→锻造→正火→加工成型→渗碳→淬火、低温回火→喷丸→花键孔校正→齿面精磨。

20CrMnTi钢制汽车变速齿轮加工工艺路线中热处理工序的目的与作用分析见表5－14。

表5－14　20CrMnTi钢制汽车变速齿轮加工工艺路线中热处理工序的目的与作用分析

工艺名称	热处理性质	加热温度/℃	热处理目的与作用
正火	预备热处理	855～875	消除锻造毛坯内应力；降低硬度，改善切削加工性能；均匀组织，细化晶粒，为最终热处理准备好内部组织
渗碳	最终热处理	900～950	使齿面获得足够含碳量，保证最终硬度达到要求。依加工余量及渗层深度要求，确定具体渗层深度
淬火		760～780	使齿面淬火后得到高碳针状马氏体，而心部得到低碳板条马氏体，保证低温回火后齿面和心部达到要求的硬度指标
低温回火		200～220	

3. 汽车传动齿轮轴

图5－26所示为汽车传动齿轮轴。汽车传动齿轮轴工作时，光轴部分与基座上的轴承相配合，传递运动和动力时花键轴和齿轮要承受较大的载荷。因此，选材时应选择淬透性和综合力学性能良好的合金调质钢中的40Cr钢。其热处理技术条件为：整体调质后硬度为220～250 HBW，花键部和齿轮部的齿廓部分硬度为48～53 HRC。

图5－26　汽车传动齿轮轴

加工工艺路线为：备料→锻造→正火→粗加工→调质→半精加工→花键部和齿轮部表面淬火、低温回火→精磨。

加工工艺路线中，热处理工序的目的与作用分析见表5－15。

表 5－15　40Cr 钢制汽车传动齿轮轴加工工艺路线中热处理工序的目的与作用分析

工艺名称	热处理性质	加热温度/℃	目的与作用
正火	预备热处理	812～832	消除锻造毛坯内应力；降低硬度，改善切削加工性能；均匀组织，细化晶粒，为后续热处理准备好内部组织
调质		812～832	获得整体良好的综合力学性能，硬度达到要求。消除粗加工产生的内应力，进一步改善切削加工性能和内部组织
表面淬火	最终热处理	760～780	使花键部和齿轮部齿廓部分获得淬火马氏体，回火后得到回火马氏体，保证硬度达到要求；心部获得高综合力学性能的回火索氏体组织
低温回火		自行回火	

实验五　典型碳钢的热处理

一、实验目的

（1）了解典型碳钢的正火、退火、淬火和回火的基本操作过程。

（2）了解不同含碳量及冷却速度对钢热处理后力学性能的影响。

（3）了解不同温度下回火，对淬火后钢力学性能的影响。

（4）巩固硬度计的操作方法。

二、实验器材和实验内容

（1）器材：实验用箱式电阻炉，带标准试块的布氏、洛氏硬度计，实验用冷却槽，读数显微镜，各成分试样若干件，试样夹及防护用品等。

（2）内容：20、45、T8、T12 钢的退火、正火、淬火和回火工艺操作过程，使用硬度计检测试样布氏、洛氏硬度。

三、热处理工艺制订

1. 确定加热温度

确定加热温度的原则：

（1）退火加热温度：亚共析钢选 A_{c3} 以上 30～50 ℃，共析及过共析钢应选 A_{c1} 以上 20～30 ℃。

（2）正火加热温度：亚共析钢选 A_{c3} 以上 30～50 ℃，共析及过共析钢应选 A_{ccm} 以上 30～50 ℃。

（3）淬火加热温度：亚共析钢选 A_{c3} 以上 30～50 ℃，共析及过共析钢应选 A_{c1} 以上 20～30 ℃。

（4）回火加热温度：分别以低温回火选（180 ± 10）℃，中温回火选（400 ± 10）℃，高温回火选（600 ± 10）℃来分析不同回火温度下的力学性能特点。

具体试样碳钢临界点及加热温度选择见表 5－16。

表 5-16 试样碳钢临界点及加热温度选择

钢号	A_1/℃	A_3/℃	A_{cm}/℃	退火加热温度/℃	正火加热温度/℃	淬火加热温度/℃
20	727	835		860±10	860±10	860±10
45	727	780		830±10	830±10	830±10
T8	727		800	780±10	830±10	780±10
T12	727		895	780±10	930±10	780±10

2. 确定加热保温时间

热处理时，工件加热时间一般包括升温时间和保温时间两部分。升温时间指整个工件内外都达到加热温度所需的时间，但很难测出工件心部真实温度，所以一般以工件开始加热到工件表面温度达到加热温度所需的时间作为升温时间，并在工件表面温度达到加热温度后开始计保温时间。保温时间不能过长也不能过短，应使工件内外温度均匀而且在保证奥氏体形成时，碳化物的溶解和奥氏体成分均匀化的前提下，又不能使奥氏体的晶粒过于粗大，也不能使工件产生氧化和脱碳缺陷。生产中，常用一些符合本企业的经验公式来确定合理的加热保温时间。本实验所用的碳钢材料，保温时间常按有效厚度（mm）乘以系数 1（min/mm）来计算。如有效厚度为 20 mm，则 20 mm×1 min/mm＝20 min，即保温时间应为 20 min。

3. 冷却方式

退火采取随炉冷却，正火采取空气中冷却，淬火分别采取水冷却与油冷却，回火采用空气中冷却。

四、实验步骤

按实验内容不同把学生分为 4 组，每组各完成下列一项内容，并将实验时工艺参数及所得实验数据公布在黑板上，供其他组同学共享。

第一组：

（1）领取 20、45、T8、T12 钢试样各 3 件。

（2）选择各钢种淬火加热温度及保温时间。

（3）将各钢种试样分别进行常规淬火加热保温后，在水中进行淬火冷却。

（4）测定各试样的洛氏硬度，并填入表 5-17。

第二组：

（1）领取 20 钢试样 4 件。

（2）将 4 件 20 钢试样分别加热到 650 ℃、750 ℃、850 ℃、950 ℃，保温后在水中快速冷却。

（3）测定各试样的硬度值，并填入表 5-18。

第三组：

（1）领取 45 钢试样 4 件。

（2）选择 45 钢试样常规淬火加热温度和保温时间。

(3) 将各试样进行淬火加热并保温后，分别对4件试样采取10%盐水、矿物油、空气和随炉方式冷却下来。

(4) 测定各试样硬度，并填入表5－19。

第四组：

(1) 领取已淬火的45钢和T12钢试样各3件。

(2) 测定各试样硬度，记录在表5－20中。

(3) 将两种试样各取一件，分别一起加热到180 ℃、400 ℃和600 ℃，并保温半小时后取出，在空气中冷却到室温。

(4) 测定各试样硬度，并记录于表5－20中。

五、注意事项

(1) 实验前，必须掌握实验用箱式电阻炉的结构和正确操作方法，安全防护装备必须穿戴齐全。

(2) 本实验加热都为电炉，必须注意安全第一。由于炉内电阻丝距离炉膛较近，容易漏电，所以电炉一定要接地，在放、取试样时必须先切断电源。

(3) 各试样应该做好标识，以防混淆。试样应放置于热电偶附近，以保证温度准确。

(4) 往炉中放、取试样必须使用夹钳并戴手套，夹钳必须擦干，不得沾有油和水。开关炉门要迅速，炉门打开时间不宜过长。

(5) 试样由炉中取出淬火时，动作要迅速，以免温度下降影响淬火质量。

(6) 试样在淬火液中应不断搅动，否则试样表面会由于冷却不均而出现软点。

(7) 淬火时水温应保持在20～30 ℃，水温过高要及时换水。

(8) 退火、正火、淬火或回火后的试样均要用砂布打磨，去掉氧化皮及油脂等后，再测定硬度值。

(9) 实验过程中，注意观察炉温变化，并注意记录试样加热时间等参数。

六、实验报告

(1) 写出实验目的及所用实验器材。

(2) 如实认真将实验数据填写在各实验记录表中（表5－17～表5－20）。

表5－17　各试样淬火后硬度

钢号	加热温度/℃	保温时间/min	淬火介质	淬火后硬度（标清楚采用的方法）
20				
45				
T8				
T12				

表 5-18　45 钢不同淬火加热温度下快冷后硬度

保温时间/min	淬火介质	各加热温度淬火后硬度（合理选用 HBW 或 HRC）			
		650 ℃	750 ℃	850 ℃	950 ℃

表 5-19　45 钢淬火加热后不同冷却条件下冷却后硬度

保温时间/min	淬火加热温度/℃	不同冷却条件冷却后硬度（合理选用 HBW 或 HRC）			
		10% 盐水	矿物油	空气	随炉

表 5-20　45 钢和 T12 钢淬火后不同温度回火所得硬度

试样组号	淬火后试样硬度（HRC）		回火温度/℃	回火后试样硬度（HRC）	
	45	T12		45	T12
1			180		
2			400		
3			600		

（3）实验数据分析与讨论。

练　习　题

一、名词解释

连续冷却转变与等温冷却转变、淬透性与淬硬性、过冷奥氏体与残余奥氏体、分级淬火与等温淬火、氰化与软氮化、调质与冷处理。

二、填空题

1. 根据采用的渗碳剂不同，将渗碳工艺分为______渗碳、______渗碳和______渗碳三种。

2. 感应加热表面淬火的技术条件主要包括__________、__________和__________。

3. 常用的回火方法有__________、__________和__________。

4. 钢在一定条件下淬火后，获得一定深度的淬透层的能力，称为钢的淬透性。淬透层通常以工件__________到__________的深度来表示。

5. 钢的热处理是通过钢在固态下的__________、__________和__________，使钢获得所需的__________与__________的一种工艺方法。

6. 热处理能使钢的性能发生变化的根本原因是由于铁有__________现象。

7. 含碳为 0.45% 的碳钢在室温时的组织为__________，当加热到 A_{c1} 线以上时，__________转变为__________，温度继续升高，__________不断转变为__________，直至温度达到 A_{c3} 线时，才全部转变成单相的奥氏体组织。

8. 奥氏体转变为马氏体需要很大的过冷度，其冷却速度应大于__________，而且必须过冷到__________温度下。

9. 马氏体的转变温度范围为__________，其显微组织同含碳量有关。含碳量高的马氏体呈__________状，含碳量低的马氏体呈__________状。

10. 亚共析钢的淬火加热温度为__________以上 30 ~ 50 ℃，加热时得到的组织为__________，快速冷却到 Ms 以下后得到__________组织。过共析钢的淬火加热温度为______以上 30 ~ 50 ℃，加热后得到的组织为__________，快速冷却到 M_S 以下后得到__________组织。

11. 淬火钢在回火时的组织转变可分为__________、__________、__________和__________四个阶段。

12. 化学热处理是通过__________、__________和__________三个基本过程完成的。

13. 根据回火温度不同，回火可分为__________、__________和__________三类，回火后得到的组织分别是__________、__________和__________。

14. 共析钢的等温转变曲线中，过冷奥氏体在 A_1 ~ 550 ℃温度范围内转变产物为__________、__________和__________，在 550 ℃ ~ M_S 温度范围内，转变产物为__________和__________。

15. 过冷奥氏体转变为马氏体，仅仅是__________改变，而不发生__________，所以马氏体是__________在__________中的__________固溶体。

16. 根据图 5－27 中实际冷却曲线，填出共析钢冷却到室温所获得的组织：

a. ____________；b. ____________；c. ___________；d. ____________。

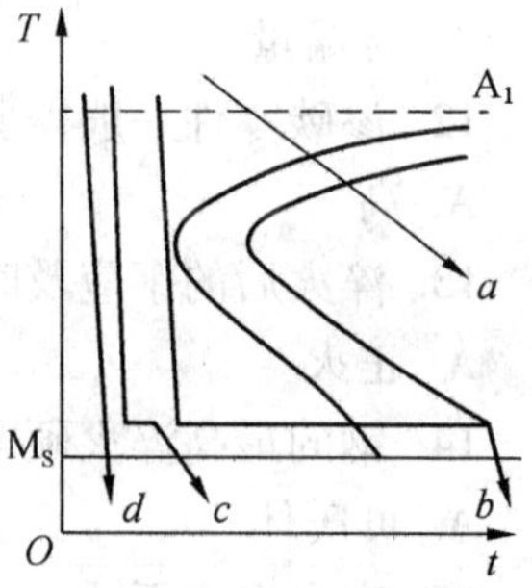

图 5－27　第 16 题图

17. 常见的淬火缺陷有______________、______________、______________和______________等。

18. 在冲击载荷和摩擦条件下工作的零件（如齿轮等），要求其表面具有高的______________和______________性，而心部应具有足够的______________和韧性，应采用钢的表面热处理，常用方法有______________和______________两种。

19. 以渗氮为主的碳氮共渗也叫______________。

三、选择题

1. 零件渗碳后，一般需经过（　　）才能达到表面硬度高且耐磨的目的。

A. 淬火 + 低温回火　　B. 正火

C. 调质　　D. 淬火 + 高温回火

2. 钢经表面淬火后将获得（　　）。

A. 一定深度的马氏体　　B. 全部马氏体

C. 下贝氏体　　D. 上贝氏体

3. 马氏体组织有（　　）两种形态。

A. 板条、树状　　B. 板条、针状　　C. 树状、针状　　D. 球状、片状

4. C 曲线右移使淬火临界冷却速度和淬透性的变化是：（　　）。

A. 临界冷却速度减小、淬透性增大　　B. 临界冷却速度减小、淬透性减小

C. 临界冷却速度增大、淬透性减小　　D. 临界冷却速度增大、淬透性增大

5. 钢的正火加热温度应在（　　）奥氏体区。

A. 单相　　B. 多相　　C. 双相

6. 奥氏体在 A_1 线以上是（　　）相。

A. 稳定相　　B. 不稳定相　　C. 半稳定相

7. 正火工件出炉后，可以放置在（　　）空冷。

A. 潮湿处　　B. 干燥处　　C. 阴冷处

8. 等温转变通常不可以获得（　　）。

A. 马氏体　　B. 贝氏体　　C. 渗碳体

9. 对过热的工件通常可以用（　　）或（　　）的返修办法来消除。

A. 正火　　B. 退火　　C. 回火

10. 对于淬火温度过低而造成淬火硬度不足的工件，可在正确温度下重新（　　）进行补救。

A. 淬火　　B. 回火　　C. 正火

11. 决定钢淬硬性高低的主要因素是钢的（　　）。

A. 含锰量　　B. 含碳量　　C. 含硅量

12. 渗碳零件一般需要选择（　　）碳成分的钢。

A. 高　　B. 中　　C. 低

13. 淬火后的钢应及时进行（　　）。

A. 正火　　B. 退火　　C. 回火

14. 钢的最高淬火硬度，主要取决于钢中（　　）的含碳量。

A. 贝氏体　　B. 奥氏体　　C. 渗碳体

15. 完全退火不适用于（　　）。

A. 低碳钢　　B. 中碳钢　　C. 高碳钢

16. 钢回火的加热温度应该在（　　）线以下。

A. A_{c1}　　B. A_{c2}　　C. A_1

17.（　　）组织具有良好的综合力学性能。

A. 上贝氏体　　B. 下贝氏体　　C. 马氏体

18. 钢在（　　）后，一般无须淬火即有很高的硬度及耐磨性。

A. 渗碳　　B. 渗氮　　C. 调质

19. 钢的晶粒因过热而粗化时，就有（　　）倾向。

A. 变硬　　B. 变脆　　C. 变软

20.（　　）具有较高的硬度和较高的脆性。

A. 贝氏体　　B. 奥氏体　　C. 渗碳体

21. 由于正火较退火冷却速度快，过冷度大，转变温度较低，获得的组织较细，因此

同一种钢正火后要比退火后的（　　）高。

A. 强度　　B. 硬度　　C. 韧性

22. 过冷奥氏体是指冷却到（　　）温度以下，仍未转变的奥氏体。

A. M_S　　B. M_f　　C. A_{r1}

23. 冷却转变停止后仍未转变的少量奥氏体称为（　　）。

A. 过冷奥氏体　　B. 残余奥氏体　　C. 低温奥氏体

24. 含碳量 0.45% 钢的正常淬火组织应为（　　）。

A. 马氏体　　B. 马氏体 + 铁素体

C. 马氏体 + 渗碳体

25. 一般来说，合金钢应选择（　　）作为冷却介质。

A. 矿物油　　B. 20 ℃自来水　　C. 20 ℃的 10% 盐水溶液

26. 一般来说，碳素钢淬火不应选择（　　）作冷却介质。

A. 矿物油　　B. 20 ℃自来水　　C. 20 ℃的 10% 盐水溶液

27. 确定碳钢淬火加热温度的主要依据是（　　）。

A. M_S 线　　B. C 曲线　　C. $Fe-Fe_3C$ 相图

28. 钢在一定条件下淬火后，获得淬硬层深度的能力称为（　　）。

A. 淬硬性　　B. 淬透性　　C. 耐磨性

29. 调质处理就是（　　）热处理。

A. 淬火 + 高温回火　　B. 淬火 + 中温回火　　C. 淬火 + 低温回火

30. 化学热处理与其他热处理的主要区别是（　　）。

A. 组织变化　　B. 加热温度　　C. 改变表面化学成分

31. 钢在调质处理后的组织是（　　）。

A. 回火马氏体　　B. 回火索氏体　　C. 回火屈氏体

32. 钢在加热时，判断过烧现象的依据是（　　）。

A. 表面氧化　　B. 奥氏体晶界发生氧化或熔化

C. 奥氏体晶粒粗大

33. 用 20 钢制造的齿轮，要求齿轮表面硬度高而心部具有良好的韧性，应采用（　　）热处理。

A. 淬火 + 低温回火　　B. 表面淬火 + 低温回火

C. 渗碳 + 淬火 + 低温回火

34. 为改善 20 钢的切削加工性能，通常采用（　　）热处理。

A. 完全退火　　B. 球化退火　　C. 正火

35. 通常火焰加热表面淬火和感应加热表面淬火相比（　　）。

A. 效率更高　　B. 淬硬层深度更易掌握

C. 设备简单

36. 渗氮零件与渗碳零件相比（　　）。

A. 渗层硬度更大　　B. 渗层更厚　　C. 有更好的综合力学性能

37. 现有含碳 0.45% 的钢制造的汽车轮毂螺栓，其淬火加热温度应在（　　），冷却时冷却介质应选择（　　）。

A. 750 ℃　　B. 840 ℃　　C. 1000 ℃

D. 20 ℃的 10% 盐水溶液　　E. 矿物油

38. 下列冷却介质按冷却能力由大到小的次序排列为:(　　)>(　　)>(　　)。

A. 20 ℃自来水　　B. 20 ℃的 10% 盐水溶液

C. 矿物油

39. 碳钢经淬火低温回火处理后的组织是（　　）。

A. 回火马氏体　　B. 回火索氏体　　C. 回火屈氏体

40. 用含碳 0.65% 的钢作弹簧，淬火后应进行（　　）。

A. 高温回火　　B. 中温回火　　C. 低温回火

41. 用 15 钢制造的齿轮，要求齿轮表面硬度高而心部具有良好的韧性，应采用（　　）热处理。若改用 45 钢制造这一齿轮，则采用（　　）热处理。

A. 淬火 + 低温回火　　B. 表面淬火 + 低温回火

C. 渗碳 + 淬火 + 低温回火

42. 分级淬火的目的是（　　）。

A. 使奥氏体成分趋于均匀

B. 使工件在介质中停留期间完成组织转变

C. 使工件内外温差达到最小，减小淬火应力

43. 工业生产中所说的“水淬油冷”是指（　　）。

A. 分级淬火　　B. 调质　　C. 双介质淬火

44. 在过冷奥氏体等温转变图的“鼻尖”处，孕育期最短，因此该温度下（　　）。

A. 过冷奥氏体稳定性最好，最不易转变

B. 过冷奥氏体稳定性最差，最容易转变

C. 过冷奥氏体稳定性最差，最不容易转变

45. 碳溶解在 α - Fe 中的过饱和固溶体，称为（　　）。

A. 奥氏体　　B. 马氏体　　C. 索氏体

四、判断题

1.（　　）热处理是改善钢切削加工性能的重要途径。

2.（　　）实际加热时的临界点总是低于相图上的临界点。

3.（　　）珠光体向奥氏体转变也是通过形核及晶核长大的过程进行。

4.（　　）淬透性好的钢，淬火后硬度一定高。

5.（　　）淬火后的钢，在不同温度回火时，组织会发生不同的转变。

6.（　　）下贝氏体是一种综合力学性能较强的组织。

7.（　　）马氏体组织是一种非稳定的组织。

8.（　　）A_1 线以下仍未转变的奥氏体称为残余奥氏体。

9.（　　）珠光体、索氏体、屈氏体都是片层状的铁素体和渗碳体的混合物，所以它们的力学性能相同。

10.（　　）上贝氏体具有较高的强度、硬度和较好的塑性、韧性。

11. (　　) 钢的晶粒因过热而粗化时，就有变脆倾向。

12. (　　) 索氏体和回火索氏体的性能没有多大区别。

13. (　　) 完全退火不适用于高碳钢。

14. (　　) 在去应力退火过程中，钢的组织不发生变化。

15. (　　) 钢的最高淬火硬度主要取决于钢中奥氏体的含碳量。

16. (　　) 淬火后的钢其回火温度越高，回火后的强度和硬度也越高。

17. (　　) 钢回火的加热温度在 A_{c1} 以下，因此在回火过程中无组织变化。

18. (　　) 感应加热表面淬火，淬硬层深度取决于电流频率：频率越低，淬硬层越浅；反之，频率越高，淬硬层越深。

19. (　　) 钢渗氮后，无须淬火即有很高的硬度及耐磨性。

20. (　　) 在切削加工前预先热处理，一般来说低碳钢采用正火，而高碳钢及高碳合金钢正火硬度太高，通常采用球化退火。

21. (　　) 一般情况下碳钢淬火用油，合金钢淬火用水。

22. (　　) 双介质淬火就是将钢奥氏体化后，先浸入一种冷却能力弱的介质，在钢件还未达到该淬火介质温度之前即取出，马上浸入另一种冷却能力强的介质中冷却。

23. (　　) 下贝氏体组织具有良好的综合力学性能。

24. (　　) 高碳淬火马氏体是硬而脆的相。

25. (　　) 等温冷却可以获得马氏体，连续冷却可以获得贝氏体。

26. (　　) 消除过共析钢中的网状渗碳体可以用完全退火。

27. (　　) 钢的淬火加热温度应在单相奥氏体区。

28. (　　) 淬火冷却速度越大，钢淬火后的硬度越高，因此淬火的冷却速度越快越好。

29. (　　) 钢中合金元素越多，淬火后硬度越高。

30. (　　) 淬火后的钢一般需要进行及时退火。

31. (　　) 渗碳零件一般需要选择低碳成分的钢。

32. (　　) 钢的淬火温度越高，得到的硬度越高、韧性越高。

33. (　　) 淬透性是钢在理想条件下进行淬火所能达到的最高硬度的能力。

34. (　　) 淬硬性是指在规定条件下，钢淬火时得到淬硬层深度大小的能力。

35. (　　) 决定钢淬硬性高低的主要因素是钢的含碳量。

36. (　　) 淬火后硬度高的钢，淬透性就高。

37. (　　) 球化退火主要用于共析钢和过共析钢退火工艺。

38. (　　) 正火工件出炉后，可以堆积在潮湿处空冷。

39. (　　) 对过烧的工件可以用正火或退火的返修办法来消除。

40. (　　) 同类钢在相同加热条件下，水淬比油淬的淬透性好。

41. (　　) 双介质淬火工件的内应力小，变形及开裂小，但操作技术要求较高。

42. (　　) 刀具、量具、冷冲压模具等应采用低温回火。

43. (　　) 一般合金钢淬硬性比碳钢好。

44. (　　) 表面热处理应安排在半精加工之后精加工前进行。

45. （ ）淬火后中温回火可得弹性性能较强的回火屈氏体组织。

46. （ ）零件渗碳后必须经正火处理，才能达到表面硬而耐磨的目的。

五、简答题

1. 什么叫热处理？热处理有什么用途？

2. 钢在热处理时为什么要先加热？钢在加热到什么情况时，钢的内部会发生组织转变？以共析钢为例，说说钢在加热时都发生了什么内部组织转变。

3. 什么是过冷奥氏体？过冷奥氏体在等温冷却转变时，能够转变成什么不同的组织？各种转变组织形成的温度区间是多少？它们都有什么组织特点和力学性能特点？

4. 什么是退火？常用退火方法有哪几种？各种退火方法都有什么用途？

5. 什么是正火？正火和退火有哪些相同和不同的作用？

6. 共析碳钢加热奥氏体化后，在空冷、水冷、油冷和炉冷条件下分别获得什么组织？在力学性能方面都有什么特点？

7. 什么是淬火？淬火有什么用途？常用的淬火方法有哪几种？各种常用淬火方法都有什么特点？

8. 对于碳钢来说，如何选择淬火加热温度？为什么？

9. 什么是淬透性？什么是淬硬性？它们的区别主要在哪？

10. 淬火时常见的淬火缺陷有哪几种？应如何防止各种缺陷的产生？

11. 常用的回火方法有哪几种？分别得到什么组织？各组织都有什么力学性能特点？生产中都有什么具体用途？

12. 什么是马氏体？马氏体有什么力学性能特点？马氏体转变有什么特点？

13. 什么是调质？调质处理和正火处理相比，有什么组织特点和力学性能特点？

14. 什么样的零件需要进行表面淬火？表面淬火适用于什么碳含量的钢？

15. 常用表面淬火方法有哪几种？各有什么特点？

16. 什么样的零件需要进行化学热处理？化学热处理是由哪几个过程组成的？

17. 什么样的零件需要进行渗碳处理？钢件渗碳后还必须进行什么样的热处理？渗碳适用于什么含碳量的钢？

18. 什么是渗氮？渗氮后跟渗碳后都一样要进行淬火回火吗？为什么？

19. 什么是预先热处理？什么是最终热处理？通常它们处在零件制造的什么工序位置？

20. 热处理的技术条件如何标注？为什么常用硬度作热处理质量指标？

六、分析题

如图 5－28 所示，用含碳量 0.45% 的碳钢锻件毛坯制造主轴，热处理技术条件为：整体调质后硬度为 220～250HBW，内锥孔和外锥体硬度为 45～48HRC，花键齿廓部分硬度为 48～53HRC；

生产过程中，主轴的加工工艺路线如下：备料→锻造→正火→粗加工→调质→半精加工→锥孔和外锥体的局部淬火、回火→粗磨（外圆、锥孔、外锥体）→铣花键、花键淬火→精磨（外圆、锥孔、外锥体）。

其中，正火、调质属于____________，锥孔和外锥体的局部淬火、回火属于

____________。它们的作用如下：

(1) 正火：主要是为了__________毛坯的__________，__________硬度，以改善__________性能，同时__________组织，__________晶粒，为以后的__________作组织上的准备。

(2) 调质：主要是使主轴具有__________的综合力学性能，经淬火、__________回火，其硬度应达到220～250HBW。

(3) 淬火：锥孔、外锥体及花键部分的淬火是为了获得所要求的__________。锥孔和外锥体部分可采用__________快速加热并__________，经回火后，其硬度应达到__________。花键部分可采用__________淬火，以__________变形，经回火后，其表面硬度应达到__________。为了减小变形，锥部淬火应与花键淬火__________进行，锥部淬火及回火后，用__________纠正淬火变形，然后再进行花键的加工与淬火。最后用__________消除总的变形，从而保证主轴的装配质量。

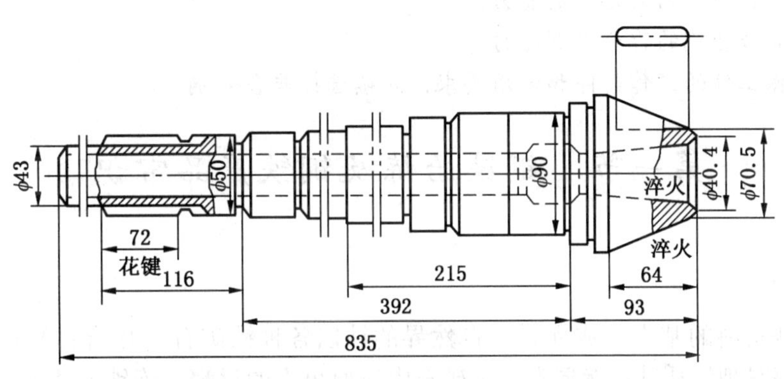

图5-28 分析题图

第六章 非 合 金 钢

【知识目标】

1. 了解钢铁冶炼的基本过程及钢铁产品常识性知识。
2. 了解杂质元素对非合金钢的影响。
3. 掌握非合金钢的分类和牌号命名方法。
4. 掌握非合金钢牌号与成分、组织、性能、用途之间的关系。

【能力目标】

1. 具备非合金钢的火花鉴别能力。
2. 具备非合金钢的牌号识别能力。
3. 能根据工件的工作条件和使用要求，正确选择非合金钢。

第一节 钢铁冶炼及钢铁产品常识

一、炼铁

铁是钢铁材料的基本组成元素。自然界的铁以各种铁矿石（化合物）的形式存在。炼铁本质上就是把铁从其自然形态——矿石中还原出来的过程。炼铁方法主要有高炉法、直接还原法、熔融还原法等。下面简单介绍高炉炼铁，如图6－1所示。

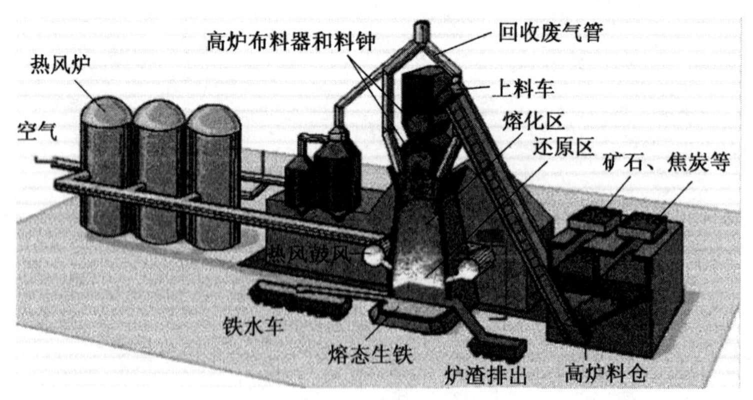

图6－1 高炉炼铁

炼铁的原料主要有铁矿石、焦炭和石灰石，各种原料应配成一定的比例。炉料不断从进料口加入炉内，空气经热风炉预热后从进风口吹入炉中。在冶炼过程中，炉料充满高炉，并不断下降；吹入炉中的空气与化学反应生成的气体组成炉气并沿炉料缝隙上升。冶炼一定时间后，先打开出渣口排渣，再打开出铁口出铁。从炉顶排出的废气（高炉煤气）经煤气出口回收。

炼铁的基本过程包括燃料的燃烧、铁的还原和增碳、杂质的混入、选渣等。炼铁采用的燃料主要是焦炭，高温焦炭及其燃烧生成的 CO 气体还起还原剂的作用。

炼铁时，焦炭和 CO 不断把铁从铁矿石中还原出来，同时碳也溶入铁中。最终炼成的铁，碳含量达4%左右。另外，炉料中的硅、锰、硫、磷等杂质也会溶入铁中。

炼铁时，焦炭燃烧形成的灰粉及矿石中的废石与铁混在一起。通常，加入石灰石使其与灰粉、废石等构成造渣反应，最后形成熔点较低、密度较小的熔渣，浮在铁液上面。只要使出渣口稍高于出铁口，就能使铁与渣分离。

高炉冶炼的铁不是纯铁，而是含有碳、硅、锰、硫、磷等元素的合金，我们称之为生铁。按含硅量不同，生铁可分为炼钢生铁和铸造生铁。炼钢生铁的含硅量较低（<1.25%），主要用于炼钢；铸造生铁的含硅量较高（1.25%~3.2%），主要用于铸造。

高炉冶炼的副产品主要有炉渣和高炉煤气。炉渣是制造水泥的原料；高炉煤气经净化可作为气体燃料使用。

二、炼钢

生铁中含有较多的杂质，使得生铁的性能常常不能满足加工和使用要求。炼钢的本质是利用氧化办法清除生铁中的硅、锰、硫、磷等杂质和过量的碳，使化学成分达到标准规定的要求，从而改善其性能。目前，炼钢方法主要有转炉、平炉和电炉三种。下面简单介绍比较先进的氧气顶吹转炉炼钢法。

如图6-2所示，按照配料要求，先把废钢等装入炉内，然后倒入铁水，并加入适量的造渣材料（如生石灰等）。加料后，把氧气喷枪从炉顶插入炉内，吹入氧气（纯度大于99%的高压氧气流），使它直接跟高温的铁水发生氧化反应，除去杂质。用纯氧代替空气可以克服由于空气中氮气的影响而使钢质变脆，以及氮气排出时带走热量的缺点。在除去大部分硫、磷后，当钢水的成分和温度都达到要求时，即停止吹炼，提升喷枪，准备出钢。出钢时使炉体倾斜，钢水从出钢口注入钢水包里，同时加入脱氧剂进行脱氧和调节成分。钢水合格后，可以浇成钢的铸件或钢锭，钢锭可以轧制成各种钢材。

生铁中的碳、硅、锰、磷等在高温条件下与氧的亲和力比铁强。炼钢时加入的氧化剂（氧气、铁矿石等）将优先与这些杂质产生化学反应，生成各种氧化物。生成的 CO 气体容易逸出，并且对钢液有搅拌作用，促使冶炼过程顺利进行；生成的硅、锰、磷等的氧化物及混入铁中的硫，将与熔剂 CaO 等构成一系列造渣反应生成炉渣。

在氧化过程中大量的铁也被氧化成 FeO。钢中存在 FeO 将使其力学性能下降，高温时更容易脆断。因此，冶炼后期必须往钢液中加入脱氧剂（硅铁、锰铁、金属铝等），脱氧剂与 FeO 产生反应，将 Fe 还原出来，同时生成炉渣。

氧气顶吹转炉炼钢法生产率高，几十分钟就能炼一炉钢，但必须是以液态炼钢生铁为主要原料。杂质被氧化产生的热量不仅使生铁液温度提高到钢的熔点，还能使加入的废钢

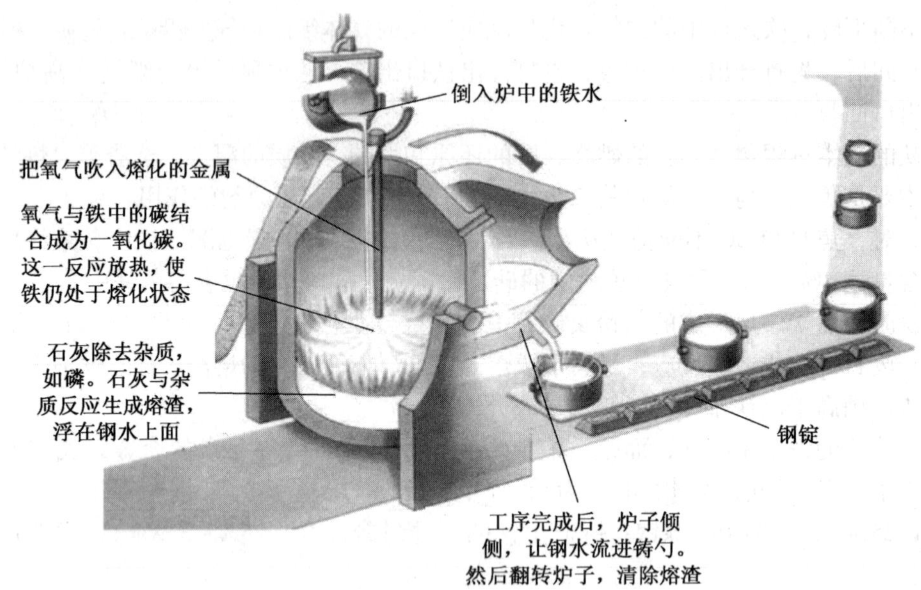
倒入炉中的铁水
把氧气吹入熔化的金属
氧气与铁中的碳结合成为一氧化碳。这一反应放热，使铁仍处于熔化状态
石灰除去杂质，如磷。石灰与杂质反应生成熔渣，浮在钢水上面
钢锭
工序完成后，炉子倾侧，让钢水流进铸勺。然后翻转炉子，清除熔渣

图6－2　氧气顶吹转炉炼钢法

熔化，重新冶炼成好钢。氧气顶吹转炉通常用于冶炼各种碳钢。

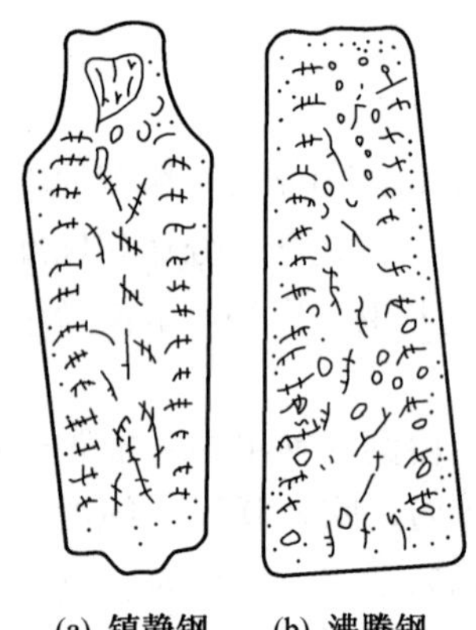
(a) 镇静钢
(b) 沸腾钢

图6－3　钢锭内部组织示意图

在炼钢脱氧过程中，通过控制脱氧剂的种类和加入量可以控制钢的脱氧程度。通常按脱氧是否完全把钢分为镇静钢与沸腾钢。

镇静钢是脱氧完全的钢。浇注时不发生碳氧反应，钢液在型腔中平静地上升，凝固后在钢锭头部形成一个倒锥形的缩孔，如图6－3a所示。镇静钢钢锭组织致密，但轧制钢材时必须切除具有缩孔的头部，故成材率较低。

沸腾钢是脱氧不完全的钢。浇注时有碳氧反应，生成大量CO气体，呈现沸腾现象。通常是盖上铁板，使上层钢液先凝固成薄壳方停止沸腾。最终钢锭内充满气孔，但头部不出现大的缩孔，如图6－3b所示。沸腾钢钢锭组织疏松，但轧制钢材时不必切除较大的头部，故成材率较高。

三、钢铁产品的牌号

为了统一和便于使用，钢铁产品规定有牌号表示方法。我国钢铁产品牌号采用汉语拼音字母、化学元素符号和阿拉伯数字相结合的方法来表示。采用汉语拼音字母或英文字母表示产品名称、用途、特性和工艺方法时，一般从产品名称中选取有代表性的汉字的汉语拼音的首位字母或英文单词的首位字母。当和另一产品所取字母重复时，改取第二个字母或第三个字母，或同时选取两个或多个汉字或英文单词的首位字母。表6－1给出了常用钢铁产品的命名符号及示例。

表6-1 常用钢铁产品的命名符号（摘自GB/T 221—2008）

产品名称	第一部分			第二部分	牌号示例
	采用汉字	汉语拼音	采用符号		
炼钢用生铁	炼	LIAN	L	含硅量为0.85%~1.25%的炼钢用生铁，阿拉伯数字为10	L10
铸造用生铁	铸	ZHU	Z	含硅量为2.80%~3.20%的铸造用生铁，阿拉伯数字为30	Z30
球墨铸铁用生铁	球	QIU	Q	含硅量为1.60%~1.40%的球墨铸铁用生铁，阿拉伯数字为12	Q12
耐磨生铁	耐磨	NAI MO	NM	含硅量为1.00%~2.00%的耐磨生铁，阿拉伯数字为18	NM18

产品名称	采用的汉字及汉语拼音或英文单词			采用字母（位置）	牌号示例
	汉字	汉语拼音	英文单词		
热轧光圆钢筋	热轧光圆钢筋		Hot Rolled Plain Barl	HPB（头）	HPB235
热轧带肋钢筋	热轧带肋钢筋		Hot Rolled Ribbed Barl	HRB（头）	HRB335
焊接气瓶用钢	焊瓶	HAN PING		HP（头）	HP345
管线用钢	管线		Line	L（头）	L415
煤机用钢	煤	MEI		M（头）	M510
锅炉和压力容器用钢	容	RONG		R（尾）	Q345R
锅炉用钢（管）	锅	GUO		G（尾）	20G
耐候钢	耐候	NAl HOU		NH（尾）	Q355NH
保证淬透性钢	淬透性		Hardenability	H（尾）	45AH
矿用钢	矿	KUANG		K（尾）	20MnK
碳素结构钢	曲	QU		Q（头）	Q235AF
低合金高强度结构钢	曲	QU		Q（头）	Q345D
焊接用钢	焊	HAN		H（头）	H08E
钢轨钢	轨	GUI		U（头）	U70MnSi
易切削钢	易	YI		Y（头）	Y40Mn
碳素工具钢	碳	TAN		T（头）	T12A
轴承钢	滚	GUN		G（头）	GCr15
冷镦钢	铆螺	MAO LUO		ML（头）	ML30CrMoA

四、钢材产品

国家标准《钢产品分类》（GB/T 15574—2016）将钢产品分为液态钢、钢锭和半成品、轧制成品和最终产品、其他产品四大类。常用的钢材产品有型钢、钢板、钢带、钢管、钢丝、钢丝绳、钢轨等。

1. 型钢

型钢是通过冷轧制、热轧制、锻制和冷拉、冷弯等工艺制成的具有特定几何截面和尺寸的实心长条钢材。型钢的品种很多，按其断面形状不同主要有圆钢、方钢、扁钢、六角钢、八角钢、工字钢、槽钢、角钢（等边和不等边两种）、L型钢、H型钢、T型钢等。常用型钢的断面形状及尺寸见表6-2。

表6-2 常用型钢的断面形状及尺寸

型钢名称	断面形状及尺寸	型钢形状	断面形状及尺寸
圆钢	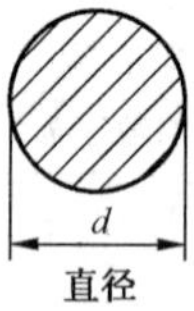 d 直径	工字钢	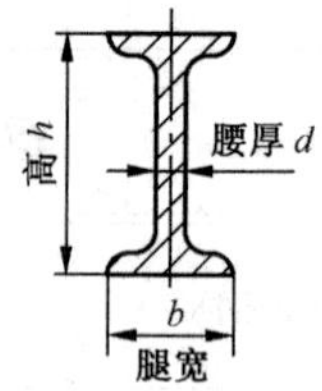 高 h；腰厚 d；b 腿宽
方钢	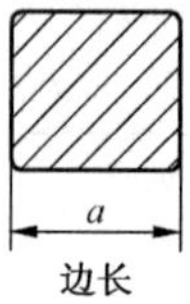 a 边长	槽钢	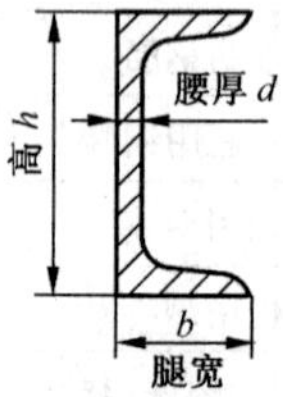 高 h；腰厚 d；b 腿宽
扁钢	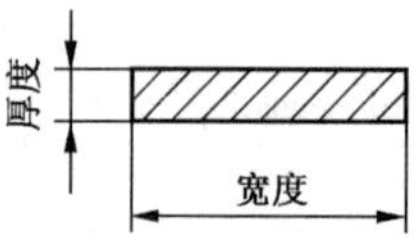 厚度；宽度	等边角钢	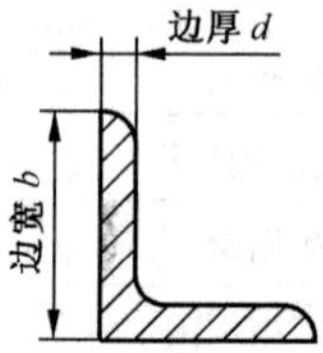 边厚 d；边宽 b
六角钢 八角钢	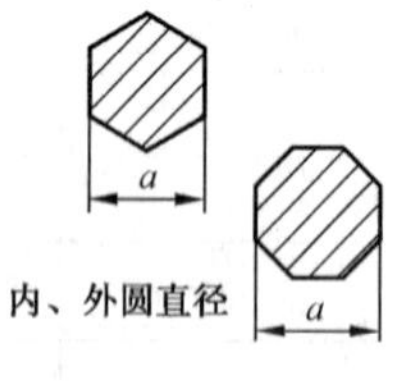 a；内、外圆直径；a	不等边角钢	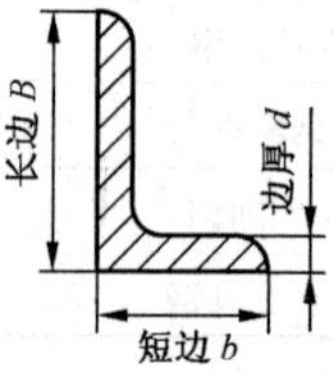 长边 B；边厚 d；短边 b
H 型钢	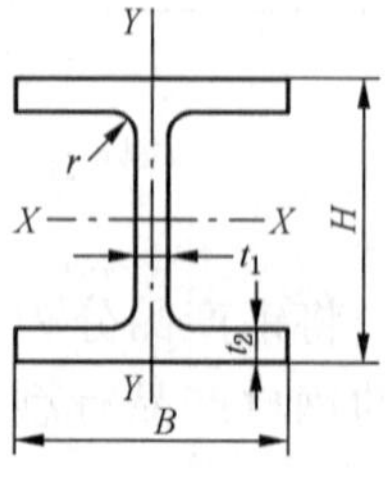 Y；r；X—X；H；t_1；t_2；Y；B	T 型钢	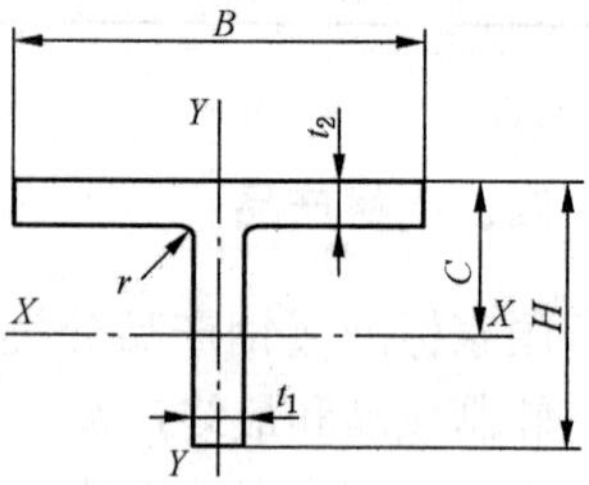 B；Y；t_2；r；C；X；X；H；t_1；Y

2. 钢板和钢带

宽厚比和表面积都很大的扁平钢材产品称为钢板。宽度比较小、长度很长的钢板称为钢带。

3. 钢管

管材是一种中空截面的长条钢材产品，其截面形状有圆形、方形、六角形和各种异型。按加工工艺不同分为无缝钢管和焊接钢管两大类。

4. 盘条

公称直径通常不小于5 mm，热轧后卷成盘卷交货的钢材产品称为盘条。横截面有圆形、椭圆、正方形、矩形、六边形、八边形、半圆形或任意相似形状。

5. 钢丝和钢丝绳

通过减径机或在轧辊间施加压力反复冷拔盘条获得的等截面产品称为钢丝，钢丝横截面通常为圆形，有时也为椭圆形、矩形、正方形、六边形、八边形或其他凸形截面。

由一定数量，一层或多层钢丝股捻成螺旋状而形成的产品称为钢丝绳。

五、钢的分类

根据《钢分类　第1部分：按化学成分分类》（GB/T 13304.1—2008），按照化学成分不同，钢分为三类：非合金钢、低合金钢和合金钢。三种钢的合金元素规定含量界限值见表6－3。

表6－3　非合金钢、低合金钢和合金钢合金元素规定含量界限值

合金元素	合金元素规定含量界限值/%		
	非合金钢	低合金钢	合金钢
Al	<0.10	—	≥0.10
B	<0.0005	—	≥0.0005
Bi	<0.10	—	≥0.10
Cr	<0.30	0.30～<0.50	≥0.50
Co	<0.10	—	≥0.10
Cu	<0.10	0.10～<0.50	≥0.50
Mn	<1.00	1.00～<1.40	≥1.40
Mo	<0.05	0.05～<0.10	≥0.10
Ni	<0.30	0.30～<0.50	≥0.50
Nb	<0.02	0.02～<0.06	≥0.06
Pb	<0.40	—	≥0.40
Se	<0.10	—	≥0.10
Si	<0.50	0.50～<0.90	≥0.90
Te	<0.10	—	≥0.10
Ti	<0.05	0.05～<0.13	≥0.13

表6-3（续）

合金元素	合金元素规定含量界限值/%		
	非合金钢	低合金钢	合金钢
W	<0.10	—	≥0.10
V	<0.04	0.04~<0.12	≥0.12
Zr	<0.05	0.05~<0.12	≥0.12
La系（每一种元素）	<0.02	0.02~<0.05	≥0.05
其他规定元素(S、P、C、N除外)	<0.05	—	≥0.05

说明：1. La系元素含量也可为混合稀土含量总量。

2. 当Cr、Cu、Mo、Ni四种元素中有2种、3种或4种元素同时有规定时，对于低合金钢，应同时考虑这些元素中每种元素的规定含量，这些规定的含量总和应不大于规定的2种、3种或4种元素中每种元素最高界限值总和的70%。如果这些元素的规定含量总和大于规定的元素中每种元素最高界限值总和的70%，即使这些元素每种元素的规定含量低于规定的最高界限值，也应划入合金钢。这项原则也适用于Nb、Ti、V、Zr四种元素。

第二节　杂质元素对非合金钢性能的影响

非合金钢是指碳的含量为0.0218%~2.11%的铁碳合金，俗称碳素钢，简称碳钢。非合金钢冶炼方便、价格便宜，性能能满足一般工程和机械零件的需要，其产量约占工业用钢总产量的80%。除Fe、C外，非合金钢中还含有少量Si、Mn、S、P、H、O、N等非特意加入的元素（称为杂质元素），它们对钢材的性能和质量影响很大，必须严格控制在规定的范围之内。

一、硅的影响

硅在钢中作为杂质存在时，其含量一般在0.1%~0.4%之间。硅是在炼铁时由矿石和炼钢时的脱氧剂（硅铁）带进来的。在室温下，硅溶入铁素体中，使铁素体强化，从而提高了热轧钢材的强度、硬度和弹性极限，但会降低其塑性、韧性。同时硅的脱氧能力强，与钢液中的FeO生成炉渣，从而清除FeO对钢质量的不良影响。因此，一般认为硅在碳钢中是有益元素，但其作为常存元素少量存在时对钢的性能影响并不显著。

二、锰的影响

锰在钢中作为杂质存在时，其含量一般在0.25%~0.8%之间，有时也可达到1.2%。锰是在炼铁时由矿石和炼钢时的脱氧剂（锰铁）带进来的。

在炼钢过程中，锰是良好的脱氧剂和脱硫剂。锰有很好的脱氧能力（比硅弱），能清除钢中的FeO，使钢的脆性降低；锰与硫能产生化合反应生成MnS，可减轻硫对钢的有害作用。在室温下，大部分锰能溶于铁素体中，形成置换固溶体，对钢有一定的强化作用；

一部分锰能溶于 Fe_3C 中，形成合金渗碳体。因此，锰在碳钢中是有益元素，但其作为常存元素少量存在时对钢的性能影响不显著。

三、硫的影响

硫是炼铁时由铁矿石和燃料带入钢中的杂质。在固态下，硫在铁中的溶解度极小，主要以 FeS 形态存在于钢中，由于 FeS 的塑性差，使含硫较多的钢脆性较大。更严重的是，FeS 与 Fe 可形成低熔点（985 ℃）的共晶体（FeS + Fe），而共晶体分布在奥氏体的晶界上，当将钢加热到1000 ~ 1200 ℃进行热压力加工时，低熔点的共晶体就会熔化，晶粒间结合被破坏，导致钢材在加工过程中沿晶界开裂，这种现象称为钢的热脆。

为了消除硫的有害作用，必须增加钢中的锰含量。Mn 与 S 优先形成高熔点（1620 ℃）的 MnS，MnS 在高温下具有一定的塑性，并呈粒状分布于晶粒内，从而避免了硫对钢的热脆性现象。另外，硫对钢的焊接性也有不良影响，它不但会导致焊缝产生热裂，而且硫在焊接过程中容易生成 SO_2 气体，从而使焊缝产生气孔而疏松。

因此，一般情况下硫是有害元素，在钢中必须严格控制硫的含量，通常要求硫的含量低于 0.050%。但含硫量较多的钢可形成较多的 MnS，在切削加工中 MnS 能起断屑作用，改善了钢的可加工性，这是硫有利的一面。

四、磷的影响

磷是在炼铁时由矿石带入钢中的。在一般情况下，钢中的磷能全部溶于铁素体中，有强烈的固溶强化作用，可使钢的强度、硬度增加，但塑性、韧性显著降低，这种现象在低温时更为严重，称为冷脆。冷脆对在高寒地带和其他低温条件下工作的结构件具有严重的危害性，一般希望冷脆转变温度低于工件的工作温度，以免发生冷脆。磷的存在还能使焊接性变差。因此，磷也是有害杂质。在钢中也要严格控制磷的含量，通常要求钢中磷的含量小于 0.045%。但含磷量较多时，脆性较大，这在制造炮弹钢以及改善钢的切屑加工性方面是有利的。此外，磷还可以提高钢在大气中的耐蚀性，特别是钢中同时含有铜的情况下，这种效果更加显著。

五、氮、氧、氢的影响

大部分钢在整个冶炼过程中都会与空气接触，因而钢液中总会吸收一些气体，如氮、氧、氢等，它们对钢的质量都会产生不良影响。

室温下氮在铁素体中的溶解度很低，钢中的过饱和氮在常温放置过程中会以 Fe_2N、Fe_4N 的形式析出而使钢变脆，称为时效脆化。在钢中加入 Ti、V、Al 等元素可使氮被固定在氮化物中，可以消除时效倾向。

氧在钢中主要以氧化物夹杂的形式存在，氧化物夹杂与基体的结合力弱，不易变形，易成为疲劳裂纹源。

氢对钢的危害性更大，主要表现为氢脆。常温下氢在钢中的溶解度很低，原子态的过饱和氢将降低钢的韧性，引起氢脆。当氢在缺陷处以分子态析出时，会产生很高的内压，形成微裂纹，这将严重影响钢的力学性能，使钢易于脆断。这种微裂纹在横断面宏观磨片上腐蚀后呈现毛细裂纹，又称发裂；在纵向断面上，裂纹呈现近似圆形或椭圆形的银白色斑点，称为白点。

六、非金属夹杂物的影响

在炼钢过程中，少量炉渣、耐火材料及冶炼中的反应产物可能进入钢液，形成非金属夹杂物。常见的非金属夹杂物主要有氧化物、硫化物和硅酸盐等。非金属夹杂物破坏了金属基体的连续性，加大了组织的不均匀性，严重影响了金属的各种性能。例如，钢中的非金属夹杂物导致应力集中，引起疲劳断裂；数量多且分布不均匀的夹杂物会使材料具有各向异性，明显降低金属的塑性、韧性、焊接性及耐蚀性；钢中呈网状存在的硫化物会造成热脆性。因此，夹杂物的数量和分布是评定钢材质量的一个重要指标，并且被列为优质钢和高级优质钢出厂的常规检测项目之一。

第三节 常用非合金钢

一、非合金钢的分类

1. 按碳含量分类

按碳含量，非合金钢可分为低碳钢（$w_C < 0.25\%$）、中碳钢（$0.25\% \leqslant w_C \leqslant 0.60\%$）、高碳钢（$w_C > 0.60\%$）。

2. 按主要质量等级和主要性能或使用特性分类

根据钢中硫和磷等杂质含量、微量残存元素含量、非金属夹杂物含量、碳含量的波动范围、低温韧性、抗拉强度和屈服强度的控制程度不同，非合金钢可分为普通质量非合金钢、优质非合金钢和特殊质量非合金钢。

1）普通质量非合金钢

普通质量非合金钢是指对生产过程中控制质量无特殊规定的一般用途的非合金钢。主要包括：一般用途碳素结构钢，如 GB/T 700 规定中的 A、B 级钢；碳素钢筋钢；铁道用一般碳素钢，如轻轨和垫板用碳素钢；一般钢板桩型钢。

2）优质非合金钢

优质非合金钢是指除普通质量非合金钢和特殊质量非合金钢以外的非合金钢。主要包括：机械结构用优质碳素钢，如 GB/T 699 规定中的优质碳素结构钢中的低碳钢和中碳钢；工程结构用碳素钢，如 GB/T 700 中规定的 C、D 级钢；冲压薄板的低碳结构钢；镀层板用碳素钢；锅炉和压力容器用碳素钢；造船用碳素钢；铁道用优质碳素钢，如重轨用碳素钢；焊条用碳素钢；冷锻、冷冲压等冷加工用非合金钢；非合金易切削结构钢；电工用非合金钢板、带；优质铸造碳素钢。

3）特殊质量非合金钢

特殊质量非合金钢是指在生产过程中需要特别严格控制质量和性能的非合金钢。钢材要经热处理并至少具有下列一种特殊要求，例如：要求淬火和回火状态下的冲击性能；有效淬硬深度或表面硬度；限制表面缺陷；限制钢中非金属夹杂物含量和（或）要求内部材质均匀性；限制磷和硫的含量（成品硫、磷含量均≤0.025%）；限制残余元素 Cu、Co、V 的最高含量等方面的要求。

特殊质量非合金钢主要包括：保证淬透性非合金钢；保证厚度方向性能非合金钢；铁道用特殊非合金钢（如车轴坯、车轮、轮箍钢）；航空、兵器等专业用非合金结构钢；核能用非合金钢；特殊焊条用非合金钢；碳素弹簧钢；特殊盘条钢及钢丝；特殊易切削钢；碳素工具钢和中空钢；电磁纯铁；原料纯铁。

3. 按主要用途分类

（1）碳素结构钢：主要用于各种工程结构件，如桥梁、船舶、建筑等，也可用于不太重要的零件。其碳含量一般都小于0.25%，属于低碳钢。

（2）优质碳素结构钢：主要用于制造各种机械零件，如齿轮、轴、螺母、连杆、弹簧等。其碳含量一般都小于0.70%，属于低、中碳钢。

（3）碳素工具钢：主要用于制造工具，如制作刃具、模具、量具等，其碳含量一般都大于0.70%，属于高碳钢。

（4）铸造碳素钢：主要用于制造形状复杂且需要具有一定强度、塑性和韧性的零件。

此外，钢材还可以从其他角度进行分类，如按专业（如锅炉用钢、铁道用钢、矿用钢等）、按冶炼方法等进行分类。

二、碳素结构钢

碳素结构钢中碳的含量较低，所含硫、磷的含量分别为 $w_P \leqslant 0.045\%$、$w_S \leqslant 0.050\%$，焊接性能好，塑性、韧性好，价格便宜。常热轧成型材、钢板、钢带。各种热轧成的型材（如圆钢、方钢、工字钢等），主要用于桥梁、建筑等工程构件和要求不高的机器零件。碳素结构钢通常在热轧供应状态下直接使用，很少再进行热处理。

碳素结构钢的牌号通常由代表屈服强度的字母“Q”、屈服强度数值、质量等级符号（A、B、C、D）、脱氧方法（F、Z、TZ）四部分按顺序组成。镇静钢和特殊镇静钢牌号中的脱氧方法符号（Z、TZ）可省略。

例如：

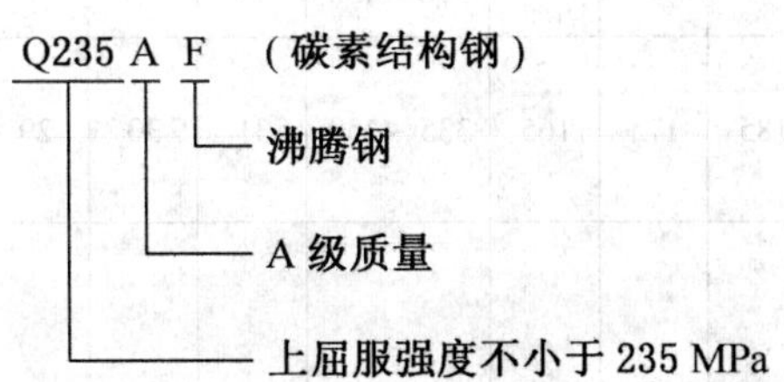

在 GB/T 700—2006 中，碳素结构钢按屈服强度和质量等级不同共有4个牌号、11个钢种。碳素结构钢的牌号、统一数字代号、质量等级、化学成分见表6-4，力学性能见表6-5，应用见表6-6。

表6-4　碳素结构钢的牌号、统一数字代号和化学成分（摘自GB/T 700—2006）

牌号	统一数字代号[a]	等级	厚度（或直径）/mm	脱氧方法	化学成分/%，不大于				
					C	Si	Mn	P	S
Q195	U11952			F、Z	0.12	0.30	0.50	0.035	0.040
Q215	U12152	A		F、Z	0.15	0.35	1.20	0.045	0.050
	U12155	B							0.045
Q235	U12352	A		F、Z	0.22	0.35	1.40	0.045	0.050
	U12355	B			0.20				0.045
	U12358	C		Z	0.17			0.040	0.040
	U12359	D		TZ				0.035	0.035
Q275	U12752	A		F、Z	0.24	0.35	1.50	0.045	0.050
	U12755	B	≤40	Z	0.21			0.045	0.045
			>40		0.22				
	U12758	C		Z	0.20			0.040	0.040
	U12759	D		TZ				0.035	0.035

注：a 表中为镇静钢、特殊镇静钢牌号的统一数字，沸腾钢牌号的统一数字代号如下：Q195F—U11950；Q215AF—U12150，Q215BF—U12153；Q235AF—U12350，Q235BF—U123530；Q275AF—U12750。

表6-5　碳素结构钢的力学性能（摘自GB/T 700—2006）

牌号	等级	屈服强度 R_{eH}/MPa，不小于						抗拉强度 R_m/MPa	断后伸长率 A/%，不小于					冲击试验（V型缺口）	
		厚度（或直径）/mm							厚度（或直径）/mm					温度/℃	KV_2（纵向）/J，不小于
		≤16	>16~40	>40~60	>60~100	>100~150	<150~200		≤40	>40~60	>60~100	>100~150	>150~200		
Q195		195	185					316~430	33						
Q215	A	215	205	195	185	175	165	335~450	31	30	29	27	26		
	B													+20	27
Q235	A	235	225	215	215	195	185	370~500	26	25	24	22	21		
	B													+20	27
	C													0	
	D													−20	

表6-5（续）

<table>
<tr><th rowspan="3">牌号</th><th rowspan="3">等级</th><th colspan="6">屈服强度 R_{eH}/MPa，不小于</th><th rowspan="3">抗拉强度 R_m/MPa</th><th colspan="5">断后伸长率 A/%，不小于</th><th colspan="2">冲击试验(V型缺口)</th></tr>
<tr><th colspan="6">厚度（或直径）/mm</th><th colspan="5">厚度（或直径）/mm</th><th rowspan="2">温度/℃</th><th rowspan="2">KV_2(纵向)/J，不小于</th></tr>
<tr><th>≤16</th><th>>16~40</th><th>>40~60</th><th>>60~100</th><th>>100~150</th><th>>150~200</th><th>≤40</th><th>>40~60</th><th>>60~100</th><th>>100~150</th><th>>150~200</th></tr>
<tr><td rowspan="4">Q275</td><td>A</td><td rowspan="4">275</td><td rowspan="4">265</td><td rowspan="4">255</td><td rowspan="4">245</td><td rowspan="4">225</td><td rowspan="4">215</td><td rowspan="4">410~540</td><td rowspan="4">22</td><td rowspan="4">21</td><td rowspan="4">20</td><td rowspan="4">18</td><td rowspan="4">17</td><td></td><td></td></tr>
<tr><td>B</td><td>+20</td><td rowspan="3">27</td></tr>
<tr><td>C</td><td>0</td></tr>
<tr><td>D</td><td>-20</td></tr>
</table>

表6-6 碳素结构钢的应用

牌号	应用
Q195、Q215	通常轧制成薄板、钢筋供应市场，也可用于制作铆钉、螺钉、轻载荷的冲压零件和焊接结构件等
Q235	强度稍高，可制作螺栓、螺母、销子、吊钩和不太重要的机械零件以及建筑结构中的螺纹钢、型钢、钢筋等；质量较好的Q235 C、D级可作为重要焊接结构用材
Q275	可部分代替优质碳素结构钢如25、30、35钢使用

三、优质碳素结构钢

优质碳素结构钢与碳素结构钢相比，夹杂物较少，质量较好，所含硫、磷的含量均小于或等于0.035%，主要用于制造各种机械零件。

优质碳素结构钢的牌号用“两位数字”命名，两位数字表示该钢中平均含碳量的万分之几。

例如：

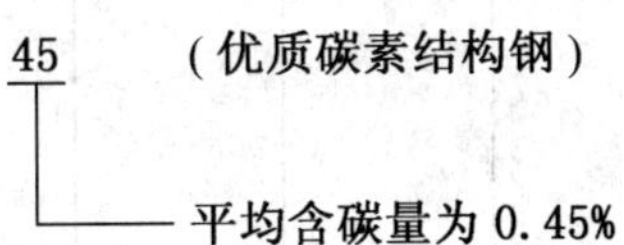

当优质碳素结构钢中锰的含量较高（0.70%~1.20%）时，在两位数字后面加上符号“Mn”。

例如：

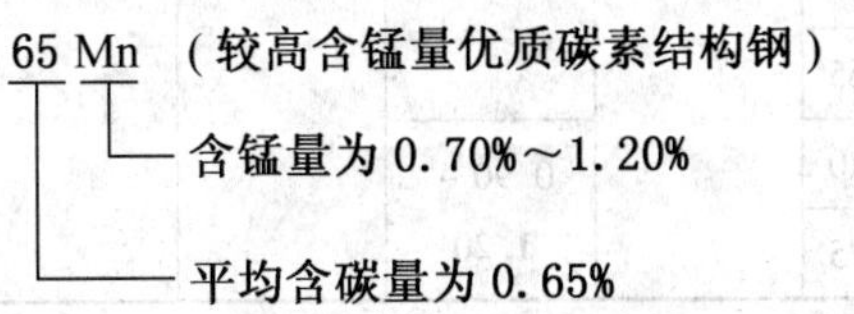

优质碳素结构钢的牌号、统一数字代号及化学成分见表6－7，力学性能见表6－8，特性及应用见表6－9。

表6－7　优质碳素结构钢的牌号、统一数字代号及化学成分（摘自GB/T 699—2015）

<table>
<tr><th rowspan="3">牌号</th><th rowspan="3">统一数字代号</th><th colspan="8">化学成分/%</th></tr>
<tr><th rowspan="2">C</th><th rowspan="2">Si</th><th rowspan="2">Mn</th><th>P</th><th>S</th><th>Ni</th><th>Cr</th><th>Cu</th></tr>
<tr><th colspan="5">≤</th></tr>
<tr><td>08</td><td>U20082</td><td>0.05～0.11</td><td rowspan="28">0.17～0.37</td><td rowspan="4">0.35～0.65</td><td rowspan="28">0.035</td><td rowspan="28">0.035</td><td rowspan="28">0.03</td><td>0.10</td><td rowspan="28">0.25</td></tr>
<tr><td>10</td><td>U20102</td><td>0.07～0.13</td><td>0.15</td></tr>
<tr><td>15</td><td>U20152</td><td>0.12～0.18</td><td rowspan="26">0.25</td></tr>
<tr><td>20</td><td>U20202</td><td>0.17～0.23</td></tr>
<tr><td>25</td><td>U20252</td><td>0.22～0.29</td><td rowspan="13">0.50～0.80</td></tr>
<tr><td>30</td><td>U20302</td><td>0.27～0.34</td></tr>
<tr><td>35</td><td>U20352</td><td>0.32～0.39</td></tr>
<tr><td>40</td><td>U20402</td><td>0.37～0.44</td></tr>
<tr><td>45</td><td>U20452</td><td>0.42～0.50</td></tr>
<tr><td>50</td><td>U20502</td><td>0.47～0.55</td></tr>
<tr><td>55</td><td>U20552</td><td>0.52～0.60</td></tr>
<tr><td>60</td><td>U20602</td><td>0.57～0.65</td></tr>
<tr><td>65</td><td>U20652</td><td>0.62～0.70</td></tr>
<tr><td>70</td><td>U20702</td><td>0.67～0.75</td></tr>
<tr><td>75</td><td>U20752</td><td>0.72～0.80</td></tr>
<tr><td>80</td><td>U20802</td><td>0.77～0.85</td></tr>
<tr><td>85</td><td>U20852</td><td>0.82～0.90</td></tr>
<tr><td>15Mn</td><td>U21152</td><td>0.12～0.18</td><td rowspan="9">0.70～1.00</td></tr>
<tr><td>20Mn</td><td>U21202</td><td>0.17～0.23</td></tr>
<tr><td>25Mn</td><td>U21252</td><td>0.22～0.29</td></tr>
<tr><td>30Mn</td><td>U21302</td><td>0.27～0.34</td></tr>
<tr><td>35Mn</td><td>U21352</td><td>0.32～0.39</td></tr>
<tr><td>40Mn</td><td>U21402</td><td>0.37～0.44</td></tr>
<tr><td>45Mn</td><td>U21452</td><td>0.42～0.50</td></tr>
<tr><td>50Mn</td><td>U21502</td><td>0.48～0.56</td></tr>
<tr><td>60Mn</td><td>U21602</td><td>0.57～0.65</td></tr>
<tr><td>65Mn</td><td>U21652</td><td>0.62～0.70</td><td rowspan="2">0.90～1.20</td></tr>
<tr><td>70Mn</td><td>U21702</td><td>0.67～0.75</td></tr>
</table>

表6-8 优质碳素结构钢的力学性能（摘自 GB/T 699—2015）

牌号	试样毛坯尺寸/mm	推荐的热处理制度			力学性能					交货硬度 HBW	
		正火	淬火	回火	抗拉强度 R_m/MPa	下屈服强度 R_{eL}/MPa	断后伸长率 A/%	断面收缩率 Z/%	冲击吸收能量 KU_2/J	未热处理钢	退火钢
		加热温度/℃			≥					≤	
08	25	930			325	195	33	60		131	
10	25	930			335	205	31	55		137	
15	25	920			375	225	27	55		143	
20	25	910			410	245	25	55		156	
25	25	900	870	600	450	275	23	50	71	170	
30	25	880	860	600	490	295	21	50	63	179	
35	25	870	850	600	530	315	20	45	55	197	
40	25	860	840	600	570	335	19	45	47	217	187
45	25	850	840	600	600	355	16	40	39	229	197
50	25	830	830	600	630	375	14	40	31	241	207
55	25	820			645	380	13	35		255	217
60	25	810			675	400	12	35		255	229
65	25	810			695	410	10	30		255	229
70	25	790			715	420	9	30		269	229
75	试样*		820	480	1080	880	7	30		285	241
80	试样*		820	480	1080	930	6	30		285	241
85	试样*		820	480	1130	980	6	30		302	255
15Mn	25	920			410	245	26	55		163	
20Mn	25	910			450	275	24	50		197	
25Mn	25	900	870	600	490	295	22	50	71	207	
30Mn	25	880	860	600	540	315	20	45	63	217	187
35Mn	25	870	850	600	560	335	18	45	55	229	197
40Mn	25	860	840	600	590	355	17	45	47	229	207
45Mn	25	850	840	600	620	375	15	40	39	241	217
50Mn	25	830	830	600	645	390	13	40	31	255	217
60Mn	25	810			695	410	11	35		269	229
65Mn	25	830			735	430	9	30		285	229
70Mn	25	790			785	450	8	30		285	229

注：*留有加工余量的试样，其性能为淬火+回火状态下的性能。

表6-9　优质碳素结构钢的特性及应用

牌号	特性及应用
08、10	塑性、韧性好，强度低，具有优良的冷成型性能和焊接性能，淬透性、淬硬性差，正火状态下的切削加工性好，常冷轧成薄板，用于制作冷冲压件，如汽车车身、仪表外壳等
15、20、25	塑性、韧性、焊接性能和冷冲性能均极好，但强度较低，用于受力不大韧性要求较高的零件、紧固件、冲模锻件及不需要热处理的低负荷零件，如机罩、焊接容器、小轴、螺母、螺栓、螺钉、垫圈、法兰盘及化工容器等。冷拉或正火后切削性能好。 经渗碳、淬火、低温回火后，表硬心韧，用于制作表面要求耐磨而心部强度要求不高的零件即渗碳件，如渗碳齿轮、凸轮、滑块等
30、35、40、45	经调质后，具有良好的综合力学性能，用于制作负荷较大的零件，如曲轴、转轴、机身、法兰、螺栓、螺母、活塞杆、连杆、传动轴、齿轮、蜗杆、销凸轮、丝杠、套筒、键及重要的螺钉螺母等。45钢是常用的调质非合金钢
50、55	经正火或正火+调质处理后，强度高，塑性、韧性较差、切削加工中等、焊接性能差。用作要求较高强度、耐磨性或弹性、动载荷的零件，如齿轮、轧辊、机床主轴、连杆、次要弹簧等
60	经热处理后，强度、硬度和弹性均相当高，切削性和焊接性差，用作轧辊、轴、弹簧和离合器、钢丝绳等受力较大、要求耐磨性和一定弹性的零件
65、70	经适当热处理后，可得到较高的强度和弹性，在淬火+中温回火状态下，用作截面较小、形状简单的弹簧及弹性零件，如气门弹簧、弹簧垫圈等。在正火状态下，制造耐磨性高的零件，如轧辊、轴、凸轮、钢丝绳等
75、80、85	经淬火+中温回火后，强度较70钢稍高，而弹性略低，其他性能与70钢相近。用作制造截面不大、承受强度不太高的板弹簧、螺旋弹簧以及要求耐磨的零件
15Mn～70Mn	较高含锰量钢力学性能和淬透性能相对比普通含锰量钢要好，应用范围基本与普通含锰量的优质非合金钢相近。其中，65Mn钢在热成型弹簧中应用最广

优质碳素结构钢的力学性能随含碳量的变化而变化。一般情况下，含碳量越低，塑性、韧性越好，强度、硬度越低；含碳量越高，塑性、韧性越低，强度、硬度越高。而且优质碳素结构钢一般都要经过适当的热处理提高力学性能后再使用。

低碳钢：通过正火改善其切削加工性，可进行渗碳+表面淬火+低温回火来提高表面硬度，保持心部良好的塑性和韧性性能。

中碳钢：不重要的零件可将正火作为最终热处理，重要零件或综合力学性能要求较好的零件要进行调质处理。

高碳钢：根据使用性能要求，可采用正火或淬火 + 中温回火。

四、碳素工具钢

碳素工具钢用于制造刀具、模具和量具。由于多数工具钢都要求具有高硬度和高耐磨性，所以碳素工具钢中碳的含量均在 0.70% 以上，而且此类钢都是优质钢或高级优质钢。

碳素工具钢的牌号是以汉字“碳”的拼音首位字母“T” + “数字”来命名的。后面的数字表示平均含碳量的千分之几。

例如：

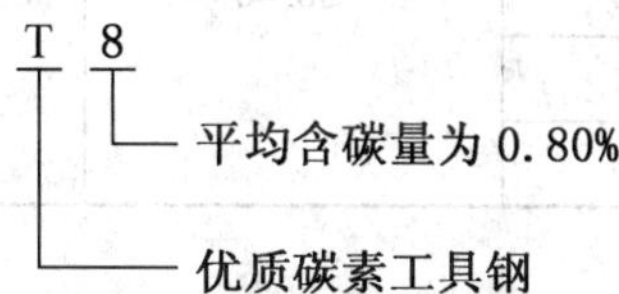

若钢中含锰量较高（0.40%～0.60%）时，在牌号后加锰的元素符号“Mn”。

例如：

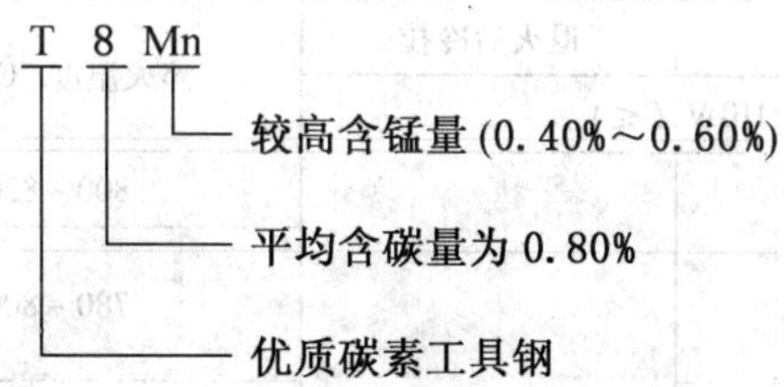

若为高级优质碳素工具钢，则在牌号后面标以字母“A”。

例如：

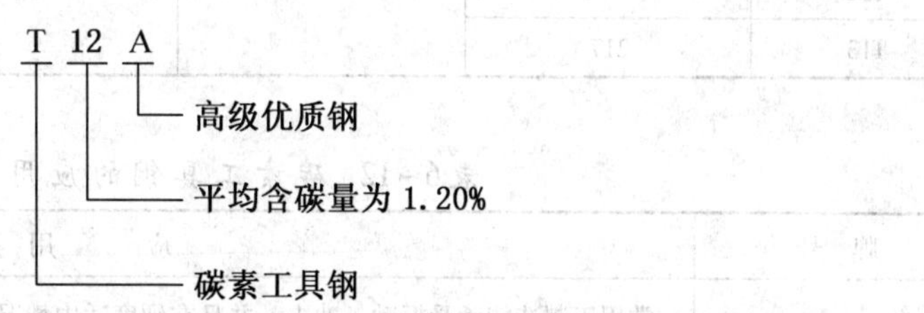

碳素工具钢热处理后的硬度均可达 60HRC 以上，可加工性好，价格比较便宜，且具有较好的耐磨性。但碳素工具钢的热硬性差，淬透性低，淬火时容易变形开裂，故多用于制造手工用工具及低速、小切削用量的机用刀具、量具、模具等。

碳素工具钢的牌号、统一数字代号及化学成分见表 6－10，力学性能见表 6－11，应用见表 6－12。

表6-10 碳素工具钢的牌号、统一数字代号及化学成分（摘自 GB/T 1298—2008）

牌号	统一数字代号	化学成分/%				
		C	Mn	Si	S	P
				≤		
T7	T00070	0.65~0.74	≤0.40	0.35	0.030	0.035
T8	T00080	0.75~0.84				
T8Mn	T01080	0.80~0.90	0.40~0.60			
T9	T00090	0.85~0.94	≤0.40			
T10	T00100	0.95~1.04				
T11	T00110	1.05~1.14				
T12	T00120	1.15~1.24				
T13	T00130	1.25~1.35				

注：1. 高级优质钢在牌号后加“A”。

2. 高级优质钢含 P≤0.030%，含 S≤0.020%；统一数字代号中末位数字为3，如 T8A 的代号为 T00083。

表6-11 碳素工具钢的力学性能（摘自 GB/T 1298—2008）

牌　号	交 货 状 态		试 样 淬 火	
	退火状态	退火后冷拉	淬火温度/℃，冷却剂	HRC（≥）
	HBW（≤）			
T7	187	241	800~820，水	62
T8			780~800，水	
T8Mn				
T9	192		760~780，水	
T10	197			
T11	207			
T12				
T13	217			

表6-12 碳素工具钢的应用

牌　号	应　　用
T7、T8、T8Mn、T9	常用于制造能承受振动、冲击，并且在硬度适中情况下有较好韧性的工具，如冲头、凿子、锤子、木工工具、剪刀、锯条等
T10、T11	用于制造耐磨性要求较高，不受剧烈振动，且具有一定韧性及锋利刃口的各种工具，如钻头、刨刀、车刀、丝锥、锯条等刃具及冷作模具等
T12、T13	适用于制造不受冲击振动、要求高硬度的各种工具，如锉刀、刮刀、刻字刀具等刃具，量规、样套等量具

不同含碳量的碳素工具钢淬火后的硬度都差不多，但随着钢中碳含量的增多，淬火组织中粒状渗碳体数量增多，使钢的耐磨性提高而韧性下降。所以相对而言 T7、T8 钢韧性较好，但耐磨性差；T12、T13 钢耐磨性较好，但韧性差；T9、T10、T11 钢韧性和耐磨性适中。

高级优质碳素工具钢由于含杂质和非金属夹杂物少，一般用来制造重要的要求较高的工具。

五、铸造碳钢

铸造碳钢是冶炼后直接铸造成型的非合金钢，简称铸钢。当一些形状复杂、综合力学性能要求较高的大型零件难以用锻轧方法成型，而铸铁又难以满足其力学性能要求时，通常采用铸造碳钢来制造。铸造碳钢的含碳量一般在 0.15%~0.60% 之间。铸钢的铸造性能比铸铁差，但力学性能比铸铁好。随着铸造技术的不断进步，铸钢件在组织、性能、精度和表面粗糙度等方面都已接近锻钢件，可以不经切削加工或只需少量切削加工后就能使用，大量节约了钢材和成本，这也使铸造碳钢的应用范围扩大。

铸造碳钢牌号用“铸钢”的汉语拼音首字母“ZG” + 表示屈服强度及抗拉强度的“两组数字”来命名。

例如：

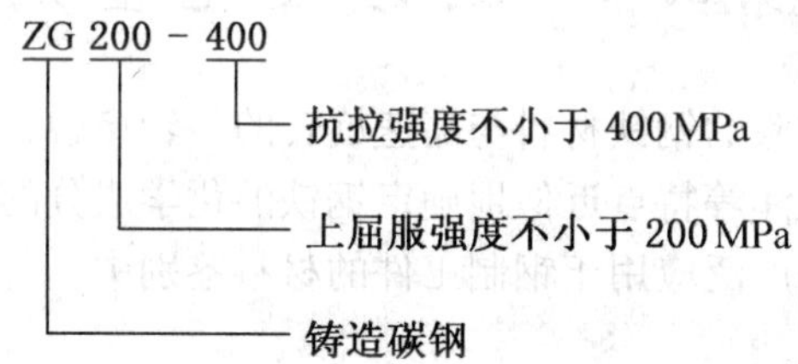

GB/T 11352—2009 标准中铸造碳钢只规定了 5 个牌号。铸造碳钢的牌号、力学性能见表 6 - 13，其特性和应用见表 6 - 14。

表 6 - 13　铸造碳钢的牌号、力学性能（摘自 GB/T 11352—2009）

<table>
<tr><th rowspan="2">牌　号</th><th rowspan="2">统一数字代号</th><th colspan="4">化学成分/%，≤</th><th colspan="6">力学性能(≥)
正火(或退火)+回火状态</th></tr>
<tr><th>C</th><th>Si</th><th>Mn</th><th>S、P</th><th>$R_{eH}(R_{p0.2})$/MPa</th><th>R_m/MPa</th><th>A/%</th><th>Z/%</th><th>KV/J</th><th>KU_2/J</th></tr>
<tr><td>ZG200 - 400</td><td>C22040</td><td>0.20</td><td rowspan="5">0.60</td><td>0.80</td><td rowspan="5">0.035</td><td>200</td><td>400</td><td>25</td><td>40</td><td>30</td><td>47</td></tr>
<tr><td>ZG230 - 450</td><td>C23045</td><td>0.30</td><td rowspan="4">0.90</td><td>230</td><td>450</td><td>22</td><td>32</td><td>25</td><td>35</td></tr>
<tr><td>ZG270 - 500</td><td>C27050</td><td>0.40</td><td>270</td><td>500</td><td>18</td><td>25</td><td>22</td><td>27</td></tr>
<tr><td>ZG310 - 570</td><td>C23157</td><td>0.50</td><td>310</td><td>570</td><td>15</td><td>21</td><td>15</td><td>24</td></tr>
<tr><td>ZG340 - 640</td><td>C23464</td><td>0.60</td><td>340</td><td>640</td><td>10</td><td>18</td><td>10</td><td>16</td></tr>
</table>

注：1. 对上限减少 0.01% 的碳，允许增加 0.04% 的锰，对 ZG200 - 400 的锰最高至 1.00%，其余四个牌号锰最高至 1.20%。

2. 表中所列的各牌号性能，适用于厚度为 100 mm 以下的铸件。当铸件厚度超过 100 mm 时，表中规定的屈服强度仅供设计使用。

表6－14　铸造碳钢的特性和应用

牌号	主要特性	应用举例
ZG200－400	低碳铸钢，韧性及塑性均好，但强度和硬度较低，低温冲击韧性大，脆性转变温度低，导磁、导电性良好，焊接性好，但铸造性差	机座、电气吸盘、变速器箱体等受力不大，但要求具有韧性的零件
ZG230－450		用于受力不大、韧性较好的零件，如轴承盖、底板、阀体、机座、侧架、轧钢机架、箱体、犁柱、砧座等
ZG270－500	中碳铸钢，有一定的韧性及塑性，强度和硬度较高，可加工性良好，焊接性尚可，铸造性比低碳钢好	应用广泛，用于制作飞轮、车辆车钩、水压机工作缸、机架、蒸汽锤气缸、轴承座、连杆、箱体、曲拐等
ZC310－570		用于重载荷零件，如联轴器、大齿轮、缸体、气缸、机架、制动轮、轴及辊子等
ZG340－640	高碳铸钢，具有高强度、高硬度及高耐磨性，塑性、韧性低，铸造、焊接性均差，裂纹敏感性较大	起重运输机齿轮、联轴器、棘轮、车轮、阀轮、叉头等

第四节　钢的火花鉴别

火花鉴别法是将被试验的钢铁材料与高速旋转的砂轮接触，根据磨削过程中所出现的火花爆裂形状、流线、色泽等特点近似地确定钢铁的化学成分的一种方法。火花鉴别法作为一种简便、实用的方法广泛应用于钢制工件的材料鉴别中。

一、火花产生的机理

当试样与高速旋转的砂轮接触时，由于剧烈摩擦，温度急剧升高，被砂轮切削下来的颗粒以高速抛射出去，同空气摩擦，温度继续升高，发生激烈氧化甚至熔化，从而在抛射中呈现出一条条光亮流线。磨削颗粒表面生成的FeO被颗粒内所含的碳元素还原，生成CO气体，在压力足够时便冲破表面氧化膜，发生爆裂而形成爆花。流线和爆花的色泽、数量、形状、大小同试样的化学成分有关，因此可以初步鉴别金属材料的种类。

二、火花束的构成

工件与砂轮接触时产生的全部火花称为火花束，由根部、中部、尾部组成。火花束中线条状的光亮火花称为流线，通常分为直线状流线、断续状流线、波浪状流线三种，如图6－4所示。

流线由节点、爆花和尾花组成。节点是流线上火花爆裂的原点，呈明亮点。爆花是节点处爆裂的火花。组成爆花的每一根细小线称为芒线。随芒线的爆裂情况，爆花有一次花、二次花、三次花和多次花之分，如图6－5所示。分散在爆花芒线间的点状火花称为花粉，流线尾端呈现出的不同形状的爆花称为尾花。

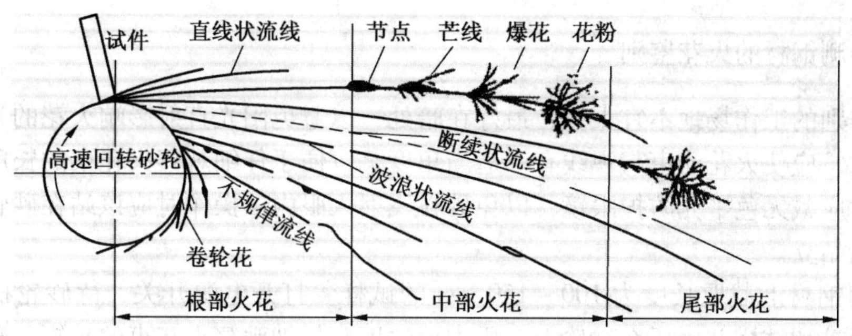

图6－4　火花束的构成

三、非合金钢的火花特征

非合金钢火花鉴别的要点是详细观察火花束的疏密和长短、火花爆裂形态、花粉的多少和色泽变化情况。

非合金钢的流线多是直线状、亮白色。碳含量越高，流线越短、越密，节点和爆花越多，芒线分叉越多，爆裂越严重。

低碳钢的流线少，火束长，芒线稍粗，爆花量不多，多为一次花，发光一般，带暗红色，无花粉，尾端呈明显的枪尖形，色泽呈草黄色。图6－6所示为20钢的火花。

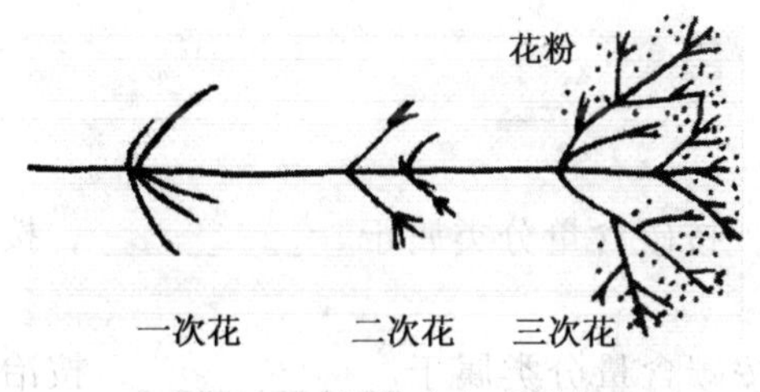

图6－5　爆花的各种形式

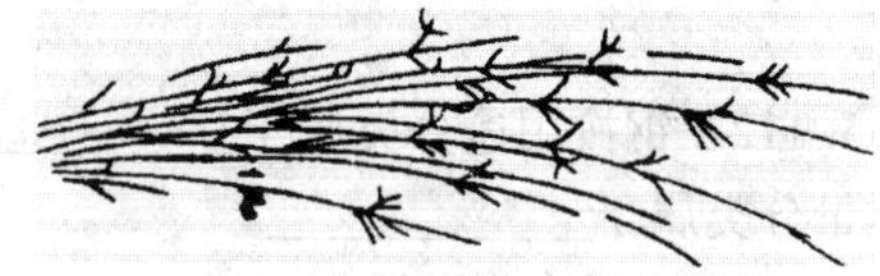

图6－6　20钢的火花示意图

中碳钢的流线多而稍细，火束较短，爆花分叉较多，开始出现二次花、三次花，发光较强，颜色为橙色。图6－7所示为45钢的火花。

高碳钢的流线多而细，由于碳含量高，火束的长度渐次缩为短而粗，发光渐次减弱，火花稍带红色，爆裂为多根分叉，存在大量三次花，小碎花及花粉极多，发光较亮，研磨时手的感觉稍硬。图6－8所示为T10钢的火花。

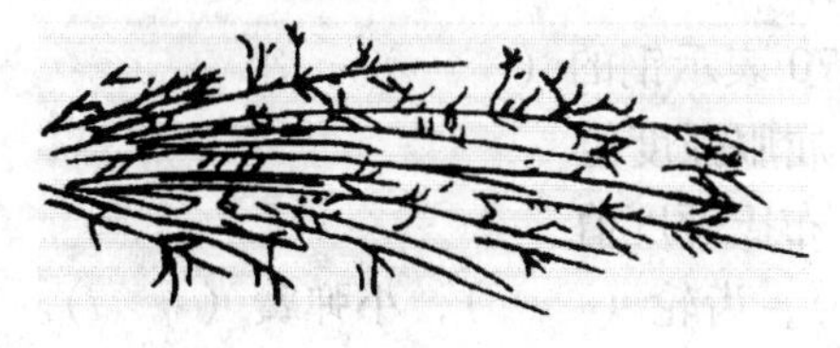

图6－7　45钢的火花示意图

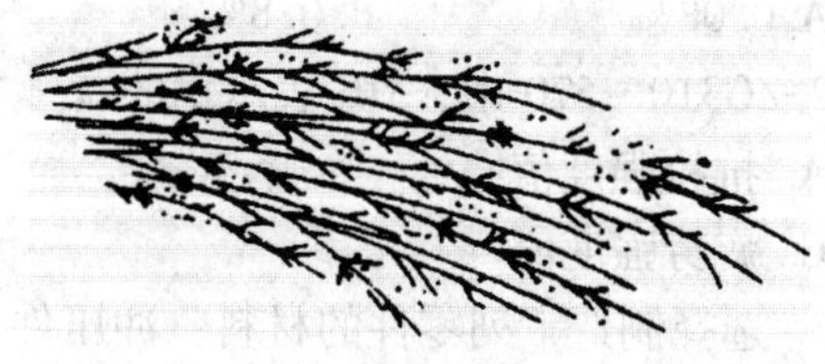

图6－8　T10钢的火花示意图

四、待测钢材的火花鉴别

火花鉴别的工作场地不宜太亮，最好在暗处，以避免阳光直射影响火花的光色和清晰度；操作时，应使火花光束与视线有一适当角度，以便于仔细观察火花束的长度和特征。

操作时应戴无色平光防护眼镜，以免砂粒飞射入眼内。操作时应该站在砂轮一侧，不得面对砂轮站立。

从待测钢材上截取长度为100~150 mm的试样。打开电源开关，待砂轮机启动旋转后用手拿紧被测试样并轻压在砂轮上，用力要适度。仔细观察火花束的长短、疏密和颜色以及火花爆裂的形态、花粉的多少等，对待测钢材的碳含量进行判断。

为防止可能发生的错判，可与已知化学成分的低、中、高碳钢标准试样进行对照鉴别。

练　习　题

一、填空题

1. 钢中“五大元素”指____________，其中有害元素是____________。

2. 按碳的含量不同，非合金钢可分为____________、____________、____________三类。

3. 按主要质量等级，非合金钢可分为____________、____________、____________三类。

4. 按脱氧程度，非合金钢可分为____________、____________、____________、____________等。

5. T12A钢按用途分类属于____________钢，按碳含量分类属于____________，按冶炼质量分类属于____________。

6. 20钢按用途分类属于____________钢，按碳含量分类属于____________，按冶炼质量分类属于____________。

7. Q235钢按用途分类属于____________钢，按冶炼质量分类属于____________。

8. 钢中的非金属夹杂物主要分____________、____________和____________三大类。

9. 一般来说，硫在钢中能造成____________，磷在钢中能造成____________。

10. 铸造碳钢一般用于制造形状复杂、____________要求高的机械零件。

二、选择题

1. 08F牌号中，08表示其平均碳含量为（　　）。

A. 0.08%　　B. 0.8%　　C. 8%

2. ZG310－570中，310表示钢的（　　），570表示钢的（　　）。

A. 抗拉强度值　　B. 屈服强度值

C. 疲劳强度值　　D. 布氏硬度值

3. 选择制造下列零件的材料：冲压件（　　），齿轮（　　），小弹簧（　　）。

A. 08F　　B. 70　　C. 45　　D. T10

4. 选择制造下列工具所用的材料：木工工具（　　），锉刀（　　），锯条（　　）。
A. T8A　　B. T10　　C. T12　　D. 20

5. 一般来说，S、P 属于钢中的有害元素，应限制其含量。但在某些特殊用途的钢中，反而要适当提高其含量，以提高钢材的（　　）。
A. 淬透性　　B. 纯净度　　C. 焊接性　　D. 可加工性

6. 非合金钢的质量高低，主要根据钢中杂质（　　）含量的多少划分。
A. S、P　　B. Si、Mn　　C. S、Mn　　D. P、Si

7. 钢牌号 Q235A 中的 235 表示的是（　　）。
A. 抗拉强度值　　B. 上屈服强度值
C. 疲劳强度值　　D. 布氏硬度值

8. 在平衡状态下，下列牌号的钢中强度最高的是（　　），塑性最好的是（　　），硬度最高的是（　　）。
A. 45　　B. 65　　C. 08F　　D. T12

9. 低碳钢的火花束中流线较（　　），爆花多为（　　）。
A. 短，一次花　　B. 长，一次花
C. 短，二次花　　D. 长，二次花

10. 下列非合金钢中焊接性最好的是（　　），耐磨性能最好的是（　　）。
A. 45 钢　　B. Q235 钢　　C. 08F 钢　　D. T12 钢

三、判断题

1. （　　）T10 钢中碳的含量是 10%。
2. （　　）高碳钢的质量优于中碳钢，中碳钢的质量优于低碳钢。
3. （　　）优质碳素结构钢使用前不必进行热处理。
4. （　　）碳素工具钢的碳含量越高，材料的韧性越好，耐磨性也越强。
5. （　　）碳素工具钢都是优质或高级优质钢，其碳含量一般都大于 0.7%。
6. （　　）硫是钢中的有害杂质，能导致钢的冷脆性。
7. （　　）45Mn 钢是合金钢。
8. （　　）低碳钢的强度、硬度低，但具有良好的塑性、韧性及焊接性。
9. （　　）硫、磷在钢中是有害元素，所以它们在钢中没有任何好的作用。
10. （　　）冶金质量等级高的钢就是力学性能高的钢。

四、解释下列牌号的含义

Q235C、45、65Mn、T12A、T8、ZG310－570

第七章　低合金钢和合金钢

【知识目标】

1. 了解合金元素在钢中的作用。
2. 了解低合金钢与合金钢的分类。
3. 掌握低合金钢与合金钢的牌号、化学成分特点、性能特点和应用。

【能力目标】

1. 能根据牌号识别钢的种类，并说明其主要用途。
2. 能够根据工件的工作条件及性能要求，合理选择钢材和热处理工艺。

第一节　低合金钢和合金钢概述

一、低合金钢和合金钢的定义

非合金钢价格低廉，生产和加工都很容易，还可通过含碳量的增减和不同的热处理来改变它们的性能，应用非常广泛。但是非合金钢仍有它的不足之处，如强度级别低、淬透性低、回火稳定性差和基本相软等。因此非合金钢不能满足大尺寸、受重载荷的零件，也不能用于耐腐蚀、耐高温的零件。

为了提高或改善非合金钢的性能，在非合金钢的基础上有意添加某些合金元素将钢进行冶炼，我们把这种有意加入合金元素的钢称为低合金钢或合金钢。

钢的合金化是改善钢材性能的基本途径之一。合金元素在钢中主要以两种形式存在：一种是溶解于非合金钢原有的相中，如铁素体、奥氏体或马氏体中；另一种是与碳形成化合物，生成一些非合金钢中所没有的新相。

在低合金钢与合金钢中，常用的合金元素有硅（Si）、锰（Mn）、铬（Cr）、镍（Ni）、钼（Mo）、钨（W）、钒（V）、钛（Ti）、铌（Nb）、锆（Zr）、钴（Co）、铝（A1）、铜（Cu）、硼（B）、稀土（RE）等，硫（S）、磷（P）、氮（N）等在某些情况下也起合金元素的作用。

二、低合金钢和合金钢的分类

1. 按合金元素总含量分类

低合金钢：合金元素总量小于 5%；

中合金钢：合金元素总量为 5%~10%；

高合金钢：合金元素总量大于 10%。

2. 按主要合金元素的种类分类

低合金钢和合金钢可分为锰钢、铬钢、硼钢、铬镍钢、硅锰钢等。

3. 按主要质量等级分类

低合金钢可分为普通质量低合金钢、优质低合金钢、特殊质量低合金钢。

合金钢可分为优质合金钢和特殊质量合金钢。

4. 低合金钢按主要性能及使用特性分类

可焊接的低合金高强度结构钢、低合金耐候钢、低合金混凝土用钢及预应力用钢、铁道用低合金钢、矿用低合金钢等。

5. 合金钢按主要性能及使用特性分类

（1）工程结构用合金钢：包括一般工程结构用合金钢、压力容器用钢、汽车用钢、输送管线用钢、矿用合金钢、高锰耐磨钢等。

（2）机械结构用合金钢：包括调质处理合金结构钢、合金弹簧钢、表面硬化合金结构钢（合金渗碳钢和合金渗氮钢）等。这类钢一般属于低、中合金钢。

（3）合金工具钢和高速工具钢：包括刃具钢、量具钢、模具钢，主要用于制造各种刃具、模具和量具。这类钢除模具钢中包含中碳合金钢外，一般多属于高碳合金钢。

（4）不锈耐酸钢、耐蚀和耐热钢。这类钢主要用于各种特殊要求的场合，如化学工业用的不锈耐酸钢、核电站用的耐热钢等。

（5）轴承钢：包括高碳铬轴承钢、渗碳轴承钢、不锈轴承钢、高温轴承钢等。

三、合金元素在钢中的作用

合金元素之所以能提高钢的力学性能，改善钢的工艺性能，并赋予钢某些特殊的物理、化学性能，其根本原因是合金元素与钢的基本组元铁和碳发生了相互作用，改变了钢的组织结构，并影响钢热处理时加热、冷却过程中的相变过程。下面介绍合金元素的几种主要作用。

1. 强化铁素体

大多数合金元素（除铅外）都能溶于铁素体，形成合金铁素体。合金元素与铁的晶格类型和原子半径的差异，会引起铁素体的晶格畸变，产生固溶强化作用，使合金钢中铁素体的强度和硬度提高，塑性和韧性下降。有些合金元素对铁素体韧性的影响与它们的含量有关，例如 $w(\mathrm{Si})<1.00\%$，$w(\mathrm{Mn})<1.50\%$ 时，铁素体的韧性没有下降，当含量超过此值时，则韧性有下降趋势；而铬和镍在适当范围内[$w(\mathrm{Cr})\leqslant 2.0\%$，$w(\mathrm{Ni})\leqslant 5.0\%$]，在明显强化铁素体的同时，还可使铁素体的韧性提高，从而提高钢的强度和韧性。图 7-1 和图 7-2 所示是几种合金元素对铁素体硬度和韧性的影响。

2. 形成合金渗碳体或碳化物

合金元素可分为碳化物形成元素和非碳化物形成元素两大类。

凡是在化学元素周期表中排在铁右侧的合金元素，与碳的结合力均小于铁，都属于非碳化物形成元素，如 Ni、Co、Cu、Si、Al、N、B 等。由于不能形成碳化物（除极少数高合金钢中可形成金属间化合物外），这些元素几乎都溶解在铁素体和奥氏体或马氏体中。

凡是在化学元素周期表中排在铁左侧的合金元素，与碳的结合力均大于铁，都属于碳

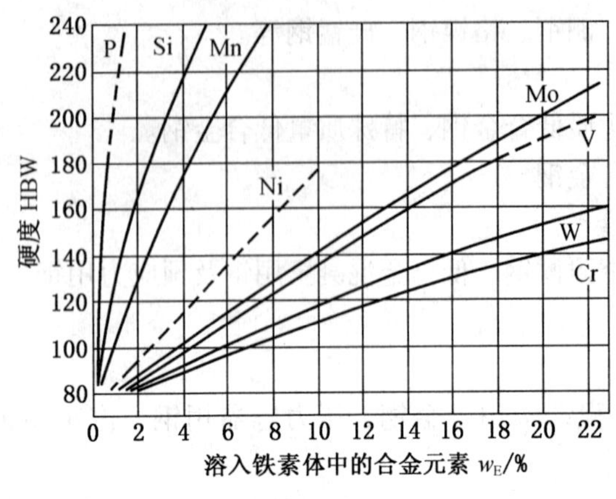

图 7－1　合金元素对铁素体硬度的影响

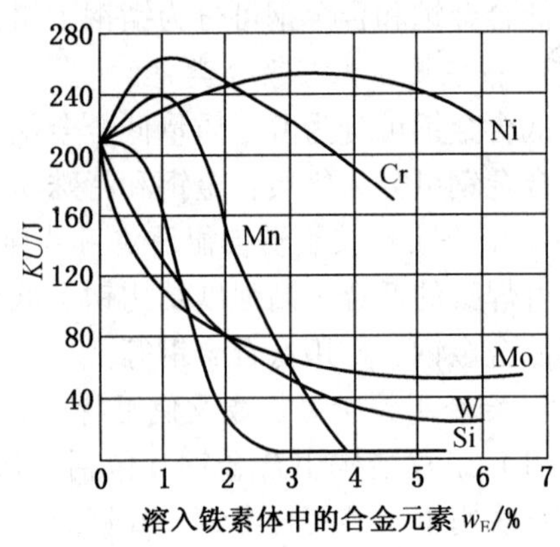

图 7－2　合金元素对铁素体韧性的影响

化物形成元素，它们与碳结合形成合金渗碳体或碳化物，而且离铁越远，越易形成比 Fe_3C 更稳定的碳化物。它们与碳结合的能力由强到弱依次为 Ti、Zr、Nb、V、Mo、W、Cr、Mn、Fe。所形成的合金碳化物都具有极高的硬度，有的可达 71～75HRC，当这些碳化物呈球状细小颗粒并均匀分布在钢的基体中时，能显著提高钢的强度、硬度和耐磨性。

3. 细化晶粒

碳化物形成元素能阻止奥氏体晶粒长大，起细化晶粒作用，尤其是中、强碳化物形成元素，如钛、钒、钼、钨、铌、锆等。它们在钢中形成的碳化物非常稳定，如 TiC、VC、MoC 等，其在加热时很难溶解，能强烈地阻碍奥氏体晶粒的长大。此外，一些晶粒细化剂，如 AlN 等，在钢中可形成弥散质点分布于奥氏体晶界上阻止奥氏体晶粒长大，从而可细化晶粒。所以，与相应的非合金钢相比，在同样的加热条件下，合金钢的组织较细，力学性能更好。

4. 提高钢的淬透性

除钴外，大多数合金元素都能提高过冷奥氏体的稳定性，使 C 曲线位置右移（图 7－3），从而降低钢的淬火临界冷却速度，提高钢的淬透性。所以合金钢可以采用冷却能力较低的淬火冷却介质淬火，以减小零件的淬火变形和开裂倾向。

常用的提高淬透性的合金元素主要有钼、锰、铬、镍和硼等。两种或多种合金元素的同时加入比单个元素对淬透性的影响要强得多，如铬－镍、铬－锰、硅－锰等组合。硼是显著提高淬透性的元素，0.0005%～0.003% 的硼就能明显提高钢的淬透性，但只对低、中非合金钢有效。

5. 提高钢的回火稳定性

淬火钢在回火过程中抵抗硬度下降的能力称为回火稳定性。在回火过程中，合金元素的阻碍作用，使马氏体不易分解，碳化物不易析出，即使析出后也不易聚集长大，从而保持较大的弥散度，所以钢在回火过程中硬度下降较慢，因此提高了钢的回火稳定性。如图 7－4 所示，若在相同硬度下，合金钢的回火温度则高于非合金钢的回火温度，更有利于消除淬火应力，提高韧性，因此可获得更好的综合力学性能。

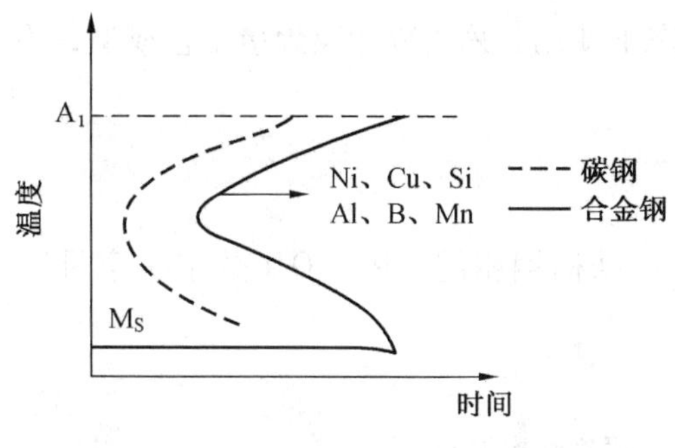

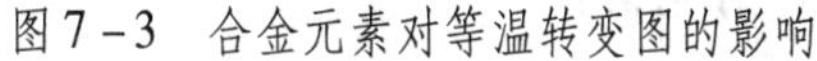
图7-3 合金元素对等温转变图的影响

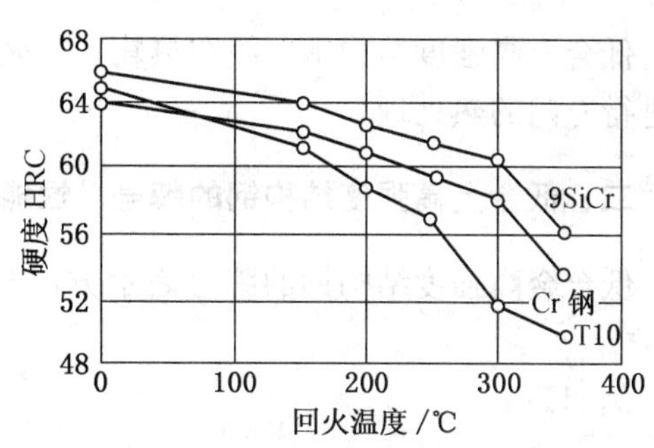

图7-4 非合金钢与合金钢的回火硬度曲线

第二节 低合金高强度结构钢

低合金高强度结构钢是一类可焊接的低碳低合金工程结构用钢，具有较高的强度，良好的塑性、韧性及焊接性、耐蚀性和冷成型性，低的韧脆转变温度，适于冷弯和焊接，广泛用于桥梁、车辆、船舶、锅炉、高压容器、输油管及矿山机械等，如图7-5所示。

图7-5 工程结构用钢应用实例

一、低合金高强度结构钢的化学成分

低合金高强度结构钢的化学成分特点是：低碳、低硫、低合金。由于对塑性、韧性、焊接性和冷成型性能的要求，其碳含量为0.10%~0.25%。以Mn为主加元素，Si的含量比普通碳素钢高，辅加元素有Nb、V、Ti、Cu、P等，其总量一般在3%以下。合金元素Mn、Si主要溶于铁素体中，起固溶强化作用；Ti、Nb、V等在钢中形成细小碳化物，起细化晶粒和弥散强化作用，从而提高钢的强韧性；Cu、P可提高钢的耐大气腐蚀性。

低合金高强度结构钢一般在热轧、正火状态下使用，采用冷弯及焊接工艺成型，不需要进行专门的热处理。

二、低合金高强度结构钢的牌号、性能

低合金高强度结构钢的牌号表示方法与碳素结构钢相同，用“Q＋数字＋字母”命名。

例如：

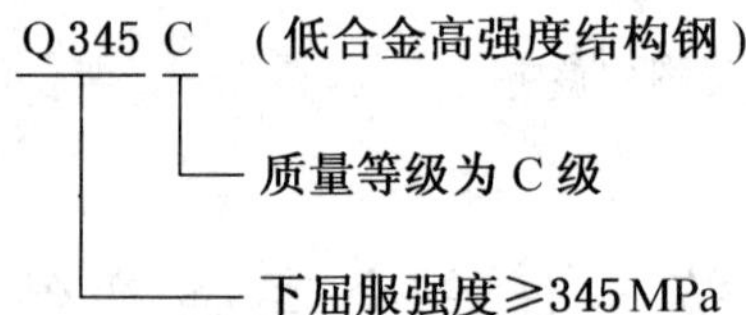

当需方要求钢板具有厚度方向的性能时，则在上述规定的牌号后加上代表厚度方向（Z 向）性能级别的符号。

例如：

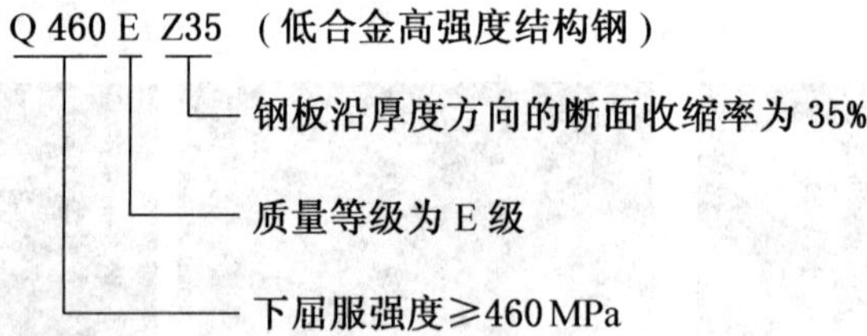

在 GB/T 1591—2008 中，低合金高强度结构钢共有 Q345、Q390、Q420、Q460、Q500、Q550、Q620、Q690 八个牌号；根据质量不同分为 A、B、C、D、E 五个等级，其中A 级质量等级最低，E 级质量等级最高。低合金高强度结构钢的牌号及力学性能见表 7－1。

三、低合金高强度结构钢的用途

Q345（旧牌号 16Mn、12MnV、14MnNb）：应用最广的一种低合金结构钢，主要用于船舶、铁路车辆、桥梁、管道、锅炉、压力容器、石油储罐、电站设备、厂房钢架、起重及矿山机械等。南京长江大桥就采用了 Q345 钢材料，比用碳素结构钢节约钢材 15% 以上。

Q390 主要用于中高压锅炉汽包、中高压石油化工容器、大型船舶、桥梁、车辆、起重机及其他较高载荷的焊接结构件等。

Q420 主要用于大型船舶、桥梁、电站设备、起重机械、机车车辆、中压或高压锅炉及容器的大型焊接结构件等。

Q460 可淬火回火后用于大型挖掘机、起重运输机械、钻井平台等。“鸟巢”钢架就采用了 Q460 材料，也因此 Q460 开始国产。

Q550 主要用于高焊接性能的液压支架、重型车辆、工程机械、港口机械、矿山结构

表 7－1 低合金高强度结构钢的牌号及力学性能（摘自 GB/T 1591—2008）

牌号	质量等级	以下公称厚度（直径，边长，mm）下屈服强度 R_{eL}/MPa							以下公称厚度（直径，边长，mm）抗拉强度 R_m/MPa						以下公称厚度（直径，边长，mm）断后伸长率 A/%					冲击吸收能量 KV_2/J（实验温度,℃）
		≤16	＞16～40	＞40～63	＞63～80	＞80～100	＞100～150	＞150～200	≤40	＞40～63	＞63～80	＞80～100	＞100～150	＞150～250	≤40	＞40～63	＞63～100	＞100～150	＞150～250	12～150 mm
Q345	A	≥345	≥335	≥325	≥315	≥305	≥285	≥275	470～630	470～630	470～630	470～630	450～600	450～600	≥20	≥19	≥19	≥18	≥17	
	B																			≥34（20、0、－20、－40）
	C														≥21	≥20	≥20	≥19	≥18	
	D																			
	E																			
Q390	A～E	≥390	≥370	≥350	≥330	≥330	≥310		490～650	490～650	490～650	490～650	470～620		≥20	≥19	≥19	≥18		≥34（除 A 质量等级）(20、0、－20、－40)
Q420	A～E	≥420	≥400	≥380	≥360	≥360	≥340		520～680	520～680	520～680	520～680	500～650		≥19	≥18	≥18	≥18		≥34(除 A 质量等级)(20、0、－20、－40)
Q460	C	≥460	≥440	≥420	≥400	≥400	≥380		550～720	550～720	550～720	550～720	530～700		≥17	≥16	≥16	≥16		≥34（0、－20、－40）
	D																			
	E																			
Q500	C	≥500	≥480	≥470	≥450	≥440			610～770	600～760	590～750	540～730			≥17	≥17	≥17			≥55（0）
	D																			≥47（－20）
	E																			≥31（－40）
Q550	C	≥550	≥530	≥520	≥500	≥490			670～830	620～810	600～790	590～780			≥16	≥16	≥16			≥55（0）
	D																			≥47（－20）
	E																			≥31（－40）

表 7-1（续）

牌号	质量等级	以下公称厚度（直径，边长，mm）下屈服强度 R_{eL}/MPa							以下公称厚度（直径，边长，mm）抗拉强度 R_m/MPa						以下公称厚度（直径，边长，mm）断后伸长率 A/%					冲击吸收能量 KV_2/J（实验温度，℃）
		≤16	>16~40	>40~63	>63~80	>80~100	>100~150	>150~200	≤40	>40~63	>63~80	>80~100	>100~150	>150~250	≤40	>40~63	>63~100	>100~150	>150~250	12~150 mm
Q620	C	≥620	≥600	≥590	≥570				710~880	690~880	670~860				≥15	≥15	≥15			≥55（0）
	D																			≥47（-20）
	E																			≥31（-40）
Q690	C	≥690	≥670	≥660	≥640				770~940	750~920	730~900				≥14	≥14	≥14			≥55（0）
	D																			≥47（-20）
	E																			≥31（-40）

表 7-2　高强度结构用调质钢板的牌号及力学性能（摘自 GB/T 16270—2009）

牌号	R_{eH}/MPa，不小于			R_m/MPa，不小于			A/%	KV_2/J			
	≤50 mm	>50~100 mm	>100~150 mm	≤50 mm	>50~100 mm	>100~150 mm		0 ℃	-20 ℃	-40 ℃	-60 ℃
Q460C	460	440	400	550~720		500~670	17	47			
Q460D									47		
Q460E										34	
Q460F											34
Q500C	500	480	440	590~770		540~720	17	47			
Q500D									47		
Q500E										34	
Q500F											34

表 7－2（续）

牌号	R_{eH}/MPa，不小于			R_m/MPa，不小于			A/%	KV_2/J			
	≤50 mm	>50～100 mm	>100～150 mm	≤50 mm	>50～100 mm	>100～150 mm		0 ℃	－20 ℃	－40 ℃	－60 ℃
Q550C	550	530	490	640～820		590～770	16	47			
Q550D									47		
Q550E										34	
Q550F											34
Q620C	620	580	560	700～890		650～830	15	47			
Q620D									47		
Q620E										34	
Q620F											34
Q690C	690	650	630	770～940	760～930	710～900	14	47			
Q690D									47		
Q690E										34	
Q690F											34
Q800C	800	740		840～1000	800～1000		13	34			
Q800D									34		
Q800E										27	
Q800F											27
Q890C	890	830		940～1100	880～1100		11	34			
Q890D									34		
Q890E										27	
Q890F											27
Q960C	960			980～1150			10	34			
Q960D									34		
Q960E										27	
Q960F											27

件等。

Q620 可用于制造厂房、一般建筑及各类工程机械，如矿山和各类工程施工用的钻机、电铲、电动轮翻斗车、矿用汽车、挖掘机、装载机、推土机、各类起重机、煤矿液压支架等。

Q690 主要用于一些受力比较大的部件，如煤矿液压支架、工程用吊车臂等。

四、高强度结构用调质钢

近年来，随着我国国民经济的迅速发展，工程结构日益向高参数、大型化方向发展，对钢材强度以及高强度条件下的韧性要求越来越高，而且大型构件一般都是焊接成型，对焊接性要求也较高。我国根据国情研发出了一系列高强度结构用调质钢板，该类钢强度极高，韧、塑性得以保证；同时，该类钢还具备良好的焊接性能、较高的疲劳极限和一定的冷成型性。据分析，单台液压支架使用高强度结构用调质钢 Q690 比使用低合金高强度结构钢 Q690 能够节约钢材 15t，重量减轻 20%。Q690 高强度结构用调质钢板已被广泛使用，在煤矿重要机械上也已开始使用，并开始向国外出口。

高强度结构用调质钢与低合金高强度结构钢相比，除了化学成分和力学性能上有一些小的差别，主要是高强度结构用调质钢板有 Q690 以上的牌号，且其是在调质状态下供货的。其牌号及力学性能见表 7－2。

目前，超高强度结构用热处理钢板我国也研制成功，牌号有 Q1030D、Q1030E、Q1100D、Q1100E、Q1200D、Q1200E、Q1300D 及 Q1300E 八个，具体力学性能请查《超高强度结构用热处理钢板》（GB/T 28909—2012）。

第三节　机械结构用合金钢

机械结构用钢是指用于制造各种机械零件所用的钢种，常用来制造各种齿轮、轴类零件、弹簧、轴承及高强度结构件等，故又称机械零件用钢。

按钢的生产工艺和用途，机械结构用钢可分为渗碳钢、调质钢、弹簧钢等。

一、机械结构用钢的牌号表示方法

机械结构用钢的牌号用“两位数字＋元素符号＋数字＋…”的方法表示。牌号的前两位数字表示平均含碳量的万分之几，合金元素后面的数字表示该元素含量的百分之几。当合金元素的平均含量小于 1.50% 时，一般只标明元素符号而不标明其含量；如果平均含量为 1.50%～2.49%、2.50%～3.49%、3.50%～4.49%……则相应地在元素符号后面标以 2、3、4……虽然钢中 V、Ti、Al、B、RE 等合金元素的含量很低，但它们在钢中起相当重要的作用，故在牌号中仍要标出。例如：

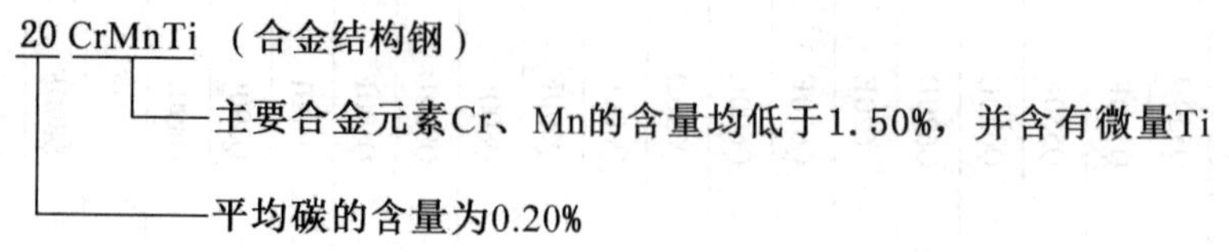

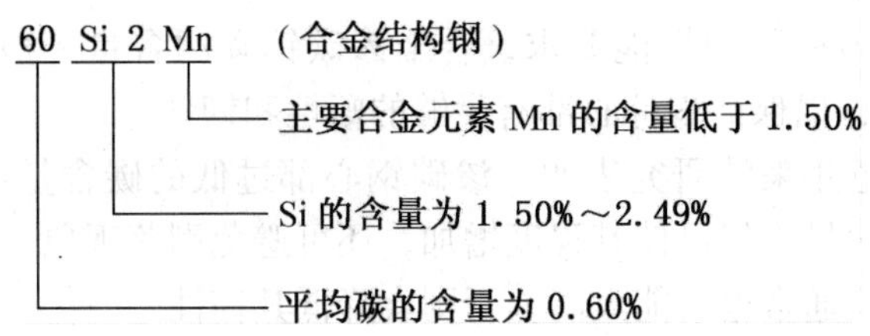

二、合金渗碳钢

一些零件如齿轮、轴、活塞销等，往往都要求表面具有高硬度和高耐磨性，心部具有较高的强度和足够的韧性。合金渗碳钢是在低碳钢的基础上加入某些合金元素，经渗碳＋淬火＋低温回火处理后，便具有了外硬内韧的性能。常用的合金渗碳钢的牌号、热处理规范、性能及用途见表 7－3。

表 7－3　常用的合金渗碳钢的牌号、热处理规范、性能及用途（摘自 GB/T 3077—2015）

牌号	统一数字代号	热处理/℃			力学性能（不小于）					用途
		渗碳	淬火	回火	R_m/MPa	R_{eL}/MPa	A/%	Z/%	KU_2/J	
20Mn2	A00202	930	850～880，水、油	200，水、空气	785	590	10	40	47	小齿轮、小轴、活塞销等
20Cr	A20202	930	第 1 次 880，第 2 次 770～820，水、油	200，水、空气	835	540	10	40	47	齿轮、小轴、活塞销等
20MnV	A01202	930	880，水、油	200，水、空气	785	590	10	40	55	同 20Cr，也用作锅炉、高压容器管道等
20CrMn	A22202	930	850，油	200，水、空气	930	735	10	45	47	轮、轴、蜗杆、活塞、摩擦轮
20CrMo	A30202	930	880，水、油	500，水、油	885	685	12	50	78	汽车、拖拉机上的变速器齿轮
20CrMnTi	A26202	930	第 1 次 880，第 2 次 870，油	200，水、空气	1080	850	10	45	55	
20MnTiB	A74202	930	860，油	200，水、空气	1130	930	10	45	55	
20CrMnMo	A34202	915	850，油	200，水、空气	1180	885	10	45	55	
18Cr2Ni4W	A52182	930	第 1 次 950，第 2 次 850，空气	200，水、空气	1180	835	10	45	78	大型渗碳齿轮和轴类零件，如采煤机上的行走轮、花键轴等
20Cr2Ni4	A43202	930	第 1 次 880，第 2 次 780，油	200，水、空气	1180	1080	10	45	63	

为了满足“外硬内韧”的性能要求，合金渗碳钢碳的含量一般为0.10% ~0.25%，个别钢种可达0.28%，以保证零件心部有足够的塑性和韧性。

值得指出的是，近年来的研究表明，渗碳钢心部过低的碳含量易于使表面硬化层剥落，适当提高心部碳含量不仅可使其强度增加，还可避免剥落现象。所以近年来有提高渗碳钢碳含量的趋势，但通常也不能太高，否则会降低其韧性。

合金渗碳钢中的主加合金元素是Cr、Ni、Mn、B等，主要作用是提高渗碳钢的淬透性，使零件在热处理后保证零件的强度和韧性；加入少量Ti、V、W、Mo等，会形成稳定的合金碳化物，阻止奥氏体晶粒长大，细化晶粒，同时提高耐磨性。

合金渗碳钢加工工艺过程基本相同：下料→锻造→预备热处理→粗加工→半精加工→渗碳→淬火＋低温回火→精加工（磨削）。

合金渗碳钢预备热处理的目的是改善毛坯锻造后的不良组织，消除锻造内应力，同时改善其切削加工性能。一般选用正火作为预备热处理。图7－6所示为20CrMnTi钢变速齿轮的热处理工艺过程曲线。

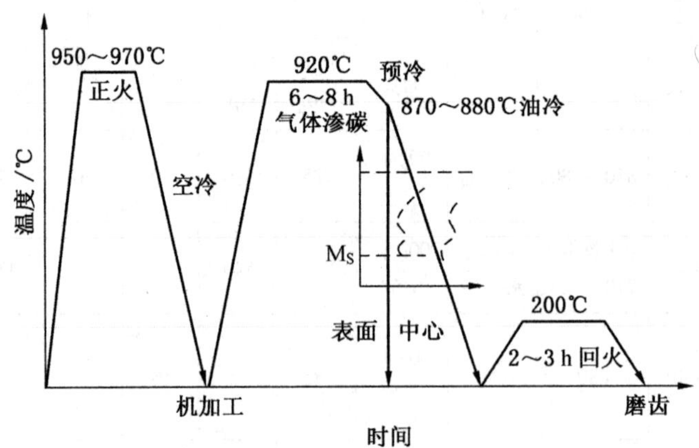

图7－6　20CrMnTi钢变速齿轮的热处理工艺过程曲线

三、合金调质钢

合金调质钢是在中碳钢的基础上加入某些合金元素，以提高淬透性和耐回火性，使之在调质处理后获得回火索氏体组织，具有良好的综合力学性能的整体强化钢，用于受力较复杂的重要结构件。

目前，调质钢的强化工艺已不限于淬火＋高温回火，还可采用正火、等温淬火、低温回火等工艺手段，是应用最广的一种钢。

合金调质钢的含碳量一般为0.25%～0.50%，常加入的合金元素有Si、Mn、Cr、B、Ni等，主要目的是提高淬透性，除B外，这些合金元素还能形成合金铁素体，提高钢的强度；加入少量Ti、V、W、Mo等，其作用是形成稳定的合金碳化物，阻碍奥氏体晶粒长大，从而细化晶粒，提高回火稳定性。

常用合金调质钢的牌号、化学成分、热处理、力学性能及用途见表7－4。

表 7-4　常用合金调质钢的牌号、化学成分、热处理、力学性能及用途（摘自 GB/T 3077—2015）

牌号（统一数字代号）	化学成分/%					热处理/℃		力学性能（不小于）					用途
	C	Si	Mn	Cr	其他	淬火	回火	R_m/MPa	R_{eL}/MPa	A/%	Z/%	KU_2/J	
27SiMn（A10272）	0.24～0.32	1.10～1.40	1.10～1.40			920，水	450，水、油	980	835	12	40	39	在煤矿主要用于液压支架立柱、千斤顶缸筒、活塞杆等，掘进机伸缩缸筒件及一些耐磨件等
35SiMn（A10352）	0.32～0.40	1.10～1.40	1.10～1.40			900，水	570，水、油	885	735	15	45	47	除要求低温（-20℃以下）韧性很高的情况外，可代替40Cr
40MnB（A71402）	0.37～0.44	0.17～0.37	1.10～1.40		B：0.0008～0.0035	850，油	500，水、油	980	785	10	45	47	代替40Cr
40MnVB（A73402）	0.37～0.44	0.17～0.37	1.10～1.40		B：0.0008～0.0035 V：0.05～0.10	850，油	520，水、油	980	785	10	45	47	可代替40Cr及部分代替40CrNi制作重要零件，也可代替38CrSi制作重要销钉
40Cr（A20402）	0.37～0.44	0.17～0.37	0.50～0.80	0.80～1.10		850，油	520，水、油	980	785	9	45	47	中等载荷、中等转速机械零件，如汽车的转向节、后半轴，机床上的齿轮、轴、蜗杆及花键轴、销子、连接螺钉、进气阀等
38CrSi（A21382）	0.35～0.43	1.00～1.30	0.30～0.60	1.30～1.60		900，油	600，水、油	980	835	12	50	55	载荷大的轴类及车辆上的重要调质件

表 7-4（续）

牌号（统一数字代号）	化学成分/%					热处理/℃		力学性能（不小于）					用途
	C	Si	Mn	Cr	其他	淬火	回火	R_m/MPa	R_{eL}/MPa	A/%	Z/%	KU_2/J	
30CrMnSi（A24302）	0.28~0.34	0.90~1.20	0.80~1.10	0.80~1.10		880，油	540，水、油	1080	835	10	45	39	高强度钢，制作高速载荷砂轮轴、车辆上的内外摩擦片等，在煤矿中高工作阻力液压支架 ϕ360 mm 以上立柱广泛应用
35CrMnSi（A24352）	0.32~0.39	1.10~1.40	0.80~1.10	1.10~1.40		1 次淬火 950，2 次淬火 890，油	230，空气、油	1620	1280	9	40	31	重要销轴
30CrMnTi（A26302）	0.24~0.32	0.17~0.37	0.80~1.10	1.00~1.30	Ti：0.04~0.10	1 次淬火 880，2 次淬火 850，油	200，水、空气	1470		9	40	47	重要销轴等，如矿用扁平接链环，综采液压支架推移机构的安全销轴
35CrMo（A30352）	0.32~0.40	0.17~0.37	0.40~0.70	0.80~1.10	Mo：0.15~0.25	850，油	550，水、油	980	835	12	45	63	重要调质件，如曲轴、连杆及代替 40CrNi 制作大截面齿轮、轴等
42CrMo（A30422）	0.38~0.45	0.17~0.37	0.50~0.80	0.90~1.20	Mo：0.15~0.25	850，油	560，水、油	1080	930	12	45	63	机车牵引用的大齿轮、增压器传动齿轮、发动机气缸、负荷极大的连杆及弹簧等。在煤矿中应用较多，如强度要求较高的破碎机主轴、齿座、导向套，掘进机等驱动链轮等

表 7-4（续）

牌号（统一数字代号）	化学成分/%					热处理/℃		力学性能（不小于）					用途
	C	Si	Mn	Cr	其他	淬火	回火	R_m/MPa	R_{eL}/MPa	A/%	Z/%	KU_2/J	
40CrNi（A40402）	0.37～0.44	0.17～0.37	0.50～0.80	0.45～0.75	Ni：1.00～1.40	820，油	500，水、油	980	785	10	45	55	截面尺寸较大的轴、齿轮、连杆、曲轴、圆盘等
38CrMoAl（A33382）	0.35～0.42	0.20～0.45	0.3～0.6	1.35～1.65	Mo：0.15～0.25 Al：0.70～1.10	940，水、油	640，水、油	980	835	14	50	71	制作氮化零件、镗杆、磨床主轴、自动车床主轴、精密丝杠齿轮、高压阀杆气缸等
40CrMnMo（A34402）	0.37～0.45	0.17～0.37	0.90～1.20	0.90～1.20	Mo：0.20～0.30	850，油	600，水、油	980	785	10	45	63	可代替 40CrNiMo，矿用挠性钻杆
40CrNiMo（A50402）	0.37～0.44	0.17～0.37	0.50～0.80	0.60～0.90	Mo：0.15～0.25 Ni：1.25～0.25	850，油	600，水、油	980	835	12	55	78	重型机械中高负荷的轴类、大直径的汽轮机轴等

说明：旧标准中有些牌号有高级优质合金钢，符号后加字母“A”，如 38CrMoAlA。新标准取消了高级优质钢，将相应的牌号调为高级优质钢的成分。即新标准中的 38CrMoAl 为旧标准中的 38CrMoAlA。

合金调质钢的加工工艺过程大致如下：下料→锻造→预备热处理→粗加工→调质→半精加工→表面淬火或渗氮→精加工。

预备热处理的目的是改善锻造组织、细化晶粒、消除内应力以利于切削加工，并为随后的调质处理做好组织准备。对于合金元素含量少的调质钢应采用正火；对于含合金元素较多的合金钢，应采用退火。

对于硬度要求较低的调质零件，可采用“下料→锻造→调质→机械加工”的工艺路线。一方面可减少零件在机械加工与热处理车间的往返时间，另一方面有利于推广锻热淬火工艺。既可简化工序、节约能源、降低成本，又可提高钢的强韧性。

图7－7 所示为40Cr 钢齿轮轴的常规热处理工艺过程曲线（调质处理为中间热处理）。

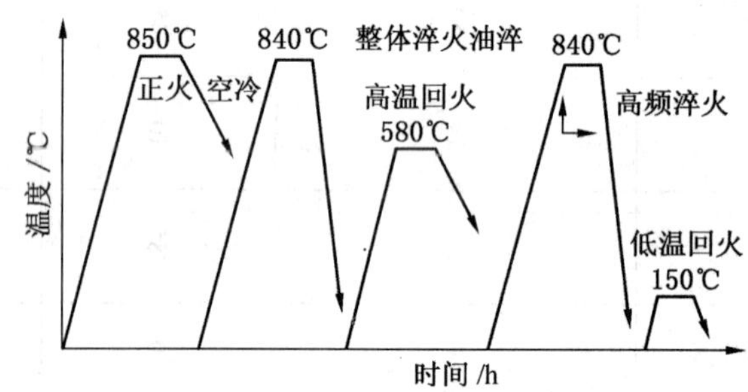

图7－7　40Cr 钢齿轮轴的常规热处理工艺过程曲线

四、合金弹簧钢

弹簧是各种机械和仪表中的重要零件，它主要利用其弹性变形时所储存的能量缓和机械设备的振动和冲击作用。因此弹簧钢要求具有高的弹性极限，高的屈强比，以保证弹簧有足够高的弹性变形能力和较大的承载能力；要求具有高的疲劳强度，可防止在交变应力的作用下产生疲劳断裂；要求具有足够的韧性，以免受冲击时脆断。中碳钢（如55 钢）和高碳钢（如65 钢）都可以作弹簧材料，但因其淬透性低和强度低，只能用来制造截面较小、受力较小的弹簧。合金弹簧钢可制作截面较大、屈服强度较高的重要弹簧。常用合金弹簧钢的牌号、化学成分、热处理、力学性能及用途见表7－5。

合金弹簧钢含碳量一般为0.45%～0.70%，若含碳量过高，则塑性和韧性降低，疲劳极限也会下降。合金弹簧钢中加入的合金元素主要是Mn、Si、Cr、V、W、B等，Si、Mn可提高淬透性，同时提高屈强比，但Si元素含量过高易使钢在加热时脱碳，Mn元素含量过高则易使钢产生过热。因此，重要用途的弹簧钢必须加入Cr、V、W等，它们不仅使钢材有更高的淬透性，不易过热、脱碳，而且可在高温下保持足够的强度和韧性。

常用弹簧钢热处理根据加工工艺不同可分为冷成型弹簧和热成型弹簧。

1. 冷成型弹簧

冷成型弹簧采用冷拉弹簧钢冷绕成型，一般用于小型弹簧。由于弹簧钢丝在生产过程中（冷拉或铅浴淬火）已具备了良好的性能，所以冷绕成型后不再进行淬火处理，只需进行250～300 ℃的去应力退火，消除冷绕过程中产生的应力，使弹簧定型。钢丝的直径越小，强化效果越好，强度越高，表面质量也越好。

表7-5　常用合金弹簧钢的牌号、化学成分、热处理、力学性能及用途(摘自GB/T 1222—2007)

牌号（统一数字代号）		60Si2Mn（A11602）	55SiMnVB（A77552）	50CrVA（A23503）
化学成分/%	C	0.56～0.64	0.52～0.60	0.46～0.54
	Mn	0.70～1.00	1.00～1.30	0.50～0.80
	si	1.50～2.00	0.70～1.00	0.17～0.37
	其他	Cr、Ni≤0.35 Cu≤0.25 S、P≤0.035	B：0.0005～0.035 V：0.08～0.16 Cr、Ni≤0.5 Cu≤0.25 S、P≤0.035	Cr：0.80～1.10 V：0.10～0.20 Ni≤0.5 Cu≤0.25 S、P≤0.025
热处理/℃	淬火	870（油）	860（油）	850（油）
	回火	480	460	500
力学性能，不小于	R_m/MPa	1275	1375	1275
	R_{eL}/MPa	1180	1225	1130
	$A_{11.3}$/%	5	5	10（A,%）
	Z/%	25	30	40
用途举例		截面为25～30 mm的弹簧，如汽车板簧、机车螺旋弹簧；还可用于工作温度小于250 ℃的耐热弹簧	代替60Si2Mn制造重型、中型、小型汽车的板簧以及其他中等截面的板簧和螺旋弹簧	截面为30～50 mm，承受重载荷的重要弹簧以及工作温度低于400 ℃的阀门弹簧、活塞弹簧、安全弹簧等

2. 热成型弹簧

热成型弹簧一般用于大型弹簧或形状复杂的弹簧。弹簧一般在淬火加热时成型，然后进行淬火和中温回火（形变热处理），获得回火屈氏体组织，以达到弹簧工作时要求的性能。热处理后的弹簧往往还要进行喷丸处理，以提高弹簧的抗疲劳强度，提高表面质量。

第四节　工具钢和轴承钢

一、工具钢

国家标准GB/T 221—2008把工具钢分为碳素工具钢、合金工具钢和高速工具钢三类。合金工具钢按用途不同又可分为合金刃具钢、合金量具钢和合金模具钢。碳素工具钢在第六章已介绍过，这里主要介绍合金工具钢和高速工具钢。

（一）合金工具钢和高速工具钢的牌号表示方法

合金工具钢的牌号以“一位数字（或没有数字）+元素+数字+…”表示。其编号方法与合金结构钢大体相同，区别在于碳的含量的表示方法。当碳的含量小于1.0%时，采用一位数字表示平均含碳量的千分之几，当含碳量大于或等于1.0%时，为避免同合金结构钢混淆，牌号前不标出碳的含量；合金元素及其含量的表示方法同合金结构钢。

例如：

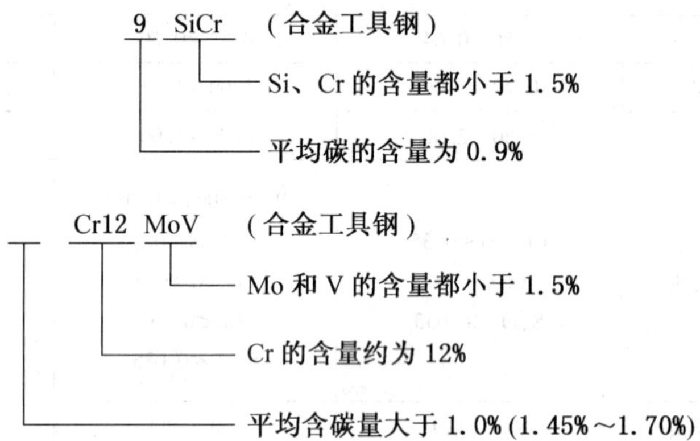

对于低铬（平均Cr含量小于1.0%）的合金工具钢，其Cr的含量以千分之几表示，并在数字前加“0”。

例如：

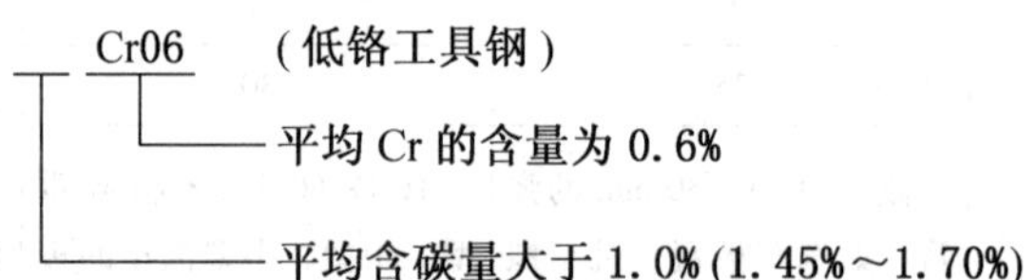

高速工具钢牌号表示方法与合金结构钢相同，但在牌号前面一般不标明表示碳含量的阿拉伯数字。当合金成分相同，仅碳的含量不同时，对碳的含量较高者，在牌号前冠以“C”表示高碳高速工具钢。例如，牌号W6Mo5Cr4V2和CW6Mo5Cr4V2，前者碳的含量为0.80%～0.90%，后者碳的含量为0.95%～1.05%。

（二）合金工具钢

1. 低合金刃具钢

碳素工具钢淬透性低、易变形和开裂，并且高温条件下保持硬度的能力（称为热硬性）差。为了克服这些问题，在碳素工具钢的基础上有意加入少量合金元素，就形成了低合金刃具钢。

低合金刃具钢中碳的含量一般为0.75%～1.50%，高的碳含量可保证钢的高硬度并形成足够的合金碳化物，以提高耐磨性。

低合金刃具钢中常加入的合金元素有Si、Mn、Cr、Mo、V、W等。其中，Si、Mn、Cr、Mo等元素能提高钢的淬透性、强度和红硬性；Cr、Mo、V、W等元素能提高钢的硬度和耐磨性，并防止加热时过热，细化晶粒。

Si在400℃以下能提高回火稳定性，使钢的硬度在250～300℃时仍能保持在60HRC

以上。Mn 能使过冷奥氏体的稳定性增加，淬火获得较多的残余奥氏体，减小刃具淬火时的变形量。

低合金刃具钢中常用牌号有 9SiCr、9Mn2V、CrWMn、Cr06 等。

9SiCr 钢中加入了铬和硅，使其具有较高的淬透性和回火稳定性，且其碳化物均匀、细小，热硬性可达 250～300 ℃，耐磨性高，不易崩刃。9SiCr 过冷奥氏体中温转变区的孕育期较长，可采用分级或等温淬火，以减少变形，常用于制作刀刃细薄的低速切削刀具，如丝锥、板牙、铰刀等。

CrWMn 钢中碳的含量为 0.90%～1.05%，同时加入 Cr、W、Mn，使钢具有更高的硬度（64～66HRC）和耐磨性，但热硬性不如 9CrSi。CrWMn 钢热处理后变形小，故称其为微变形钢，主要用来制造较精密的低速刀具，如长铰刀、拉刀等。

低合金刃具钢的预备热处理是球化退火，最终热处理是淬火 + 低温回火。

常用低合金刃具钢的成分、热处理与用途见表 7-6。

表 7-6　常用低合金刃具钢的成分、热处理与用途（摘自 GB/T 1299—2000）

牌号	统一数字代号	化学成分/%					热处理				应用
		C	Si	Mn	Cr	W（V）	淬火/℃	硬度 HRC	回火/℃	硬度 HRC	
9SiCr	T30100	0.85～0.95	1.20～1.60	0.30～0.60	0.95～1.25		820～860，油	≥62	160～180	60～62	板牙、丝锥、铰刀、钻头、铣刀、拉刀、冷冲模、冷轧辊等
Cr06	T30060	1.30～1.45	≤0.40	≤0.40	0.50～0.70		780～810，水	≥64	150～170	64～66	刮刀、锉刀、剃刀、刻刀及手术刀等
9Mn2V	T20000	0.85～0.95	≤0.40	1.70～2.00		V：0.10～0.25	780～810，油	≥62	150～200	60～62	量具、块规、精密丝杠、丝锥、板牙等
CrWMn	T20111	0.90～1.05	≤0.40	0.80～1.10	0.90～1.20	W：1.20～1.60	800～830，油	≥62	140～160	62～65	淬火变形小的量规、长丝锥、板牙、长铰刀、量具及形状复杂的冷冲模等

2. 合金量具钢

量具是测量工件尺寸的工具，如游标卡尺、量规和样板等。它们的工作部分一般要求具有高硬度（≥62HRC）、高耐磨性、高的尺寸稳定性和足够的韧性。

制造量具没有专用钢种，非合金工具钢、合金工具钢和滚动轴承钢都可以用来制作量具。高精度的精密量具（如塞规、量块等）或形状复杂的量具，一般均采用微变形合金工具钢制造，如 CrWMn、GCr15 等。要求耐腐蚀的量具可用不锈钢制造。量具钢的应用实例见表 7－7。

表 7－7　量具钢的应用实例

量具名称	钢牌号
平样板、卡板	15、20、50、55、60、60Mn、65Mn
一般量具	T10A、T12A、9SiCr
高精度量规	Cr12、GCr15
高精度、复杂量规	CrWMn

量具钢的热处理方法与刃具钢相似，预先球化退火，然后淬火＋低温回火。为了获得较高的硬度和耐磨性，回火温度可低些。

量具最重要的是保证尺寸稳定性。出现尺寸不稳定的原因主要是由于残余奥氏体转变为回火马氏体时所引起的尺寸膨胀，马氏体在室温下析出碳化物引起尺寸收缩，淬火及磨削所产生的残余应力也导致尺寸的变化。虽然变化微小（2～3 μm），对于高精度量具来说也是不允许的。所以对精密量具在淬火后应立即进行 －80 ～ －70 ℃冷处理，然后在 150～170 ℃下长时间低温回火；低温回火后还应进行一次人工时效（110～150 ℃，24～36h），尽量使淬火组织转变为较稳定的回火马氏体并消除淬火应力。量具精磨后或研磨前要在 120 ℃下人工时效 2～3 h，以消除磨削应力。

3. 合金模具钢

用来制造模具的钢称为模具钢，根据工作条件不同，模具钢分为冷作模具钢、热作模具钢和塑料模具钢三种。

1）冷作模具钢

冷作模具钢用于制造使金属在常温状态下成型的模具，如冷冲模、冷镦模、冷拉模、冷轧辊等，这类模具实际工作温度不超过 200～300 ℃。冷作模具工作时承受很大的冲击载荷，同时模具与坯料间还会产生强烈摩擦。主要失效形式是磨损，也常出现崩刃、断裂和变形等失效现象。冷作模具钢要求具有高的硬度、高的耐磨性、足够的强度、韧性和疲劳强度。

冷作模具钢碳的含量比较高，多在 0.8% 以上，有时甚至高达 2% 。常加入的合金元素主要有 Cr、Mo、W、V 等。

小型冷作模具钢可采用非合金工具钢或低合金刃具钢来制造，如 T10A、T12、9SiCr、CrWMn、9Mn2V 等。大型冷作模具钢一般用采用 Cr12、Cr12MoV 等高碳高铬钢制造。

冷作模具钢的最终热处理是淬火＋低温回火，以保证其具有足够的硬度和耐磨性。

2）热作模具钢

热作模具钢用来制造使金属在高温下成型的模具，如热锻模、压铸模、热挤压模等。这类模具工作时的型腔温度可达 600 ℃。热作模具钢在受热和冷却的条件下工作，反复受热应力和机械应力的作用。因此，热作模具钢要具备较高的强度、韧性、高温耐磨性及热稳定性，并具有较好的抗热疲劳性能。

热作模具钢通常采用中碳合金钢（碳含量为0.3%~0.6%）制造。含碳量过高会使韧性下降，导热性变差；含碳量过低则不能保证钢的强度和硬度。常加入的合金元素有Cr、Ni、Mn、Si、Al、W、V等。

最常用的热锻模具钢是5Cr08MnMo和5Cr06NiMo。其中5Cr08MnMo常用来制造中小型热锻模，5Cr06NiMo常用于制造大中型热锻模。对于受静压力作用的模具，应选用3Cr2W8V或4Cr5W2VSi钢。

热作模具钢的最终热处理是淬火+中温回火（或高温回火），以保证其具有足够的韧性。

（三）高速工具钢

高速工具钢是一种用于制造高速切削刀具的高合金工具钢。高速切削时刀具的工作温度一般可达500~600℃。因此高速工具钢具有高硬度、高红硬性、高耐磨性、高的含碳量和大量合金元素（总量可达10%~25%）特点。高的含碳量（0.70%~1.65%）是为了保证形成足够量的合金碳化物，使钢具有高的硬度和耐磨性；主加元素W和Mo主要是提高钢的红硬性，主加元素Cr（≈4%）主要是提高钢的淬透性，主加元素V（<3%）能显著提高钢的硬度、耐磨性和红硬性，并能细化晶粒，钢中加入Co元素的作用与W元素作用相似，可进一步提高钢的红硬性。

GB/T 9943—2008标准将高速工具钢按化学成分分为两种基本系列，即钨系高速工具钢和钨钼系高速工具钢。

高速工具钢按性能分为三种基本系列，即低合金高速工具钢（HSS-L）、普通高速工具钢（HSS）、高性能高速工具钢（HSS-E）。具体牌号及分类见表7-8。

钨系高速工具钢典型牌号是W18Cr4V，它具有良好的综合性能，通用性强，可用于制造各种复杂刃具，如拉刀、铣刀、车刀、刨刀、钻头等中速切削刃具。但由于钨的价格较贵，使得钨系高速工具钢的使用量逐渐减少。

表7-8　高速工具钢的牌号、统一数字代号、分类及力学性能

牌号	统一数字代号	化学成分类别	硬度HRC（≥）	ISO 4957：1999牌号	性能类别
W3Mo3Cr4V2	T63342	钨钼系	63	HS3-3-2	低合金高速工具钢HSS-L
W4Mo3Cr4VSi	T64340	钨钼系	63		
W18Cr4V	T51841	钨系	63	HS18-0-1	普通高速工具钢HSS
W2Mo8Cr4V	T62841	钨钼系	63	HS1-8-1	
W2Mo9Cr4V2	T62941	钨钼系	64	HS2-9-2	
W6Mo5Cr4V2	T66541	钨钼系	64	HS6-5-2	
CW6Mo5Cr4V2	T66542	钨钼系	64	HS6-5-2C	
W6Mo6Cr4V2	T66642	钨钼系	64	HS6-6-2	
W9Mo3Cr4V	T69341	钨钼系	64		

表 7-8（续）

牌号	统一数字代号	化学成分类别	硬度 HRC（≥）	ISO 4957：1999 牌号	性能类别
W6Mo5Cr4V3	T66543	钨钼系	64	HS6-5-3	高性能高速工具钢 HSS-E
CW6Mo5Cr4V3	T66545	钨钼系	64	HS6-5-3C	
W6Mo5Cr4V4	T66544	钨钼系	64	HS6-5-4	
W6Mo5Cr4V2Al	T66546	钨钼系	65		
W12Cr4V5Co5	T71245	钨系	65		
W6Mo5Cr4V2Co5	T76545	钨钼系	64	HS6-5-2-5	
W6Mo5Cr4V3Co8	T76438	钨钼系	65	HS6-5-3-8	
W7Mo4Cr4V2Co5	T77445	钨钼系	66		
W2Mo9Cr4VCo8	T72948	钨钼系	66	HS2-9-1-8	
W10Mo4Cr4V3Co10	T71010	钨钼系	66	HS10-4-3-10	

钨钼系高速工具钢是用钼代替一部分钨，典型牌号是 W6Mo5Cr4V2。加入 Mo 使钢在 950～1100 ℃有良好的塑性，便于压力加工，并且热处理后有较好的韧性。加入较多的 V，使钢的耐磨性优于 W18Cr4V，但热硬性略低于 W18Cr4V。这种钢适用于制造要求耐磨性和韧性较好的刃具，还特别适于在轧制或扭制钻头等热成型工艺中使用。

高性能高速工具钢含碳量、含钒量比普通高速工具钢高，有时添加钴、铝等合金元素，耐磨性和热硬性比普通高速钢好。这类钢适用于制造加工奥氏体不锈钢、高温合金、钛合金、超高强度钢等难加工材料的刃具。

高速工具钢的热处理工艺较为复杂，必须经过退火、多次淬火和回火等一系列过程。W18Cr4V 钢的热处理工艺曲线如图 7-8 所示。

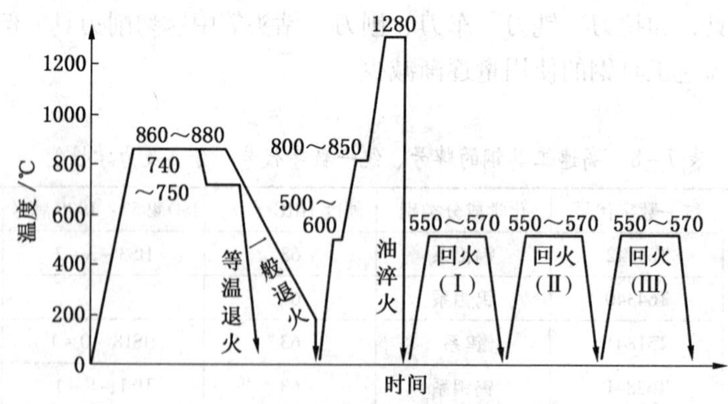

图 7-8　W18Cr4V 钢的热处理工艺曲线

1. 退火

高速工具钢锻造后必须进行退火，目的在于消除应力，降低硬度，使显微组织均匀，便于淬火。具体工艺可采用等温退火，加热到 860～880 ℃保温，然后冷却到 720～750 ℃

保温，炉冷至550 ℃以下出炉，硬度为207～225HBW，组织为索氏体+碳化物。

2. 淬火

高速工具钢的淬火加热温度较低合金刃具钢高很多，一般为1220～1280 ℃，目的是使尽量多的合金元素在加热时溶入奥氏体，淬火后获得高合金的马氏体，具有高的耐回火性，在高温回火时析出弥散碳化物，产生二次硬化，提高硬度和热硬性。淬火加热温度越高，合金元素溶入奥氏体的数量越多，对高速工具钢热硬性作用最大的合金元素（W、Mo、V）只有在1000 ℃以上时，其溶解度才急剧增加。但当温度超过1300 ℃时，虽然可继续增加这些合金元素的含量，但此时奥氏体晶粒急剧长大，甚至会在晶界处发生局部熔化现象，这也是需精确掌握淬火加热温度和加热时间的原因所在。

此外，高碳高合金元素的存在使高速工具钢的导热性很差，所以淬火加热时采用分级预热，一次预热温度为500～600 ℃，二次预热温度为800～850 ℃。这样的加热工艺可避免由热应力而造成的变形或开裂，工厂均采用盐炉加热。淬火冷却采用油中分级淬火法，淬火后的组织为马氏体+碳化物+残余奥氏体（25%～30%）。

3. 回火

为了消除淬火应力，减少残余奥氏体量，稳定组织，达到性能要求，高速工具钢淬火后应立即回火。高速工具钢的回火一般进行三次，回火温度为560 ℃，每次1～1.5 h。高速工具钢淬火组织中的碳化物在回火时不发生变化，只有马氏体和残余奥氏体发生转变引起性能的变化。图7－9所示是W18Cr4V钢的回火曲线，由图可知，在550～570 ℃回火时，W、Mo、V碳化物的析出量增多，产生二次硬化现象，硬度最高。所以，高速工具钢多在560 ℃回火。

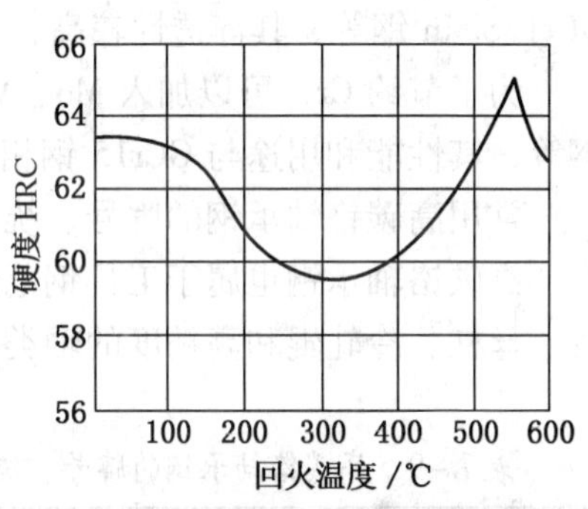

图7－9　W18Cr4V钢的回火曲线

高速工具钢淬火后残余奥氏体量约为30%，第一次回火只对淬火马氏体起回火作用，在回火冷却过程中，发生残余奥氏体转变，同时产生新的内应力。经第二次回火，没有彻底转变的残余奥氏体继续发生新的转变，又产生新的内应力。这就需要进行第三次回火。三次回火后仍保余1%～3%（体积分数）的残余奥氏体。

为了减少回火次数，也可在淬火后立即进行冷处理（－80～－70 ℃），将残余奥氏体量减少到最低程度，然后再进行一次560 ℃的回火。

高速工具钢正常淬火、回火后的组织应是极细的回火马氏体、粒状碳化物等。

二、轴承钢

轴承钢分为高碳铬轴承钢、渗碳轴承钢、高碳铬不锈轴承钢和高温轴承钢等四大类。这里主要介绍高碳铬轴承钢。

高碳铬轴承钢具有高的接触疲劳强度和耐磨性能，主要用来制造滚动轴承的组成零件，也可用于制造各种工具和耐磨零件。

高碳铬轴承钢牌号由G+合金元素及其含量组成，Cr含量以千分之几表示，其他合金元素含量以百分之几表示，不标明碳含量。

例如：

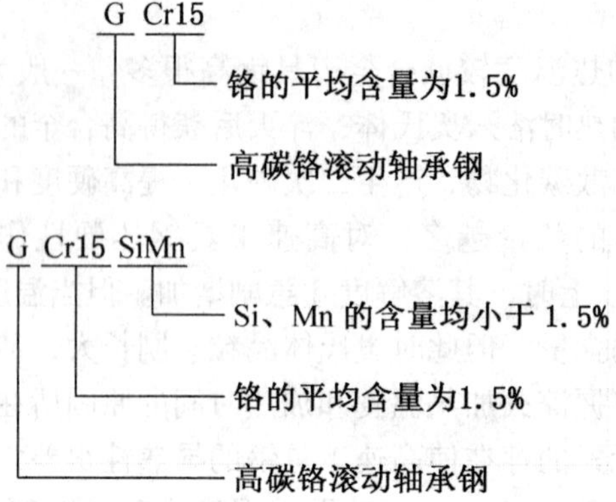

滚动轴承钢的典型牌号是 GCr15，其使用量占轴承钢的绝大部分。由于 GCr15 的淬透性不是很高，因此多用于制造中小型轴承。添加 Mn、Si、Mo、V 的轴承钢，如 GCr15SiMn 钢等，其淬透性较高，主要用于制造大型轴承。

为了节约 Cr，可以加入 Mo、V，得到不含铬的轴承钢，如 GSiMnMoV、GSiMnMoVRE 钢等，其性能和用途与 GCr15 钢相近。

常用高碳铬轴承钢的牌号、统一数字代号、性能特点及用途见表 7－9。从化学成分看，高碳铬轴承钢也属于工具钢范畴，所以这类钢也经常用于制造各种精密量具、冲压模具、丝杠、冷轧辊和高精度的轴类等耐磨零件。

表 7－9　高碳铬轴承钢的牌号、统一数字代号、性能特点及用途（摘自 GB/T 18254—2002）

牌号	统一数字代号	性能特点	用途
GCr4	B00040	属于限制淬透性轴承钢，淬火后表面硬度高、耐磨性好，抗疲劳性能好，心部硬度只有 35～40HRC，韧性好、抗冲击	主要用于制造要求耐磨性好、抗冲击的机械轴承
GCr15	B00150	属于全淬透性轴承钢，淬火回火后有高的硬度、耐磨性和接触疲劳强度。热加工性能和可加工性良好，淬透性适中，但焊接性差	用于制造壁厚≤12 mm，外径≤250 mm 的滚动轴承套圈，直径≤22 mm 的圆锥、圆柱、球面滚子及各种尺寸滚针。也可用于制造模具、量具和木工刀具及高弹性极限、高疲劳强度的零件
GCr15SiMn	B01150	高淬透性轴承钢，淬透性、弹性极限、耐磨性均比 GCr15 好	用于制造壁厚>12 mm，外径>120 mm 的滚动轴承套圈，直径>50 mm 的钢球及直径>22 mm 圆锥、圆柱、球面滚子及各种尺寸滚针。其他用途与 GCr15 相同
GCr15SiMo	B03150	高淬透性轴承钢，其淬透性高，耐磨性好，疲劳强度高，综合性能良好	适于制造大尺寸范围的滚动轴承套圈及钢球、滚柱等
GCr18Mo	B02180	高淬透性轴承钢，具有更高的冲击韧度和断裂韧度，综合力学性能好，寿命长	主要用于制造铁路、矿山等大型轴承

滚动轴承钢的预备热处理是球化退火，最终热处理为淬火+低温回火。

图7－10所示为GCr15钢制作滚动轴承外套最终热处理工艺曲线。

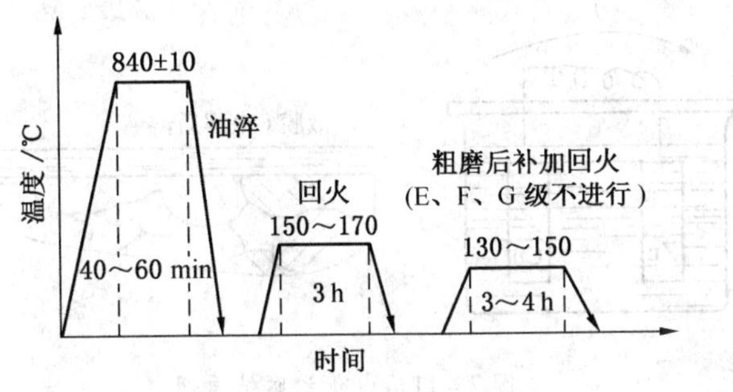

图7－10　GCr15钢制作滚动轴承外套最终热处理工艺曲线

第五节　不锈钢、耐热钢、耐磨钢

一、不锈钢

不锈钢是不锈钢和耐酸钢的统称。能抵抗大气腐蚀的钢称为不锈钢，而在一些化学介质（如酸、碱、盐）中能抵抗腐蚀的钢称为耐酸钢。不锈钢不一定耐酸，而耐酸钢一般都具有良好的耐蚀性能。但习惯上将这两种钢合称为不锈钢。

1. 不锈钢腐蚀机理

金属受到周围介质作用而引起损坏的过程称为金属的腐蚀。按腐蚀机理不同，腐蚀可分为化学腐蚀和电化学腐蚀两大类。

金属和周围介质发生化学反应而使金属损坏的现象称为化学腐蚀。如金属与干燥气体中的O_2、H_2S、SO_2、Cl_2等接触时，在金属表面将生成相应的化合物，即氧化物、硫化物、氯化物等，从而使金属表面损坏。

金属与电解质溶液构成微电池而引起的腐蚀称为电化学腐蚀。如金属在酸、碱、盐水溶液及海水中发生的腐蚀，金属管道与土壤接触的腐蚀，金属在潮湿空气中的腐蚀等，均属于电化学腐蚀。如图7－11所示，我们通过原电池实验来说明电化学腐蚀的实质：将锌板和铜板放入电解液中，用导线连接，由于两种金属的电极电位不同，因而产生了电流，构成了原电池。由于锌比铜活泼，易失去电子，故电流的产生必然是锌板（失电子电极电位低）上的电子往铜板（得电子电极电位高）移动。锌原子失去电子后，变成正离子而进入溶液，锌就被溶解破坏了，而铜不被腐蚀。由此可知，任意两种金属在电解液中互相接触就会形成原电池，从而产生电化学腐蚀，其中较活泼的金属不断地溶解而损坏。实际上，即使是同一种金属材料，因内部有不同的组织（或杂质），其电极电位是不等的。当有电解液存在时，也会构成原电池，从而产生电化学腐蚀。如碳钢是由铁素体和渗碳体两相组成的，铁素体的电极电位低，渗碳体的电极电位高，在潮湿空气中，钢表面蒙上一层液膜（电解质溶液），两相组织互相接触，从而形成微电池，铁素体被腐蚀。

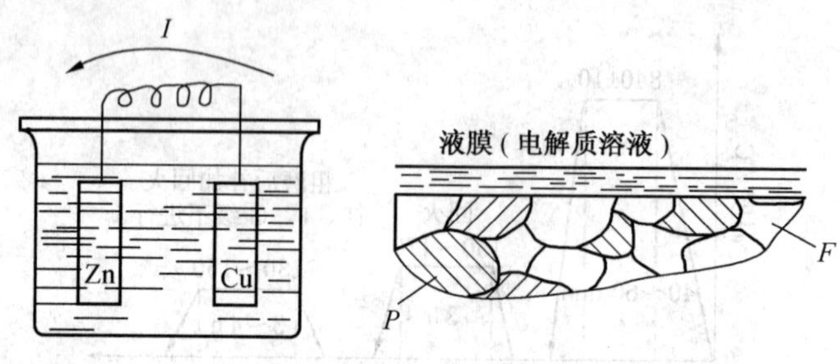

图7-11　电化学腐蚀原理

金属的腐蚀多数是由电化学腐蚀引起的，电化学腐蚀比化学腐蚀快得多，危害也更大。根据腐蚀机理，提高钢耐蚀性的途径主要有：

(1) 尽量使金属获得均匀的单相组织，这样金属在电解质溶液中只有一个电极，使微电池难以形成。如在钢中加入大量的 Cr 或 Ni，会使钢在常温下获得单相的铁素体或奥氏体组织。

(2) 加入合金元素，提高金属基体的电极电位。如不锈钢中 Cr 含量一般都大于 13%，是因为 Cr 有提高电极电位的作用，从而提高钢的耐蚀性。

(3) 加入 Cr、Si、Al 等合金元素，在金属表面形成一层致密的氧化膜，又称钝化膜，将金属与腐蚀介质分隔开，从而防止进一步腐蚀。

(4) 降低不锈钢的含碳量，防止碳与铬形成碳化物，保证钢的耐蚀性。不锈钢的碳含量较低，大多数不锈钢碳的含量为 0.10% ~0.20%。如要求提高碳的含量（可达 0.85% ~0.95%），应相应地提高铬含量。

2. 不锈钢的牌号表示方法

GB/T 221—2008 中规定了不锈钢新的牌号表示方法，与老牌号的最大区别是碳含量的表示方法，而合金元素的表示方法没有变化，与合金结构钢和合金工具钢相同。

用两位或三位阿拉伯数字表示碳含量的最佳控制值（以万分之几或十万分之几计）。

(1) 只规定碳含量的上限者。当碳含量的上限不大于 0.10% 时，以其上限的 3/4 表示碳含量。如上限为 0.08%，则碳含量以 06 表示；当碳含量的上限大于 0.10% 时，以其上限的 4/5 表示碳含量，如上限为 0.20%，则碳含量以 16 表示。

例如：

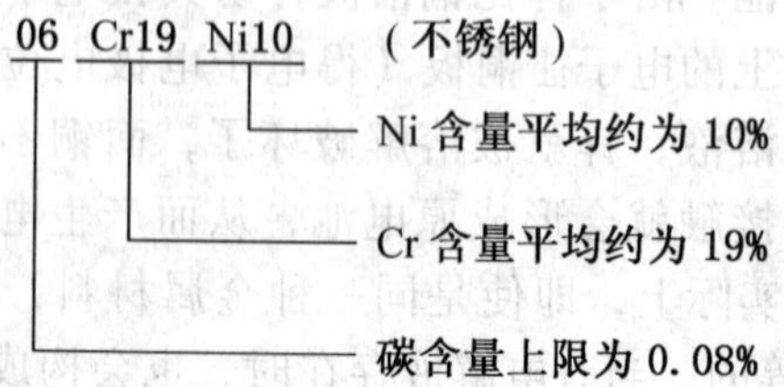

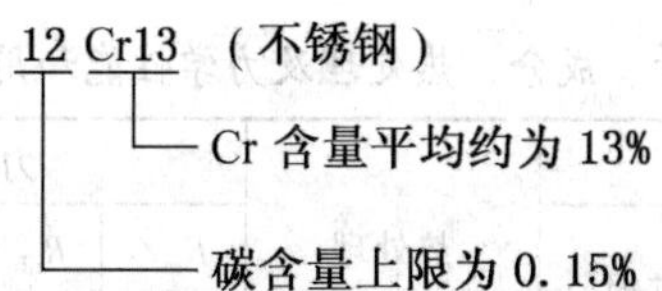

对于超低碳不锈钢（即碳含量不大于 0.030%），用三位阿拉伯数字表示碳的质量分数的最佳控制值（以十万分之几计）。如碳含量上限为 0.030% 时，其牌号中碳含量以 022 表示；碳含量上限为 0.020% 时，其牌号中碳含量以 015 表示。

例如：

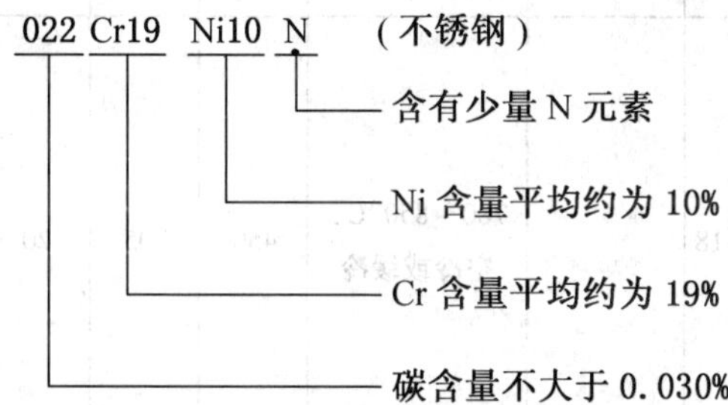

（2）规定上、下限者以平均碳含量 ×100 表示。如碳含量为 0.16% ~0.25% 时，其牌号中碳含量用 20 表示。

例如：

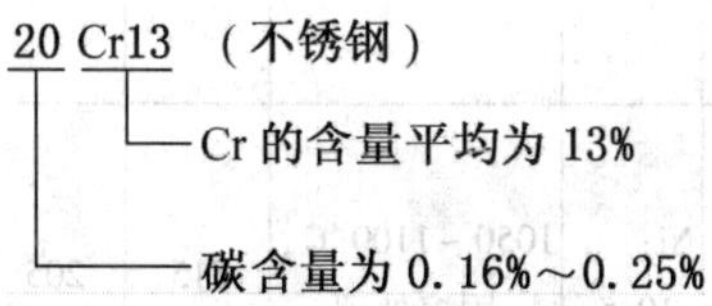

3. 常用不锈钢

常用的不锈钢根据其组织特点可分为马氏体不锈钢、奥氏体不锈钢、铁素体－奥氏体不锈钢、铁素体不锈钢及沉淀硬化型不锈钢等。常用不锈钢的牌号、成分、热处理及力学性能和用途见表 7－10。

1）马氏体不锈钢

常用马氏体不锈钢一般指 Cr13 不锈钢，典型牌号有 12Cr13、20Cr13、30Cr13、40Cr13 等。Cr13 系列不锈钢中碳的含量为 0.08% ~0.45%，铬的含量为 11.5% ~14%，淬火后空冷即能得到马氏体组织。

12Cr13 和 20Cr13 钢的碳含量低，具有耐大气、蒸汽等介质腐蚀的能力，常作为耐蚀结构钢使用。为了获得良好的综合性能，常采用淬火＋高温回火得到回火索氏体，来制造汽轮机叶片、锅炉管附件等。

30Cr13 和 40Cr13 钢的碳含量较高，耐蚀性相对差一些，但通过淬火＋低温回火得到回火马氏体，具有较高的强度和硬度（>50HRC），常作为工具钢使用，制造医疗器械、刃具、热油泵轴等。

不锈钢菜刀一般采用马氏体不锈钢制造，即 30Cr13 或 40Cr13，经淬火后也可以获得较高的硬度，且韧性较好，不易崩刃。

表7-10　常用不锈钢的牌号、成分、热处理及力学性能和用途（摘自GB/T 4237—2007）

类别	牌号（旧牌号）	化学成分/%			热处理	力学性能				用　途
		C	Cr	其他		R_m/MPa，≥	R_{eL}/MPa，≥	A/%，≥	硬度HBW	
铁素体型	06Cr13Al（0Cr13Al）	0.08	11.5～14.5	Al：0.1～0.3	780～830 ℃，空冷或缓冷	415	170	20	≤179	高温下冷却不产生显著硬化，用于汽轮机材料、淬火零部件、复合钢材等
	10Cr17（1Cr17）	0.12	16～18		780～850 ℃，空冷或缓冷	450	205	20	≤183	耐蚀性良好的通用钢种，用于建筑内装饰、家用电器、家庭用具，但是脆性转变温度均在室温以上，而且对缺口敏感，不适合制作室温以下的承载备件
	008Cr30Mo2（00Cr30Mo2）	0.010	28.5～32	Mo：1.5～2.5	800～1050 ℃，快冷	450	295	22	≤209	耐蚀性很好，用于制作与醋酸、乳酸等有机酸有关的设备及苛性碱设备
奥氏体型	06Cr19Ni10（0Cr18Ni9）	0.08	18～20	Ni：8～10.5	1050～1100 ℃，固溶处理	515	205	40	≤201	作为不锈耐酸钢使用最广泛，用于食品设备、一般化工设备、原子能工业等
	12Cr18Ni9（1Cr18Ni9）	0.15	17～19	Ni：8～10	1010～1150 ℃，固溶处理	515	205	40	≤201	用于建筑装饰件
	06Cr18Ni11Ti（0Cr18Ni10Ti）	0.08	17～19	Ni：9～12 Ti：≥5C	1100～1150 ℃，固溶处理	515	205	40	≤217	用于制作耐酸容器及设备衬里，输送管道设备和零件，抗磁仪表，医疗器械等
	06Cr18Ni11Nb（0Cr18Ni11Nb）	0.08	17～19	Ni：9～13 Nb：10C～1.0	1050～1150 ℃，固溶处理	515	205	40	≤201	
马氏体型	12Cr13（1Cr13）	0.15	11.5～13		1000～1050 ℃，油或水淬；700～790 ℃，回火	600	420	20	≥192	淬火状态下硬度高，耐蚀性良好，用于制作汽轮机叶片、水压机阀等在弱腐蚀条件下工作的零件
	20Cr13（2Cr13）	0.16～0.25	12～14		1000～1050 ℃，油或水淬；700～790 ℃，回火	660	450	16	≥217	

表 7－10（续）

类别	牌号（旧牌号）	化学成分/%			热处理	力学性能				用　途
		C	Cr	其他		R_m/MPa，≥	R_{eL}/MPa，≥	A/%，≥	硬度 HBW	
马氏体型	30Cr13（3Cr13）	0.26～0.35	12～14		980～1040 ℃，油淬；200～300 ℃，回火				≥48 HRC	比 20Cr13 淬火后的硬度高，用于制作刃具、喷嘴、阀座、阀门等
	68Cr17（7Cr17）	0.60～0.75	16～18		1010～1070 ℃，油淬，100～180 ℃，回火				≥54 HRC	硬化状态下坚硬，但比 12Cr17 韧性高，用于制作刃具、量具、轴承等

2）奥氏体不锈钢

奥氏体不锈钢中碳含量小于或等于 0.15%；Cr 含量一般在 17%～20% 之间，最高可达 26%；Ni 含量一般在 6%～14% 之间，最高可达 28%。采用固溶处理（即将钢加热到 1040 ℃以上然后水冷或其他方式快冷得到单相奥氏体组织）后具有很高的耐蚀性和耐热性，其耐蚀性高于马氏体不锈钢。同时，它具有高塑性，适宜冷加工成型，焊接性能好，常用来制作耐酸设备，如耐蚀容器及设备衬里、输送管道、耐硝酸的设备零件等。此外，奥氏体不锈钢经固溶处理后无磁性（由于冶炼、热处理或冷加工等原因，无磁性的奥氏体不锈钢有时也会呈现弱磁性），可用于加工抗磁性零件。

3）铁素体不锈钢

常用铁素体不锈钢中碳的含量低于 0.15%，铬的含量为 10.5%～32%，属于铬不锈钢。铬是缩小奥氏体相区的元素，所以这种钢从室温加热到高温（900～1100 ℃），其显微组织始终是单相铁素体组织，耐蚀性、塑性、焊接性均优于马氏体不锈钢，高温抗氧化的能力较强，但其力学性能不如马氏体不锈钢。

铁素体不锈钢在退火或正火状态下使用，其强度较低、塑性很好，可用形变强化提高强度，主要用作耐蚀性要求很高而强度要求不高的构件，广泛用于硝酸和食品工厂设备，也可用于建筑装饰件等。

二、耐热钢

耐热钢是指在高温下具有良好化学稳定性或较高强度的钢，主要用于制造加热炉、锅炉、燃气轮机等高温装置中的零部件。

钢的耐热性包括高温抗氧化性和热强性两方面。高温抗氧化性是指金属在高温下抵抗氧化或腐蚀的性能；热强性是指金属在高温下除具有抗氧化性能外，还具有足够的力学性能。

钢中加入 Cr、Si、Al 等元素，使钢在高温下与氧接触时，在表面上形成致密的高熔点的 Cr_2O_3、SiO_2、Al_2O_3 等氧化膜，使其在高温气体中的氧化过程难以继续进行。钢中加入 Mo、W、Nb、V、Ti 等元素，除固溶强化基体外，这些元素还可形成 NbC、TiC、VC 等，在晶体内弥散析出，阻碍位错的滑移，提高塑变抗力，以提高热强性。

抗氧化钢主要用于制作在高温下长期工作且承受载荷不大的构件，如工业炉中的炉底板、料架、辐射管等。常用的抗氧化钢有 06Cr13Al、12Cr18Ni9Si3、26Cr18Mn12Si2N、22Cr20Mn10Ni2Si2N 等。

热强钢主要用于制作在高温下长期工作且承受一定载荷的构件，要求抗氧化性和高温强度，如锅炉管道、高温紧固件、汽轮机转子、叶片、排气阀等。常用的热强钢有 15CrMo、12CrMoV、35CrMo、25Cr2MoV、42Cr9Si2、06Cr18Ni11Ti、45Cr14N14W2Mo 等。

三、高锰耐磨钢

高锰耐磨钢是指在强烈冲击载荷作用下表面发生加工硬化的钢，是工程中最常用的一种耐磨钢。典型牌号是 ZGMn13，其成分特点是高碳（0.75%～1.45%）、高锰（11%～14%）。这种高锰钢经水韧处理（将高锰钢加热到 1000～1100 ℃，保持一定时间，使碳化物全部溶入奥氏体，然后水冷，得到单相奥氏体）后，其韧性很好，但硬度并不高（≤220 HBW），此时高锰钢并不耐磨；当工作时受到强烈的冲击、挤压和摩擦时，其表面因塑性变形而产生强烈的形变强化，使表面硬度显著提高（达 50HRC 以上），并可获得很高的耐磨性，而其心部仍保持良好的塑性和韧性，从而使高锰钢具有既耐磨又抗冲击的性能。

由于高锰钢极易产生加工硬化，给切削加工带来困难，因此高锰钢零件大多采用铸造成型。

高锰钢广泛用于制造要求具有较高的耐磨性又能承受冲击的一些零件。如在铁路运输业中，可用高锰钢制造铁道上的辙尖、辙岔、转辙器及小半径转弯处的轨条；在建筑、矿山、冶金业中，长期使用高锰钢制造挖掘机铲斗，各种碎石机颚板、衬板、磨板；高锰钢还大量用于挖掘机、拖拉机、坦克车履带板、主动轮和支承滚轮等的制造。另外，因高锰钢组织为单一奥氏体，无磁性，故也可用于制造既耐磨又抗磁化的零件，如吸料器的电磁铁罩。

第六节　煤矿专用钢

煤矿专用钢是在煤矿中使用的钢材，在《钢的分类》（GB/T 13304—2008）中，矿用钢属于机械工程结构用钢。煤矿中使用的钢铁材料非常多，大多数零部件使用的钢铁材料是通用钢材，如 Q235、Q345、Q690、30、45、65、65Mn、40Cr、40CrMo、30CrMnTi、20Cr2Ni4 等。但由于煤矿的工作条件所限，有时通用钢材并不能满足煤矿的使用要求，因此国家专门根据煤矿的钢材使用情况，对煤矿用钢也有相应独立的钢铁牌号和标准。

一、煤机用热轧异型钢

煤机用热轧异型钢主要用于制造煤矿井下刮板输送机用刮板钢和槽帮钢。其牌号采用“煤”字汉语拼音字母和阿拉伯数字组成，如 M510、M540、M565。其中数字 510、540、

565 为最低抗拉强度值，M 为煤矿专用钢代号。图 7－12 所示为刮板输送机槽帮型材。

煤机用热轧异型钢的牌号、化学成分和力学性能见表 7－11 和表 7－12。

表 7－11　煤机用热轧异型钢的化学成分（摘自 GB/T 3414—2015）

牌号	旧牌号	化学成分/%				
		C	Si	Mn	P	S
M510	20MnK	0.20～0.27	0.20～0.60	1.20～1.60	≤0.040	≤0.040
M540	24Mn2K	0.20～0.29	0.17～0.37	1.30～1.80		
M565		0.25～0.33	0.17～0.37	1.30～1.80		

表 7－12　煤机用热轧异型钢的力学性能（摘自 GB/T 3414—2015）

牌号	试样状态	R_{eL}/MPa	R_m/MPa	断后伸长率 A/%
M510	热轧	≥355	≥510	≥20
M540	热轧	≥355	≥540	≥18
M540	热处理	≥590	≥785	≥9
M565	热轧	≥365	≥565	≥16
M565	热处理	≥625	≥820	≥9

二、矿山巷道支护用热轧 U 型钢

矿山巷道支护用热轧 U 型钢（简称矿 U 钢）作为一种异型断面钢材，已被广泛用于煤矿、铁矿、铜矿等矿山的地下开采生产中。矿 U 钢具有重量轻、断面模数大、安装简便等优点，如图 7－13 所示。牌号有三个，分别是 20MnK、20MnVK、25MnK，数字是平均含碳量的万分之几，Mn、V 是加入的合金元素，K 是矿用钢。矿山巷道支护用热轧 U 型钢的牌号、化学成分、规格及力学性能见表 7－13 和表 7－14。

图 7－12　刮板输送机槽帮型材

图 7－13　矿山巷道支护用热轧 U 型钢

表 7-13　矿山巷道支护用热轧 U 型钢的牌号与化学成分（摘自 GB/T 4697—2008）

<table>
<tr><th rowspan="2">牌号</th><th colspan="7">化 学 成 分/%</th></tr>
<tr><th>C</th><th>Si</th><th>Mn</th><th>V</th><th>Al</th><th>P</th><th>S</th></tr>
<tr><td>20MnK</td><td>0.15～0.26</td><td>0.20～0.60</td><td rowspan="3">1.20～1.60</td><td></td><td>≥0.015</td><td rowspan="3">≤0.045</td><td rowspan="3">≤0.045</td></tr>
<tr><td>20MnVK</td><td>0.17～0.24</td><td>0.17～0.37</td><td>0.07～0.17</td><td></td></tr>
<tr><td>25MnK</td><td>0.21～0.31</td><td>0.20～0.60</td><td></td><td>≥0.015</td></tr>
</table>

表 7-14　矿山巷道支护用热轧 U 型钢的牌号、规格及力学性能（摘自 GB/T 4697—2008）

牌号	规格	抗拉强度 R_m/MPa	屈服强度 R_{eH}/MPa	断后伸长率 A/%	kV/J
20MnK	18UY	≥490	≥335	≥20	
20MnVK	25UY	≥570	≥390	≥20	
25MnK	25U 29U	≥530	≥335	≥20	
20MnK	36U	≥530	≥350	≥20	≥27
20MnVK	40U	≥580	≥390	≥20	≥27

图 7-14　刮板输送机用圆环链

三、矿用高强度圆环链用钢

矿用高强度圆环链是刮板输送机与采煤机、刨煤机的主要牵引设备。其性能对输送机系统的安全运行起非常重要的作用。矿用高强度圆环链由链条、刮板和接链器组成，是一个闭式循环系统，如图 7-14 所示。链条采用矿用高强度圆环链用钢制造。GB/T 10560—2008 标准规定了矿用高强度圆环链用钢的牌号、化学成分及力学性能等，见表 7-15 和表 7-16。

表 7-15　矿用高强度圆环链用钢的牌号和化学成分（摘自 GB/T 10560—2008）

<table>
<tr><th rowspan="3">牌号</th><th colspan="10">化学成分/%</th></tr>
<tr><th rowspan="2">C</th><th rowspan="2">Si</th><th rowspan="2">Mn</th><th>P</th><th>S</th><th rowspan="2">V</th><th rowspan="2">Cr</th><th rowspan="2">Ni</th><th rowspan="2">Mo</th><th rowspan="2">Al</th></tr>
<tr><th colspan="2">不大于</th></tr>
<tr><td>20Mn2A</td><td>0.17～0.24</td><td rowspan="4">0.17～0.37</td><td>1.40～1.80</td><td colspan="2" rowspan="4">0.035</td><td></td><td rowspan="4"></td><td rowspan="4"></td><td rowspan="3"></td><td>0.020～0.050</td></tr>
<tr><td>20MnV</td><td>0.17～0.23</td><td rowspan="3">1.20～1.60</td><td rowspan="3">0.10～0.20</td><td rowspan="2"></td></tr>
<tr><td>25MnV</td><td rowspan="2">0.21～0.28</td></tr>
<tr><td>25MnVB</td><td colspan="2">B：0.0005～0.0035</td></tr>
</table>

表 7-15（续）

牌号	化学成分/%								
	C	Si	Mn	P　S 不大于	V	Cr	Ni	Mo	Al
25MnSiMoVA	0.21 ~ 0.28	0.80 ~ 1.10	1.20 ~ 1.60	0.025	0.10 ~ 0.20			0.15 ~ 0.25	
25MnSiNiMoA		0.60 ~ 0.90	1.10 ~ 1.40	0.020			0.80 ~ 1.10	0.10 ~ 0.20	
20NiCrMoA	0.17 ~ 0.23	≤0.25	0.60 ~ 0.90			0.35 ~ 0.65	0.40 ~ 0.60	0.15 ~ 0.25	0.02 ~ 0.05
23MnNiCrMoA	0.20 ~ 0.26		1.10 ~ 1.40			0.40 ~ 0.70		0.20 ~ 0.30	
23MnNiMoCrA							0.90 ~ 1.10	0.50 ~ 0.60	

表 7-16　矿用高强度圆环链用钢的牌号、热处理、力学性能、供应状态（摘自 GB/T 10560—2008）

牌号	试样毛坯尺寸/mm	热处理				力学性能					钢材布氏硬度 HB	
		淬火		回火		R_{eL}/MPa	R_m/Mpa	A/%	Z/%	KU/J	退火状态	热轧状态
		温度/℃	冷却剂	温度/℃	冷却剂	不小于					不大于	
20Mn2A	15	850	水、油	200	水、空	785	590	10	40	47		
		880		440								
20MnV		880	水	300	水、空	885	1080	9				
				370				10				
25MnV		880	水	370	水、空	930	1130	9				
25MnVB		880	水	370	水、空	930	1130	9				
25MnSiMoVA	15	900	水	350	水、空	1080	1275	9			217	260
25MnSiNiMoA		900	水	300	水、空	1175	1470	10	50	35	207	260
20NiCrMoA		880	水	430	水、油	980	1180	10	50	40	220	260
23MnNiCrMoA		880	水	430	水、油	980	1180	10	50	40	220	260
23MnNiMoCrA		880	水	430	水、油	980	1180	10	50	40	220	260

我国圆环链的规格有 $\phi10\times40$、$\phi14\times50$、$\phi18\times64$、$\phi22\times86$、$\phi24\times86$、$\phi26\times92$、$\phi30\times108$、$\phi34\times126$、$\phi38\times137$、$\phi42\times152$ 十种型号，强度等级有 B、C、D 三种。对

于小规格圆环链常用低合金钢20MnV、25MnV，对于大规格圆环链常用23MnNiCrMoA、25MnSiMoVA。

随着新材料的研制，C级高强度大规格的矿用圆环链目前普遍采用23MnNiMoCr54钢，该钢具有更高强度、更高淬透性，同时具有较高塑性和耐腐蚀性，但成本较高。目前已有替代新钢种出现，这种钢以Mn、Mo为主，进行Nb微合金化，并添加少量Cr，以低碳马氏体作为使用组织，热轧后无须退火，且有节省贵重元素和生产成本低等优点。

四、液压支柱用热轧无缝钢管

矿用单体液压支柱是由缸体、活柱、阀底座、顶盖等零部件组成，以专用油及乳化液为工作介质，供矿山支护用的单根支柱，如图7－15所示。

图7－15 矿用单体液压支柱

液压支架是以高压液体为动力，由若干液压元件与一些金属结构件按一定连接方式组合而成的一种采煤工作面支护设备，它能实现升架、降架、移架、推动刮板输送机前移以及顶板控制一整套工序。液压支架的执行元件有立柱和各种千斤顶，立柱是支撑在顶梁和底座之间或间接承受顶板载荷的油缸，立柱是支架的主要动力执行元件，它的结构强度和结构形式决定了支架支撑力的大小和支撑高度范围。为了保证液压支柱与立柱的强度，选材是最关键的。表7－17和表7－18给出了常用液压支柱用无缝钢管的牌号、化学成分和力学性能。

表7－17 液压支柱用热轧无缝钢管的牌号和化学成分（摘自GB/T 17396—2009）

牌号	化学成分/%										
	C	Si	Mn	P	S	Cr	Ni	Cu	Mo	Nb	RE*
				≤							
20	0.17～0.23	0.17～0.37	0.35～0.65	0.035	0.035	0.25	0.25	0.20			
35	0.32～0.39	0.17～0.37	0.50～0.80	0.035	0.035	0.25	0.25	0.20			
45	0.42～0.50	0.17～0.37	0.50～0.80	0.035	0.035	0.25	0.25	0.20			
27SiMn	0.24～0.32	1.10～1.40	1.10～1.40	0.035	0.035	0.030	0.030	0.20	0.15		
30MnNbRE	0.27～0.36	0.20～0.60	1.20～1.60	0.035	0.035	0.030	0.030	0.20	0.15	0.020～0.050	0.02～0.04

注：＊RE的含量是指按0.02%～0.04%的计算量加入钢液中。

表7－18　液压支柱用热轧无缝钢管的牌号和力学性能（摘自 GB/T 17396—2009）

牌　号	试样热处理规范	抗拉强度 R_m/MPa	下屈服强度或规定非比例延伸强度 R_{eL} 或 $R_{p0.2}$/MPa			断后伸长率 A/%	断面收缩率 Z/%	冲击吸收能量 KV_2/J	钢管退火供应状态布氏硬度 HBW，≤
			钢管壁厚/mm						
			≤16	＞16～30	＞30				
		≥							
20		410	245	235	225	20			
35		510	305	295	285	17			
45		590	335	325	315	14			
27SiMn	(920 ± 20)℃水淬 (450 ± 50)℃回火 冷却剂：油或水	980	835			12	40	39	217
30MnNbRE	(880 ± 20)℃水淬 (450 ± 50)℃回火 冷却剂：空冷	850	720			13	45	48	

目前，在煤矿中应用较多的液压支架用钢是27SiMn 钢。

五、凿岩钎杆用中空钢

井巷工程使用钎杆来连接钻头和凿岩机具（图7－16），矿山井巷工程一般使用的钎杆为六角中空钢和圆中空钢。在 GB/T 1301—2008 标准中规定了6个中空钢牌号，如 ZK95CrMo，ZK 表示凿岩钎杆用中空钢，95CrMo 含义与合金结构钢相同。表7－19给出了凿岩钎杆中空钢牌号及硬度值。

图7－16　矿用凿岩机

表7－19　凿岩钎杆中空钢牌号及硬度值（摘自 GB/T 1301—2008）

牌　号	交货状态	硬度 HRC
ZK95CrMo	热轧	34～44
ZK55SiMnMo		26～44
ZK40SiMnCrNiMo		26～44
ZK35SiMnMoV		26～44
ZK23CrNi3Mo		26～44
ZK22SiMnCrNi2Mo		26～44

练　习　题

一、名词解释

低合金钢、合金钢、回火稳定性、合金渗碳钢、合金调质钢、热硬性

二、填空题

1. 按钢中合金元素的含量，可将合金钢分为______、______和______。

2. 按主要合金元素的种类，低合金钢和合金钢可分为__________钢、__________钢、__________钢、__________钢、__________钢等。

3. 低合金钢按质量不同，可分为______低合金钢、______低合金钢、______低合金钢。

4. 合金钢按质量不同，可分为__________合金钢和__________质量合金钢。

5. 合金钢按主要性能及使用特性可分为__________、__________、__________、__________和__________钢。

6. 合金元素之所以能提高钢的力学性能，其根本原因是合金元素与钢的基本组元__________和__________发生了相互作用，改变了钢的__________结构，并影响__________过程中的相变过程。

7. 除__________元素外，其他合金元素都使过冷奥氏体等温转变图向__________移动，使钢的临界冷却速度__________，淬透性__________。

8. 除__________元素以外，几乎所有的合金元素都能阻止奥氏体晶粒长大，起到__________的作用。

9. 机械结构用钢可分为__________、__________、__________。

10. 所谓耐热钢是指在高温下具有高的__________和__________的钢，又可分为__________和__________两类。

11. 热成型弹簧钢的最终热处理是__________；冷成型弹簧钢丝在冷绕成型后，只需进行__________，以消除冷绕过程中产生的__________。

12. 高锰钢水韧处理后，其组织呈单一的__________，故有很好的__________，若在使用过程中受到强烈的冲击或摩擦，表面将产生__________，使其__________提高，故而有很好的耐磨性。

三、选择题

1. 大多数合金钢的淬火加热温度应比非合金钢（　　）。

A. 高　　B. 低　　C. 低得多　　D. 一样

2. 合金调质钢中碳的含量一般为（　　）。

A. <0.25%　　B. 0.25%～0.50%　　C. 0.45%～0.75%

3. 制造液压支柱选用（　　）钢为宜。

A. 65Mn　　B. 27SiMn　　C. T7

4. 25MnK 是（　　）钢。

A. 矿用高强度圆环链用钢　　B. 合金工具钢

C. 矿用支护 U 型钢

5. 欲制造汽车、拖拉机变速齿轮，选（　　）钢为宜。

A. 20CrMnTi　　B. ZGMn13　　C. 40Cr

6. 钻头、丝锥、高速车刀等多采用（　　）钢制造。

A. 5CrMnMo　　B. W18Cr4V　　C. T11　　D. 42CrMo

7. 不锈钢中铬的含量一般不小于（　　）。

A. 13%　　B. 18%　　C. 30%

8. GCr15 钢中铬的平均含量为（　　）。

A. 0. 15%　　B. 1. 5%　　C. 15%

9. M540 是（　　）。

A. 矿用高强度圆环链用钢　　B. 煤矿用槽帮钢

C. 不是钢的牌号

10. 下列不锈钢中，无磁或弱磁的是（　　）不锈钢。

A. 铁素体　　B. 马氏体　　C. 奥氏体

11. 低合金钢 Q420D，牌号中 420 表示（　　）数值。

A. 屈服强度　　B. 抗拉强度　　C. 抗弯强度

12. 碳在不锈钢中的作用具有双重性：提高碳的含量，钢的耐蚀性（　　），而强度、硬度（　　）。

A. 不变　　B. 提高　　C. 降低

四、判断题

1. （　　）低合金高强度结构钢广泛用于桥梁、车辆、船舶、锅炉、高压容器和输油管。

2. （　　）低合金高强度结构钢共有 6 个牌号 5 个等级。

3. （　　）Q890C 是低合金高强度结构钢。

4. （　　）合金渗碳钢经渗碳处理后，便具有了外硬内韧的性能。

5. （　　）40Cr 是不锈钢耐酸钢。

6. （　　）CrWMn 钢热硬性不如 9CrSi 钢。

7. （　　）冷作模具钢的最终热处理是淬火 + 低温回火，以保证其具有足够的硬度和耐磨性。

8. （　　）高速工具钢的热处理工艺较为复杂，必须经过退火、淬火、回火等一系列过程。

9. （　　）不锈钢中 Cr 含量一般都大于 13%，是因为 Cr 有降低电极电位的作用，从而提高钢的耐蚀性。

10. （　　）C 级高强度大规格的矿用圆环链目前普遍采用 23MnNiMoCr54 钢。

11. （　　）ZK95CrMo 钢中 ZK 是凿岩钎杆用中空钢的意思。

五、简答题

1. 合金元素在钢中以什么形式存在？对钢的性能有哪些影响？

2. 为什么比较重要的大截面的结构零件都必须用合金钢制造？与碳钢比较，合金钢有何优点?

3. 请说出两种在煤矿中常用的齿轮材料，最终热处理是什么?

4. 为什么非合金钢在室温下不存在单一奥氏体或单一铁素体组织，而合金钢中有可能存在这类组织?

5. 有人说:“由于高速工具钢中含有大量合金元素，故淬火后其硬度比其他工具钢高；正是由于其硬度高才适合高速切削。”这种说法是否正确?为什么?

6. 为什么不锈钢会防锈?家用菜刀是用什么材料做的?

7. ZGMn13 钢为什么具有优良的耐磨性和良好的韧性?

8. 解释下列牌号的含义并举例说明其应用（最好举煤矿中的应用实例）:

Q345、40Cr、60Si2Mn、18Cr2Ni4W、W6Mo5Cr4V2、42CrMo、27SiMn、20Mnk

第八章 铸 铁

【知识目标】

1. 了解铸铁的石墨化以及影响石墨化的因素。
2. 掌握铸铁的分类方法及铸铁的组织与性能的关系。
3. 了解实用铸铁的热处理方法。

【技能目标】

掌握铸铁的牌号，会根据铸铁牌号正确选择应用场合。

第一节 铸铁的组织与分类

一、铸铁的石墨化

铸铁的性能与内部组织密切相关，由于铸铁中的碳、硅含量较高，所以铸铁中的碳大部分不再以渗碳体形式存在，而是以游离的石墨状态存在（含碳量为100%）。我们把铸铁中的碳以石墨形式析出的过程称为石墨化。

1. 石墨化的途径

铸铁中的石墨可以从液态中直接结晶出或从奥氏体中直接析出，也可以先结晶出渗碳体，再由渗碳体在一定条件下分解而得到（$Fe_3C \rightarrow 3Fe + C$），如图 8－1 所示。

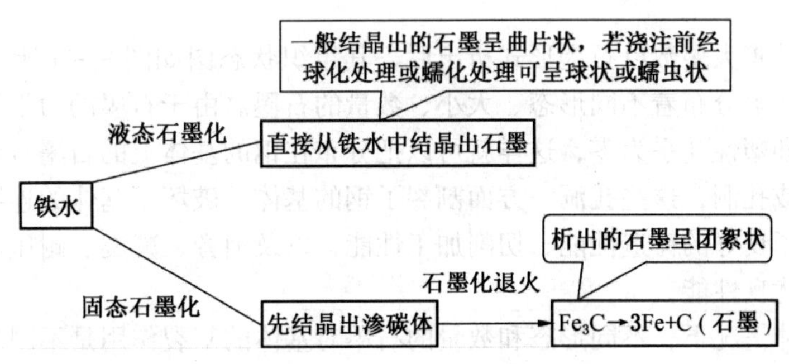

图 8－1 铸铁的石墨化两种转变过程

2. 影响石墨化的因素

影响石墨化的主要因素是铸铁的成分和冷却速度。

（1）成分的影响。铸铁中的各种合金元素，按其对石墨化的作用可以分为两大类。一类是促进石墨化进程的元素，按其作用由强至弱的顺序为碳、硅、铝、钛、镍、磷、钴、锆，其中以碳和硅的作用最为显著，属于强烈促进石墨化的元素，故铸铁中的碳、硅含量越高，析出的石墨量就越多，但是石墨片的尺寸也会越粗大，控制碳、硅含量能使石墨细化。另一类是阻碍石墨化进程的元素，按其作用由强至弱的顺序为硼、镁、铁、钒、铬、硫、锰、钨，它们均不同程度地阻碍渗碳体的分解，即阻碍石墨化进程。

（2）冷却速度的影响。冷却速度对石墨化的影响也很大。铸铁结晶时，冷却速度越快，越容易促使白口化，阻碍石墨化；冷却速度越慢，越有利于石墨化，石墨化过程可充分进行，结晶出的石墨又多又大。影响冷却速度的因素主要有造型材料、铸造方法和铸件壁厚。因此，为了使铸铁获得所要求的组织，一般根据铸件的尺寸（铸件的壁厚）调整铸铁中的化学成分。图 8 -2 所示为一般砂型铸造条件下铸铁的化学成分和冷却速度（铸件壁厚）对铸铁组织的影响。

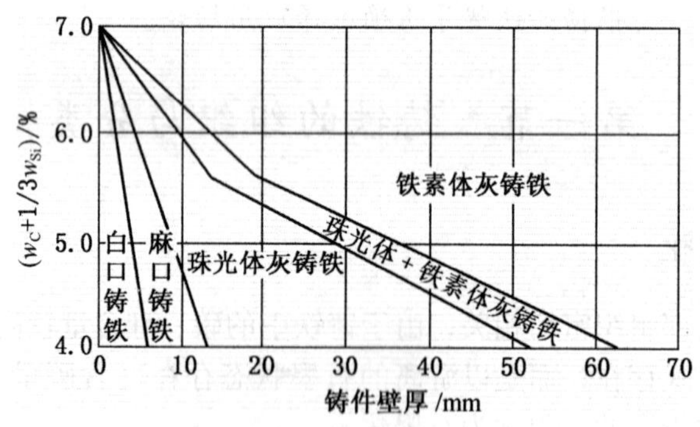

图 8 -2　铸铁的化学成分和冷却速度（铸件壁厚）对铸铁组织的影响

二、铸铁的组织与性能

当铸铁中的碳大多数以石墨形式析出后，其组织状态图如图 8 -3 所示。其组织可看成是在钢的基体上分布着不同形态、大小、数量的石墨。由于石墨的力学性能很差，与钢相比较其强度和塑性几乎为零，这样就可以把分布在钢的基体上的石墨看作不同形态和数量的微小裂纹或孔洞，这些孔洞一方面割裂了钢的基体，破坏了基体的连续性，另一方面又使铸铁获得了良好的铸造性能、切削加工性能，以及消音、减震、耐压、耐磨、缺口敏感性低等诸多优良性能。

在相同基体情况下，不同形态和数量的石墨对基体的割裂作用是不同的，呈片状时表面积最大，割裂最严重；蠕虫状次之；球状表面积最小，应力最分散，割裂作用的影响就最小；石墨数量越多、越集中，对基体的割裂也就越严重，铸铁的抗拉强度也就越低，塑性就越差。铸铁的硬度取决于基体的硬度。

三、铸铁的分类

按铸铁中碳的存在形式不同，可将铸铁分为以下几种：

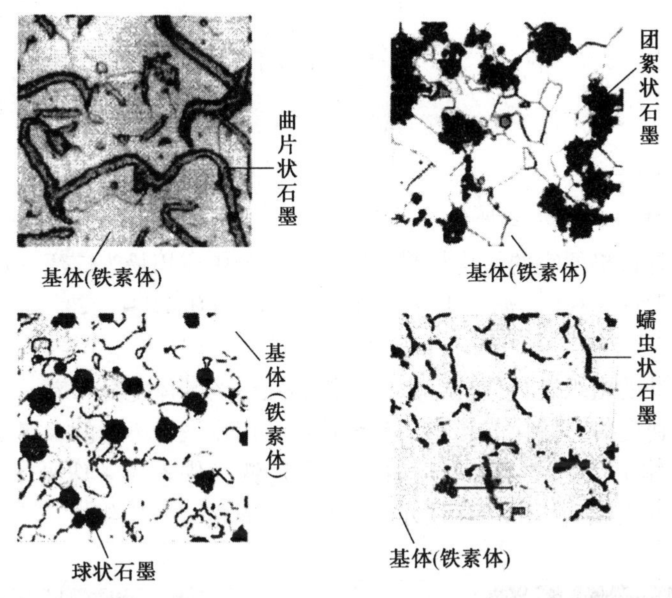

图8-3 退火状态下铸铁的组织

（1）白口铸铁。碳几乎全部以渗碳体（Fe_3C）形式存在，并具有莱氏体组织，其断口呈银白色，所以称为白口铸铁。白口铸铁既硬又脆，很难进行切削加工，所以很少直接用它来制作机械零件，主要用于炼钢原料（又称炼钢生铁）。

（2）灰口铸铁。碳大部分或全部以石墨（G）形式存在，其断口呈暗灰色，故称为灰铸铁，是目前工业生产中应用最广泛的一种铸铁。

（3）麻口铸铁。碳大部分以渗碳体（Fe_3C）形式存在，少量以石墨（G）形式存在，含有不同程度的莱氏体，断口呈灰白相间的麻点状。麻口铸铁具有较大的硬脆性，工业上很少应用。

按铸铁中石墨（G）的形态不同，又可将铸铁分为以下几种：

（1）普通灰铸铁。石墨（G）呈片状，简称灰铸铁。这类铸铁具有一定的强度，耐磨、耐压和减震性能良好。

（2）可锻铸铁。石墨（G）呈团絮状，由一定成分的白口铸铁经石墨化退火获得。可锻铸铁强度较高，具有韧性和一定的塑性。应该注意，这类铸铁虽称为可锻铸铁，但实际上是不能锻造的。

（3）球墨铸铁。石墨（G）大部分或全部呈球状，浇注前经球化处理获得。这类铸铁强度高，韧性好，力学性能比普通灰铸铁高很多，在生产中的应用日益广泛，简称球铁。

（4）蠕墨铸铁。石墨（G）大部分呈蠕虫状，浇注前经蠕墨化处理获得，简称蠕铁。这类铸铁的抗拉强度、耐热冲击性能、耐压性能均比普通灰铸铁有明显改善，其力学性能介于灰铸铁和球墨铸铁之间。

第二节　实用铸铁简介

一、灰铸铁

1. 灰铸铁的成分、组织与性能

灰铸铁是一种价格便宜的结构材料，在工业生产中应用最为广泛。灰铸铁的化学成分一般为：$w_C = 2.7\% \sim 3.6\%$、$w_{Si} = 1.0\% \sim 2.2\%$、$w_{Mn} = 0.4\% \sim 1.2\%$、$w_S < 0.15\%$、$w_P < 0.5\%$。

通过对灰铸铁的组织进行分析可知，铸铁是在钢的基体上分布着一些片状石墨。由于化学成分和冷却速度对石墨化的影响，灰铸铁可能出现三种不同的金属基体组织，即铁素体灰铸铁（铁素体 + 石墨）、铁素体 + 珠光体灰铸铁（铁素体 + 珠光体 + 石墨）、珠光体灰铸铁（珠光体 + 石墨）。图 8 - 4 所示为三种灰铸铁的显微组织。

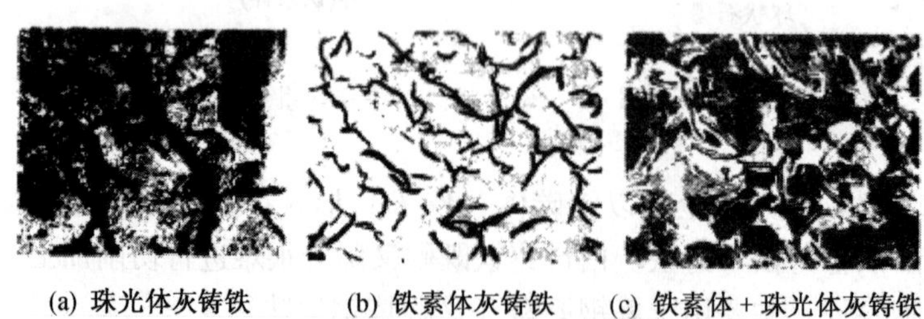

(a) 珠光体灰铸铁　(b) 铁素体灰铸铁　(c) 铁素体 + 珠光体灰铸铁

图 8 - 4　灰铸铁的显微组织

从图 8 - 4 中可以看出，灰铸铁实际上是在钢的基体组织上分布了大量的片状石墨，因而灰铸铁的力学性能主要取决于金属基体的组织及石墨的形态、数量、大小和分布状况。由于石墨的抗压强度很高，而抗拉强度和塑性几乎为零，因此石墨的存在就像在钢的基体上分布着许多细小的裂纹和空洞。石墨对钢的基体的这种割裂作用破坏了基体组织的连续性，减小了有效承载面积，并在石墨的尖角处容易产生应力集中，所以灰铸铁的抗拉强度、塑性和韧性远远低于钢，而且石墨的数量越多，尺寸越大，分布越不均匀，灰铸铁的力学性能就越差。但石墨本身具有密度小、比体积大和良好的润滑作用，使得灰铸铁凝固时收缩率小，铸造性能和切削加工性能优良，同时具有较高的耐磨性、减振性和低的缺口敏感性，加之灰铸铁生产方便，成品率高，成本低廉，使得灰铸铁成为应用最广泛的一种铸铁，占各类铸件总产量的 80%。

2. 灰铸铁的孕育处理

为了提高灰铸铁的性能，生产中必须细化和减小石墨片。一方面要改变石墨片的数量、大小和分布状态，另一方面要增加基体中珠光体的数量。铸铁组织中石墨片越少、越细小，分布越均匀，灰铸铁的力学性能就越高。生产上常用孕育处理的工艺细化金属基体并增加珠光体的数量，改变石墨片的形态和数量。

孕育处理又称变质处理，是在浇注前向铁液中投入少量硅铁、硅钙合金等孕育剂，使铁液中形成大量均匀分布的人工晶核，在防止白口化的同时，使石墨片和基体组织得到细化。

3. 灰铸铁的牌号及用途

灰铸铁的牌号由"灰铁"两字的汉语拼音首个字母"HT"及后面的一组数字组成，数字表示灰铸铁的最低抗拉强度值（MPa），如HT200表示抗拉强度不低于200 MPa的灰铸铁。

常用灰铸铁的牌号、力学性能及用途见表8-1。

表8-1　灰铸铁的牌号、力学性能及用途

牌号	最低抗拉强度/MPa	用　　途
HT100	100	承受轻载荷、抗磨性要求不高的零件，如罩、盖、手轮、重锤等，不需人工时效，铸造性能好
HT150	150	承受中等载荷、轻度磨损的零件，如机床支柱、底座、阀体、水泵壳等，不需人工时效，铸造性能好
HT200	200	承受较大载荷、气密性或轻腐蚀工作条件的零件，如齿轮、联轴器、凸轮、泵、阀体等
HT250	250	强度较高的铸铁，耐弱腐蚀介质，用于制造齿轮、联轴器、齿轮箱、气缸套、液压缸、泵体、机座等
HT300	300	高强度铸铁，具有良好的耐磨性和气密性，用于制造机床床身、导轨、齿轮、曲轴、凸轮、车床卡盘、高压液压缸、高压泵体、冲模等
HT350	350	

注：灰铸铁是根据强度分级的，一般采用ϕ30 mm铸造试棒，切削加工后进行测定。

二、可锻铸铁

可锻铸铁俗称玛钢、马铁。它是白口铸铁通过石墨化退火，使渗碳体分解成团絮状的石墨而获得的。由于石墨呈团絮状，相对于片状石墨而言，减轻了对基体的割裂作用和应力集中，因而可锻铸铁相对于灰铸铁有较高的强度，塑性和韧性也有很大提高。

1. 可锻铸铁的成分、组织与性能

为了保证可锻铸铁结晶时完全白口化，退火时渗碳体容易分解，要严格控制其化学成分。可锻铸铁的化学成分一般为：$w_C = 2.2\% \sim 2.8\%$、$w_{Si} = 1.2\% \sim 1.8\%$、$w_{Mn} = 0.4\% \sim 0.6\%$、$w_S < 0.25\%$、$w_P < 0.1\%$。

可锻铸铁的显微组织为金属基体加团絮状石墨，其金属基体为铁素体、珠光体或铁素体加珠光体，取决于石墨化退火的工艺。根据化学成分、石墨化退火工艺及组织性能的不同，可锻铸铁可分为黑心可锻铸铁（金相组织为铁素体基体＋团絮状石墨）、珠光体可锻铸铁（金相组织为珠光体基体＋团絮状石墨）和白心可锻铸铁（金相组织为铁素体＋珠光体基体+团絮状石墨)。图8-5所示为可锻铸铁的显微组织。

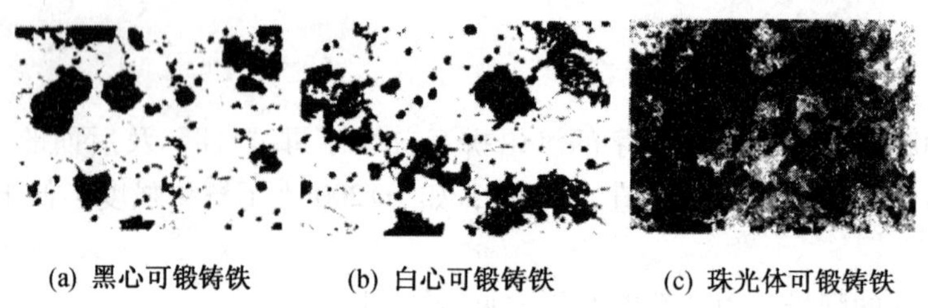

图8-5　可锻铸铁的显微组织

2. 可锻铸铁的生产工艺

可锻铸铁的生产过程包括两个步骤：首先浇注白口铸铁铸件，然后将其进行长时间的石墨化退火或氧化脱碳退火。如果在第一步浇注过程中得不到完全的白口组织，一旦有片状石墨形成，则在后续的石墨化退火过程中，由渗碳体分解出的石墨会沿原来的片状石墨结晶，得不到团絮状石墨。为了保证能在一般冷却条件下获得白口铸铁，又要在石墨化退火时使渗碳体容易分解，必须严格控制液态铁碳合金的成分。

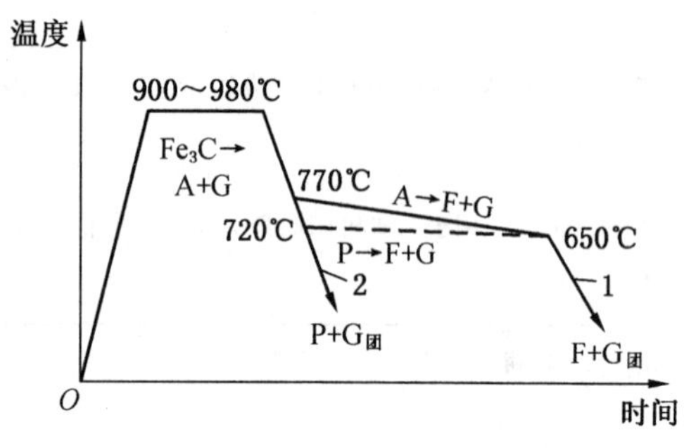

1—黑心可锻铸铁；2—珠光体可锻铸铁

图8-6　可锻铸铁石墨化退火热处理工艺曲线

将白口铸铁采用不同的退火方法处理，会得到不同组织的可锻铸铁。将白口铸铁在中性气氛中退火，使渗碳体完全分解为铁素体和团絮状石墨，得到的组织为铁素体+团絮状石墨的可锻铸铁，这种铸铁的断口呈黑绒状，外圈呈灰色，故称为黑心可锻铸铁，具有较高的塑性和韧性，其退火热处理工艺曲线如图8-6曲线1所示。若在共析转变过程中冷却速度太快，只将白口铸铁中部分渗碳体石墨化，得到的组织为珠光体+团絮状石墨的可锻铸铁，称为珠光体可锻铸铁，这种铸铁具有较高的强度、硬度和耐磨性，其退火热处理工艺曲线如图8-6曲线2所示。

将白口铸铁在氧化性介质中长时间退火可得到白心可锻铸铁。在退火过程中，不仅发生石墨化转变，而且还伴随着强烈的氧化脱碳作用。退火后，铸件外层为铁素体，心部为珠光体与极少量的团絮状石墨，其断口呈灰白色。白心可锻铸铁的塑韧性差，生产周期长，在生产中很少使用。

可锻铸铁的石墨化退火周期很长，一般需要70～80 h。为了提高生产率，可采用低温时效、淬火等新工艺。

低温时效工艺是在白口铸铁退火前先在300～500 ℃保温3～6 h，以增加石墨核心的数量，然后再继续升温，这种方法可以使退火时间缩短为15～16 h。

淬火工艺是将白口铸铁在石墨化退火前先进行淬火，得到细晶粒的组织和高的内应力，形成大量的石墨核心，这种方法也可以大大加速石墨化进程，使退火时间缩短为

10 ~ 15 h。

3. 可锻铸铁的牌号及用途

可锻铸铁的牌号由三个字母加两组数字组成，前两个字母“KT”是“可铁”两字的汉语拼音首个字母，第三个字母代表可锻铸铁的类别，“H”代表黑心可锻铸铁，“Z”代表珠光体可锻铸铁，“B”代表白心可锻铸铁。两组数字则分别代表最低抗拉强度（MPa）和伸长率（%）。例如，KTH300 – 06 表示黑心可锻铸铁，其最低抗拉强度为 300 MPa，最低伸长率为 6%；KTZ450 – 06 表示珠光体可锻铸铁，其最低抗拉强度为 450 MPa，最低伸长率为 6%。

我国常用黑心可锻铸铁和珠光体可锻铸铁的牌号、力学性能及用途见表 8 – 2。

表 8 – 2 黑心可锻铸铁和珠光体可锻铸铁的牌号、力学性能及用途

<table>
<tr><th colspan="3">牌号</th><th rowspan="2">试样直径
d/mm</th><th>抗拉强度/MPa</th><th>屈服强度/MPa</th><th>伸长率/%</th><th rowspan="2">硬度
HBW</th><th rowspan="2">用 途</th></tr>
<tr><th></th><th>A</th><th>B</th><th colspan="3">不小于</th></tr>
<tr><td rowspan="4">黑心可锻铸铁</td><td>KTH300 – 06</td><td></td><td rowspan="8">12 或 15</td><td>300</td><td></td><td>6</td><td rowspan="4">≤150</td><td rowspan="2">强度高，塑韧性好，抗冲击，有一定的耐蚀性。用于水管、高压锅炉、农机零件、车辆铸件、机床零件</td></tr>
<tr><td></td><td>KTH330 – 08</td><td>330</td><td></td><td>8</td></tr>
<tr><td>KTH350 – 10</td><td></td><td>350</td><td>200</td><td>10</td><td rowspan="2">强度高，塑韧性好，抗冲击，有一定的耐蚀性。用于汽车、拖拉机、机床、农机零件</td></tr>
<tr><td></td><td>KTH370 – 12</td><td>370</td><td></td><td>12</td></tr>
<tr><td rowspan="4">珠光体可锻铸铁</td><td>KTZ450 – 06</td><td></td><td>450</td><td>270</td><td>6</td><td>150 ~ 200</td><td rowspan="4">强度较高，韧性较差，耐磨性好，加工性能好，可代替中低碳钢、低合金钢及有色金属等制造耐磨性和强度要求高的零件。用于汽车前轮毂、传动箱体、拖拉机履带轨板、齿轮、连杆、活塞环、凸轮轴、曲轴、差速器壳、犁刀等</td></tr>
<tr><td>KTZ550 – 04</td><td></td><td>550</td><td>340</td><td>4</td><td>180 ~ 230</td></tr>
<tr><td>KTZ650 – 02</td><td></td><td>650</td><td>430</td><td>2</td><td>210 ~ 260</td></tr>
<tr><td>KTZ700 – 02</td><td></td><td>700</td><td>530</td><td>2</td><td>240 ~ 290</td></tr>
</table>

注：B 为过渡性牌号。

三、球墨铸铁

1. 球墨铸铁的成分、组织与性能

一定成分的铁液在浇注前经球化处理，使石墨大部分或全部呈球状的铸铁称为球墨

铸铁。

球墨铸铁采用高碳高硅、低硫低磷的铁液，其化学成分一般为：$w_C=3.6\%\sim3.9\%$、$w_{Si}=2.0\%\sim2.8\%$、$w_{Mn}=0.6\%\sim0.8\%$、$w_S<0.07\%$、$w_P<0.10\%$。较高含量的碳、硅有利于石墨球化。

球化处理是浇注前在铁液中加入少量的球化剂（通常为纯镁、镁合金、稀土硅铁镁合金等）及孕育剂，使石墨以球状析出。镁和稀土元素虽然具有很强的球化能力，但也强烈阻碍石墨化进程，所以加入球化剂的同时还应加入孕育剂以促进石墨化。

随着化学成分和冷却速度的不同，球墨铸铁可以得到不同的金属基体，由此可将其分为铁素体球墨铸铁、铁素体+珠光体球墨铸铁和珠光体球墨铸铁。图8－7所示为球墨铸铁的显微组织。

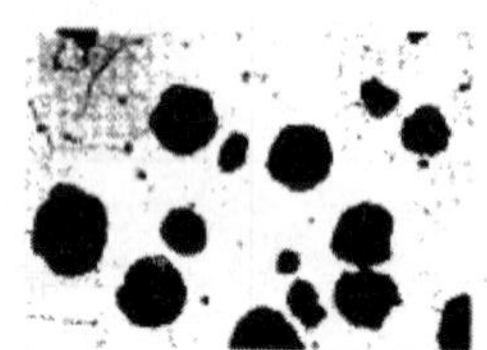
(a) 铁素体球墨铸铁

(b) 珠光体球墨铸铁

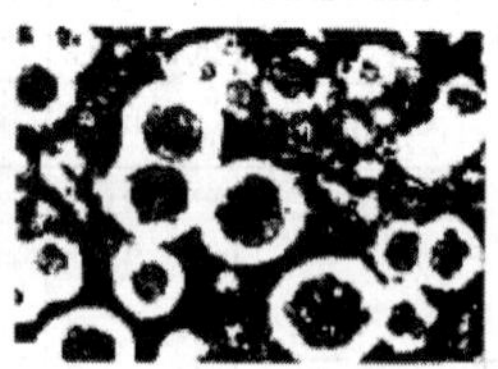
(c) 铁素体+珠光体球墨铸铁

图8－7　球墨铸铁的显微组织

球状石墨对金属基体的割裂作用比片状石墨要小很多，并且不存在片状石墨尖端产生的应力集中现象，故球状石墨对金属基体的破坏作用大为减小，基体的强度利用率可达70%~90%。所以，球墨铸铁的抗拉强度和塑性已超过灰铸铁和可锻铸铁，与铸钢接近，而铸造性能和切削加工性能均优于铸钢，同时热处理的强化作用明显。

2. 球墨铸铁的牌号及用途

球墨铸铁的牌号由“球铁”两字的汉语拼音首个字母“QT”及后面的两组数字组成，两组数字分别表示球墨铸铁的最低抗拉强度（MPa）和伸长率（%）。常用球墨铸铁的牌号、力学性能及用途见表8－3。

由于球墨铸铁具有比灰铸铁和可锻铸铁优良的力学性能和工艺性能，并能通过热处理使其性能在较大范围内变化，因此可以代替碳素铸钢、合金铸钢和可锻铸铁，用来制作一些受力复杂，强硬度、塑韧性和耐磨性要求较高的零件，如内燃机曲轴、凸轮轴、连杆、减速箱齿轮及轧钢机的轧辐等。

四、蠕墨铸铁

蠕墨铸铁是近年来迅速发展起来的一种新型结构材料，它是在高碳、低硫、低磷的铁液中加入蠕化剂，经蠕化处理后使石墨呈短蠕虫状的高强度铸铁。蠕墨铸铁的强度比灰铸铁高，兼具灰铸铁和球墨铸铁的某些优点，可用于代替高强度灰铸铁、合金铸铁、黑心可锻铸铁及铁素体球墨铸铁使用，日益引起人们的重视。

表 8-3 黑心可锻铸铁和珠光体可锻铸铁的牌号、力学性能及用途

牌号	抗拉强度/MPa	屈服强度/MPa	伸长率/%	硬度 HBW	用 途
	≥				
QT400-18	400	250	18	130~180	韧性高，低温性能好，有一定的耐蚀性。用于制造汽车及拖拉机轮毂、驱动桥、离合器壳、差速器壳体、拨叉、阀体等
QT400-15	400	250	15	130~180	
QT450-10	450	310	10	160~210	强度和韧性中等。用于制造内燃机油泵齿轮，铁路车辆轴瓦飞轮，水轮机阀门体等
QT500-7	500	320	7	170~230	
QT600-3	600	370	3	190~270	高强度、高耐磨性，并具有一定的韧性。用于制造柴油机曲轴，轻型柴油机凸轮轴、连杆、气缸套、缸体，磨床主轴、铣床主轴、车床主轴，矿车车轮，农业机械小负荷齿轮
QT700-2	700	420	2	225~305	
QT800-2	800	480	2	245~335	
QT900-2	900	600	2	280~360	高强度、高耐磨性。用于制造内燃机曲轴、凸轮轴，汽车锥齿轮、万向节，拖拉机变速器齿轮，农业机械犁铧等

注：1. 表中均为单注试块的力学性能数据。

2. QT900-2 经等温淬火得到的金属基体组织为下贝氏体。

1. 蠕墨铸铁的成分、组织与性能

蠕墨铸铁的化学成分与球墨铸铁相似，即高碳、低硫、低磷，含有一定的硅和镁。其化学成分一般为：$w_C = 3.5\% \sim 3.9\%$、$w_{Si} = 2.1\% \sim 2.8\%$、$w_{Mn} = 0.4\% \sim 0.8\%$、$w_S < 0.06\%$、$w_P < 0.10\%$。

蠕墨铸铁的显微组织是在金属基体上分布着蠕虫状石墨，在金相显微镜下看，其结构介于片状石墨与球状石墨之间，较短而厚，形貌卷曲，两端头部较圆，形似蠕虫，长宽比一般在 2~10 范围内。图 8-8 所示为蠕墨铸铁的显微组织。

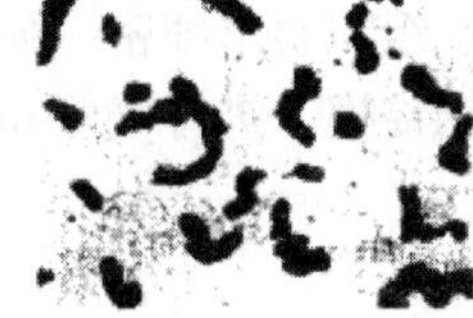
(a) 铁素体蠕墨铸铁

(b) 铁素体+珠光体蠕墨铸铁

图 8-8 蠕墨铸铁的显微组织

蠕墨铸铁的力学性能取决于石墨的蠕化率、形状系数和石墨的均匀程度及基体组织等因素。基体组织根据蠕化剂和石墨化程度的不同而不同，分为珠光体、珠光体加铁素体和铁素体三种。蠕虫状石墨的组织中常伴有少量的球状石墨。蠕虫状石墨使周围的应力集中现象大为缓和，所以这类铸铁的抗拉强度、屈服强度、塑性和韧性都明显高于相同基体的灰铸铁，而减振性、导热性、耐磨性、切削加工性能和铸造性能近似于灰铸铁。

2. 蠕墨铸铁的牌号及用途

蠕墨铸铁的牌号用“蠕铁”两字的汉语拼音“RuT”及后面的数字组成，数字表示蠕墨铸铁的最低抗拉强度（MPa）。例如，RuT340 表示蠕墨铸铁，其最低抗拉强度为 340 MPa。

常用蠕墨铸铁的牌号、力学性能及用途见表8－4。

表8－4　蠕墨铸铁的牌号、力学性能及用途

牌号	抗拉强度/MPa	屈服强度/MPa	伸长率/%	硬度 HBW	用途
	≥				
RuT420	420	335	0.75	200～280	高强度、高耐磨性、高硬度及好的热导率，需正火处理。用于制造活塞、制动盘、玻璃模具、研磨盘、活塞环、制动鼓等
RuT380	380	300	0.75	193～274	
RuT340	340	270	1.00	170～249	较高的硬度、强度、耐磨性及热导率。用于制造要求较高强度、刚度和耐磨性的零件，如大齿轮箱体、盖、底座制动鼓、大型机床件、飞轮、起重机卷筒等
RuT300	300	240	1.50	140～217	良好的强度、硬度，一定的塑韧性，较高的热导率，致密性良好。用于制造强度较高及耐热疲劳的零件，如排气管、气缸盖、变速箱体、液压件、钢锭模等
RuT260	260	195	3.00	121～197	强度不高、硬度较低，有较高的塑韧性及热导率，需退火处理。用于制造受冲击载荷及热疲劳的零件，如汽车及拖拉机的底盘零件、增压机废气进气壳体等

由于蠕墨铸铁的性能介于灰铸铁和球墨铸铁之间，工艺简单，而且具有耐热冲击性好和抗热生长能力强等优点，必要时还可以通过热处理来改善组织和提高性能，在工业上广泛应用于承受循环载荷、组织要求细密、强度要求较高、形状复杂的大型零件和气密性零件，如气缸盖、飞轮、钢锭模、进排气管和液压阀体等零件。

知识拓展

合　金　铸　铁

在普通铸铁中加入合金元素，使之具有某些特殊性能的铸铁称为合金铸铁。通常加入的合金元素有硅、锰、磷、镍、铬、钼、铜、铝、硼、钒、钛、锑、锡等。合金铸铁根据合金元素的加入量分为低合金铸铁（合金元素含量＜3%）、中等合金铸铁（合金元素含量为3%～10%）和高合金铸铁（合金元素含量＞10%）。合金元素能使铸铁基体组织发生变化，从而使铸铁获得特殊的耐热、耐磨、耐腐蚀、无磁和耐低温等物理、化学性能，因此这种铸铁也称为“特殊性能铸铁”。目前，合金铸铁被广泛应用于机器制造、冶金矿山、化工、仪表工业以及冷冻技术等部门。

例如耐磨铸铁中的高磷铸铁，在铸铁中提高了磷的含量，可形成高硬度的磷化物共晶体，呈网状分布在珠光基体上，形成坚硬的骨架，使铸铁的耐磨损能力比普通铸铁提高一倍以上。在含磷较高的铸铁中再加入适量的Cr、Mo、Cu或微量的V、Ti、B等元素，则

耐磨性更好。

又如常用的耐热铸铁（中硅铸铁、高铬铸铁、镍铬硅铸铁、镍铬球墨铸铁等），可用来代替耐热钢制造耐热零件，如加热炉底板、热交换器、坩埚等。这些铸铁中加入 Si、Al、Cr 等合金元素，在铸铁表面形成一层致密的、稳定性好的氧化膜（SiO_2、Al_2O_3、Cr_2O_3），可使铸铁在高温环境下工作时内部金属不被继续氧化。同时，这些元素能提高固态相变临界点，使铸铁在使用范围内不致发生相变，以减少由此而造成的体积胀大和显微裂纹等。

此外还有耐蚀铸铁，它们具有较高的耐蚀性能，其耐蚀措施与不锈钢相似，一般加入 Si、Al、Cr、Ni、Cu 等合金元素，在铸件表面形成牢固、致密而又完整的保护膜，组织腐蚀继续进行，并提高铸铁基体的电极电位和铸铁的耐蚀性。

第三节 铸铁的热处理

一、热处理的作用

对于已形成的铸铁组织，通过热处理只能改变其基体组织，不能改变石墨的大小、数量、形态和分布，所以对灰铸铁的热处理不能从根本上改变其力学性能。对灰铸铁进行热处理是为了减小其内应力，提高表面硬度和耐磨性能，以及消除因冷却过快而在铸件表面产生的白口组织。

二、热处理方法

1. 灰铸铁

1）消除内应力退火（人工时效）

当铸件形状复杂、壁厚不均匀时，在冷却过程中会产生较大的内应力。在切削加工过程中，铸件的内应力会重新分配，这些内应力会使铸件产生变形甚至开裂。为了避免铸件的变形或开裂，需要对其进行去应力退火。将铸件加热到 500～600 ℃，保温一定时间（每 10 mm 截面保温约 2 h），随炉缓慢冷却至 150～200 ℃，出炉空冷。应该注意保温时间不宜过长，以防止引起石墨化，降低力学性能。经热处理后，铸件的内应力基本消除。消除内应力退火适用于形状复杂或精度要求高的铸件，如机床床身、机架等。

2）消除白口组织、降低硬度退火（石墨化退火）

铸件在冷却过程中若冷速过快，会在表面或薄壁处出现白口组织，给切削加工带来困难，故需要进行消除白口组织、降低硬度的退火处理。

将铸件加热到 850～900 ℃，保温 2～5 h，随炉缓慢冷却至 400～500 ℃，再出炉空冷。热处理后能使白口组织中的渗碳体分解为铁素体和石墨，降低硬度，改善切削加工性能。

3）表面淬火

某些大型铸件的工作表面需要较高的硬度和耐磨性（如机床导轨表面、内燃机气缸套内壁等），常采用表面淬火的热处理方法来达到性能要求。表面淬火的方法根据加热方式不同可分为火焰淬火、中频感应碎火、高频感应淬火、接触电阻加热淬火等。

在进行表面淬火的铸件原始组织中，珠光体的体积分数应大于65%，石墨细小且分布均匀，一般希望是珠光体基体 + 细片状石墨组织的灰铸铁。淬火时，将铸件表面快速加热到900 ~ 1000 ℃，然后喷水冷却。表面淬火后的组织为马氏体和石墨，硬度可达到50 ~ 55 HRC。

2. 球墨铸铁

(1) 退火。球墨铸铁的退火热处理方法可分为去应力退火、高温石墨化退火及低温石墨化退火三种。退火后的组织为铁素体基体的球墨铸铁，其目的是提高球墨铸铁的塑性和韧性，降低硬度，改善切削加工性能，消除内应力。

(2) 正火。这是目前对球墨铸铁使用最多的一种热处理方法，正火后的组织为珠光体基体的球墨铸铁（基体中珠光体的体积分数占70%以上），其目的是获得珠光体并增加其分散度，细化组织，提高铸件的强度、硬度和耐磨性。

(3) 调质处理。调质后的球墨铸铁基体组织为回火索氏体，具有良好的综合力学性能。用于受力复杂、截面大、承受交变应力的零件，如连杆、曲轴等。

(4) 等温淬火。等温淬火是获得高强度和超高强度球墨铸铁的重要热处理方法。等温淬火后的球墨铸铁基体组织为下贝氏体，含有少量的残余奥氏体和马氏体，其目的是获得高强度、高硬度、高韧性的综合力学性能及很好的耐磨性。用于外形复杂以及经热处理容易变形、开裂的零件，如齿轮、凸轮轴及滚动轴承内外圈等。

3. 可锻铸铁、蠕墨铸铁

可锻铸铁是通过先浇注成白口铸铁，再采用不同的退火工艺来获得不同的基体组织和团絮状石墨的，所以一般不再进行其他热处理。

蠕墨铸铁中石墨的割裂作用比灰铸铁小，浇注后的组织中有较多的铁素体存在，通常可通过正火使其获得以珠光体为主的基体组织，在一定程度上提高其力学性能。

练　习　题

一、填空题

1. 铸铁是含碳量____________的铁碳合金，但铸铁中的碳大部分不再以______形式存在，而是以游离的______状态存在。

2. 铸铁中的碳以石墨的形式析出的过程称为____________。铸铁中的石墨可以从液态中直接结晶出或从______中直接析出，也可以先结晶出______，再由____________在一定条件下分解而得到的。

3. 铸铁的力学性能主要取决于____________的组织和石墨的______、______、______以及分布状态。

4. 铸铁中的______一方面割裂了钢的基体，破坏了基体的______，另一方面又使铸铁获得了良好的____________、____________，以及______、______、______、______、缺口敏感性低等诸多优良性能。

5. 根据铸铁在结晶过程中的石墨化程度不同，铸铁可分为____________、

__________和__________三类；另外根据铸铁中石墨形态的不同，铸铁可分为______铸铁，其石墨呈曲片状；______铸铁，其石墨呈______状；______铸铁，其石墨呈______状；______铸铁，其石墨呈______状。

6. 可铸铁的生产过程包括两个步骤；首先__________，然后进行长时间的______。

7. 对于已形成的铸铁组织，通过热处理只能改变其__________，而不能改变______的大小、______、______和______。

二、判断题

1. （　　）铸铁中碳存在的形式不同，则其性能也不同。
2. （　　）厚铸铁件的表面硬度总比铸件内部高。
3. （　　）球墨铸铁可以通过热处理改变其基体组织，从而改善其性能。
4. （　　）通过热处理可以改变铸铁的基本组织，故可显著提高其机械性能。
5. （　　）可锻铸铁比灰口铸铁的塑性好，因此可以进行锻压加工。
6. （　　）可锻铸铁只适用于薄壁铸件。
7. （　　）白口铸铁件的硬度适中，易于进行切削加工。
8. （　　）从灰口铸铁的牌号上可看出它的硬度和冲击韧性值。
9. （　　）球墨铸铁中石墨形态呈团絮状存在。
10. （　　）黑心可锻铸铁强韧性比灰口铸铁差。
11. （　　）通过热处理可改变灰铸铁的基本组织，故可显著地提高其力学性能。

三、选择题

1. 铸铁中的碳以石墨形态析出的过程称为（　　）。

A. 石墨化　　B. 变质处理　　C. 球化处理　　D. 孕育处理

2. 灰口铸铁具有良好的铸造性、耐磨性、切削加工性及消振性，这主要是由于组织中的（　　）的作用。

A. 铁素体　　B. 珠光体　　C. 石墨　　D. 渗碳体

3. （　　）的石墨形态是片状的。

A. 球墨铸铁　　B. 灰口铸铁　　C. 可锻铸铁　　D. 白口铸铁

4. 铸铁的（　　）性能优于碳钢。

A. 铸造　　B. 锻造　　C. 焊接　　D. 淬透

5. 孕育铸铁是灰口铸铁经孕育处理后，使（　　）从而提高灰口铸铁的机械性能。

A. 基体组织改变　　B. 石墨片细小　　C. 晶粒细化　　D. 石墨片粗大

6. 下列牌号中（　　）是孕育铸铁。

A. HT200　　B. HT300　　C. KTH300－06　　D. QT400－17

7. 可锻铸铁是在钢的基体上分布着（　　）石墨。

A. 粗片状　　B. 细片状　　C. 团絮状　　D. 球粒状

8. 可锻铸铁是（　　）均比灰口铸铁高的铸铁。

A. 强度、硬度　　B. 刚度、塑性　　C. 塑性、韧性　　D. 强度、韧性

9. 关于 KTZ450－06 的说法中错误的是（　　）。

A. 普通质量碳钢　　B. 最低抗拉强度值 450 N/mm^2

C. 最低延伸率值6%　　　　　　　　　　D. 可用来制作柴油机曲轴、凸轮轴等

10.（　）的性能提高，甚至接近钢的性能。

A. 孕育铸铁　　B. 可锻铸铁　　C. 球墨铸铁　　D. 合金铸铁

11. 球墨铸铁是在钢的基体上分布着（　）石墨。

A. 粗片　　B. 细片　　C. 团状　　D. 球状

12. 与灰口铸铁相比，球墨铸铁最突出的优点是（　）。

A. 塑性高　　B. 韧性好　　C. 疲劳强度高　　D. A + B

13. 承受拉力的构件或零件应选用（　）。

A. 铸铁　　B. 铸钢　　C. 工具钢　　D. 结构钢

14. 铸铁牌号 HT100、KTH370 – 12、QT420 – 10 依次表示（　）。

A. 可锻铸铁、球墨铸铁、白口铸铁　　B. 灰口铸铁、孕育铸铁、球墨铸铁

C. 灰口铸铁、可锻铸铁、球墨铸铁　　D. 灰口铸铁、麻口铸铁、可锻铸铁

15. 合金铸铁是在灰口铸铁或球墨铸铁中加入一定的（　）制成，具有所需使用性能的铸铁。

A. 碳　　B. 杂质元素　　C. 气体元素　　D. 合金元素

四、简答题

1. 什么是铸铁？与钢相比，铸铁在成分、性能和组织等方面有什么不同？
2. 铸铁是如何分类的？
3. 什么是铸铁的石墨化？影响石墨化的主要因素有哪些？
4. 铸铁中常见的石墨形态有哪些？
5. 灰铸铁能否通过热处理强化？它常用哪几种热处理方法？目的是什么？
6. 可锻铸铁能不能锻造？它是如何获得的？
7. 什么是球墨铸铁？为什么它的力学性能比其他铸铁都高？球墨铸铁可采用哪些热处理方法？目的是什么？
8. 什么是蠕墨铸铁？它主要有哪些性能特点？适用于哪些场合？
9. 试举例说明灰铸铁、可锻铸铁、球墨铸铁和蠕墨铸铁的牌号表示方法。

第九章　有色金属及其合金

【知识目标】

1. 掌握常用有色金属及其合金的种类、牌号、成分特点、性能特点及应用范围。
2. 了解有色合金的强化方法。

【能力目标】

1. 能够正确识读合金的牌号。
2. 初步具有合理选择有色金属及其合金的能力。

金属分为黑色金属和有色金属两大类。通常我们把钢、铸铁、铬钢、锰钢称为黑色金属，除黑色金属之外的所有金属，如 Al、Mg、Cu、Zn 等金属及其合金称为有色金属或非铁金属。

有色金属材料具有密度小、比强度大、耐蚀性高等优点，已成为现代工业中不可缺少的材料，在国民经济中有十分重要的地位。随着航空、航天、石油化工、汽车、能源、电子等工业的快速发展，有色金属材料的地位将会越来越重要。

有色金属种类繁多，根据密度和金属元素在地壳中的含量，大致有如下四大类：

（1）有色轻金属：密度小于 3.5 g/cm^3 的有色金属称为有色轻金属或轻金属，如 Al、Mg、Na、K 等。

（2）有色重金属：密度大于 3.5 g/cm^3 的有色金属称为有色重金属或重金属，如 Cu、Pb、Zn、Ni、Co、Sn、Hg 等。

（3）贵金属：密度大于 10 g/cm^3 的、在地壳中含量极少，且有极强抗氧化性、耐蚀性的有色金属，如 Au、Ag、Pt 族金属。

（4）稀有金属：一般是指在地壳中含量少、分布稀散、冶炼复杂或研制使用较晚的有色金属。如稀有难熔金属 Ti、V、Nb、W、Mo，稀有轻金属 Li、Be、Cs、Rb，稀土金属 La、Ce、Pr 等。

有色金属不仅是合金钢提高耐热、耐蚀、耐磨等特殊性能的必需合金元素，而且有色金属具有独特的使用性能，这些都使有色金属越来越被重视，现已成为现代工业，尤其是航空、航天、航海、汽车、石化、电力、核能以及计算机等工业部门赖以发展的重要战略物资。

工程上常用的有色金属有铜及其合金、铝及其合金、钛及其合金和轴承合金等。

第一节　铜及其合金

由于铜及铜合金具有良好的导电性、导热性、抗磁性、耐蚀性和工艺性，故被广泛应用在电气工业、造船业和机械制造业中。

一、纯铜

工业用纯铜含铜量高于99.5%，由于表面形成氧化膜后呈紫色，故工业纯铜常称紫铜，如图9-1所示。纯铜的密度为8.96 g/cm³，熔点为1083 ℃，具有面心立方晶格，无同素异构转变。

图9-1 纯铜带

纯铜突出的优点是具有优良的导电性、导热性及良好的耐蚀性（耐大气及海水腐蚀）和焊接性，其导电性、导热性均仅次于银。此外，纯铜无磁性、无打击火花，对于制造不允许受磁性干扰的磁学仪器，如罗盘、航空仪表和炮兵瞄准环等具有重要价值。

纯铜的强度不高（R_m=230~250 MPa），硬度很低（40~50HBW），塑性很好（A=40%~50%），不宜直接用作结构材料。纯铜不能通过热处理强化，只能通过冷加工形变强化。冷变形加工后，可以使铜的抗拉强度提高到400~500 MPa，但断后伸长率急剧下降到2%左右，电导率也降低，经退火后可消除加工硬化现象。

根据GB/T 5231—2012标准，工业纯铜有Tl、T2、T3三种。“T”为铜的汉语拼音首字母，顺序号越大，纯度越低。工业纯铜的牌号、成分及用途见表9-1。

表9-1 工业纯铜的牌号、成分及用途（摘自GB/T 5231—2012）

类别	牌号	w_{Cu}/%，不小于	杂质/%，不大于		杂质总含量/%，不大于	用途
			Bi	Pb		
一号铜	T1	99.95	0.001	0.003	0.05	导电材料和配制高纯度合金
二号铜	T2	99.90	0.001	0.005	0.1	导电材料，制作电线、电缆
三号铜	T3	99.70	0.002	0.01	0.3	一般用铜材，电气开关、垫圈、铆钉等

除工业纯铜外，还有一类无氧铜，其氧含量极低，不大于0.003%。牌号有TU00、TU0、TU1、TU2、TU3五种，主要用来制作电真空器件及高导电性的导线和元件。

为了满足制造结构件的要求，工业上广泛采用在铜中加入合金元素，利用合金强化的方法强化铜合金。

二、铜合金

1. 铜合金分类及牌号表示方法

铜合金按化学成分可以分为黄铜、青铜和白铜三大类。黄铜是指以锌为主要合金元素的铜合金，在此基础上加入其他合金元素的铜合金称为特殊黄铜或复杂黄铜。白铜是指以镍为主要合金元素的铜合金。青铜是指除黄铜和白铜以外的所有铜合金。根据GB/T 29091—2012标准，铜合金的命名方法如下。

1）压力加工黄铜

压力加工黄铜有普通黄铜和特殊黄铜两种。

普通黄铜：以汉语拼音“黄”的首字母“H”+铜含量命名。

例如：

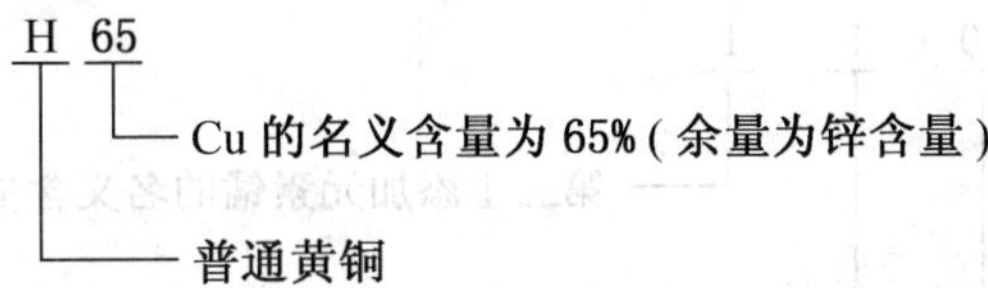

特殊黄铜：以汉语拼音“黄”的首字母“H”+第二主添加元素化学符号+铜含量+除锌以外的各添加元素含量（数字间以“-”隔开）命名。

例如：

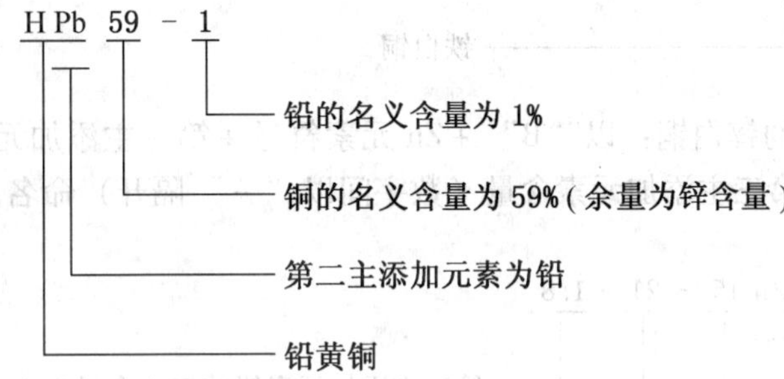

2）压力加工青铜

以汉语拼音“青”的首字母“Q”+第一主添加元素化学符号+各添加元素含量（数字间以“-”隔开）命名。

例如：

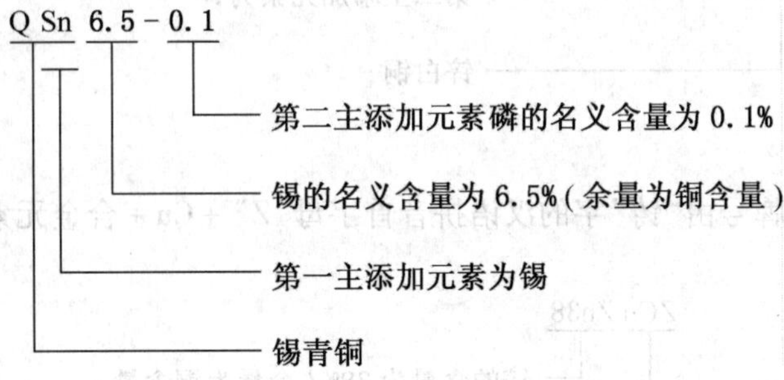

3）白铜

普通白铜：以汉语拼音“白”的首字母“B”+镍含量命名。

例如：

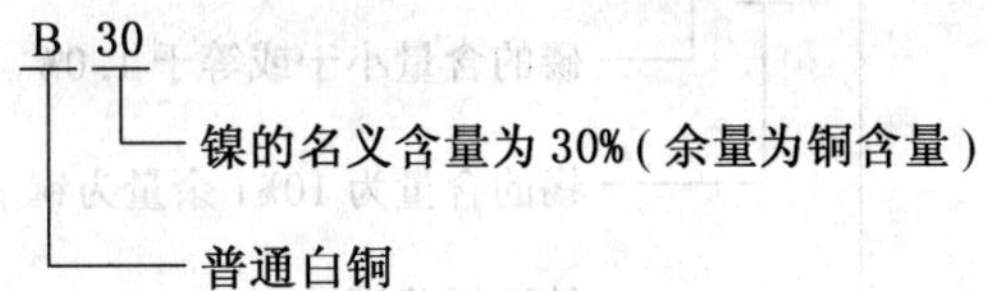

特殊白铜（也称复杂白铜）：

（1）铜为余量的复杂白铜：以“B” +第二主添加元素化学符号+镍含量+各主添加元素的名义含量（数字间以“-”隔开）命名。（余量为铜含量）

例如：

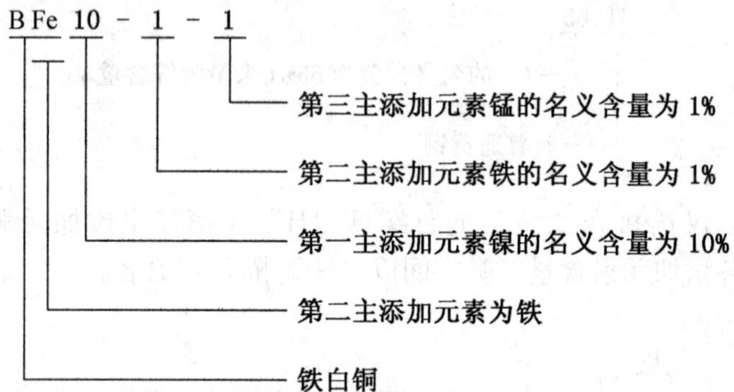

（2）锌为余量的锌白铜：以“B” +Zn元素符号+第一主添加元素镍含量+第二主添加元素锌含量+第三主添加元素含量（数字间以“-”隔开）命名。

例如：

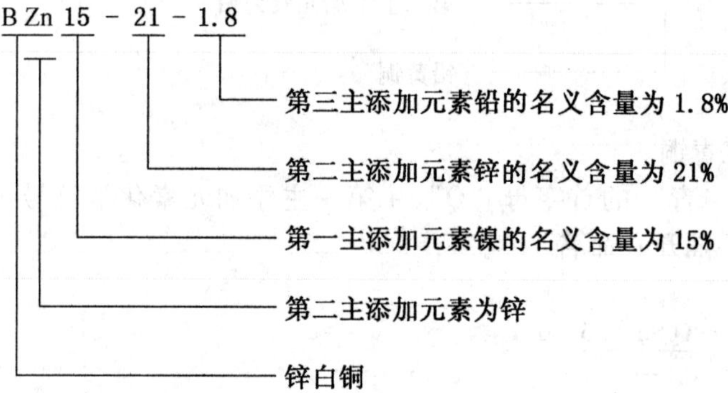

4）铸造铜合金

铸造铜合金的牌号由“铸”字的汉语拼音首字母“Z”+Cu+合金元素符号及含量组成。

例如：

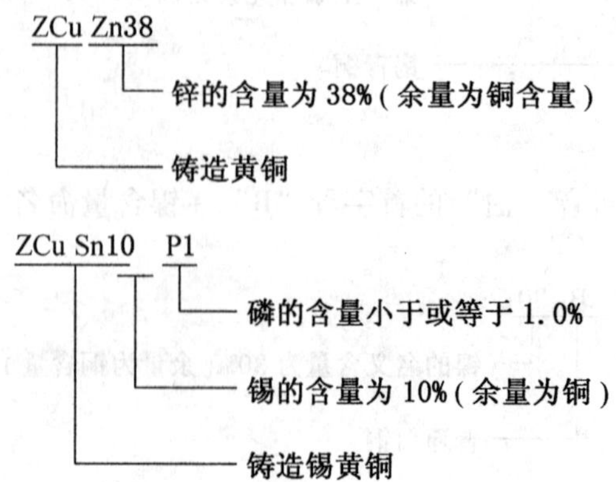

2. 黄铜

黄铜是指以锌为主加元素的铜合金，其具有良好的力学性能，易加工成型，对大气、海水有相当好的耐蚀能力，在工业中应用最广。

1）普通黄铜

普通黄铜是 Cu－Zn 二元合金。锌加入铜中不但能使强度提高，也能使塑性增大。如图 9－2 所示，当 $w_{Zn} \leqslant 30\% \sim 32\%$ 时，组织为单相 α 固溶体，随着锌含量的增加，强度和塑性提高，锌含量达到 32% 时黄铜的塑性最好；当 $w_{Zn} > 32\%$ 后，因组织中出现 β′相，塑性开始下降，当 $w_{Zn} = 45\%$ 附近时强度达到最大值；当 $w_{Zn} > 45\%$ 时，黄铜的组织全部为 β′相，强度与塑性开始急剧下降，此时已无使用价值。

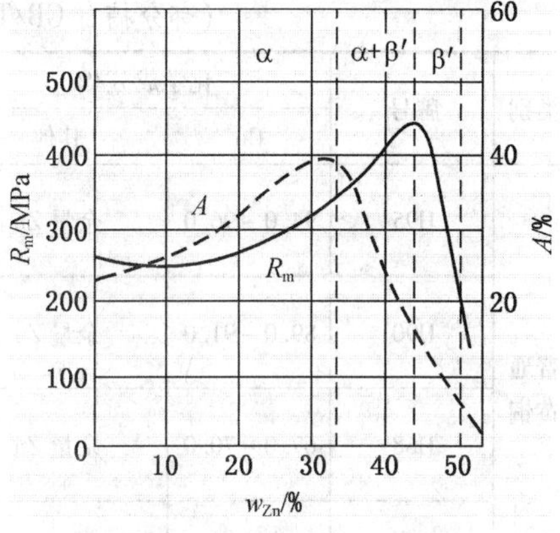

图 9－2　锌含量对黄铜力学性能的影响

普通黄铜按组织成分不同可分为单相黄铜和双相黄铜两类，单相黄铜塑性好可进行冷、热压力加工，适于制作冷轧板材、冷拉线材、管材及形状复杂的深冲零件，如弹壳、冷凝器管等；双相黄铜强度高只能热加工，通常热轧成棒材、板材，再机加工成各种零件，如螺栓、螺母、垫圈、弹簧及轴套等。

2）特殊黄铜

特殊黄铜就是在普通黄铜的基础上为了获得更高的强度、耐蚀性和良好的可加工性及铸造性，加入铝、锡、硅、锰、铅等元素获得的铝黄铜、锡黄铜、硅黄铜、锰黄铜和铅黄铜等铜合金。图 9－3 所示为黄铜的一些应用实例。

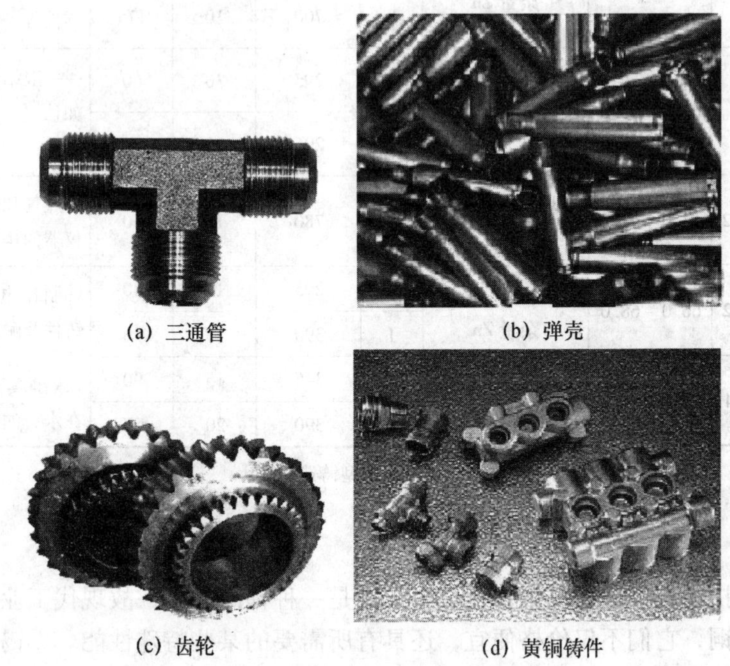

(a) 三通管　(b) 弹壳　(c) 齿轮　(d) 黄铜铸件

图 9－3　黄铜的一些应用实例

常用黄铜的牌号、成分、性能和用途见表9－2。

表9－2 常用黄铜的牌号、成分、性能和用途
（部分摘自 GB/T 1176—2013 和 GB/T 5231—2012）

类别	牌号	化学成分/%		状态	力学性能，不小于			主要用途
		Cu	其他		R_m/MPa	A/%	HBW	
普通黄铜	H95	94.0～96.0	余量 Zn	T	240	50	45	冷凝管、散热器及导电零件等
普通黄铜	H95	94.0～96.0	余量 Zn	L	450	2	120	冷凝管、散热器及导电零件等
普通黄铜	H90	89.0～91.0	余量 Zn	T	260	45	53	双金属片、热水管、艺术品、印章等
普通黄铜	H90	89.0～91.0	余量 Zn	L	480	4	130	双金属片、热水管、艺术品、印章等
普通黄铜	H68	67.0～70.0	余量 Zn	T	320	55		复杂的冲压件、散热器、轴套、弹壳等
普通黄铜	H68	67.0～70.0	余量 Zn	L	660	3	150	复杂的冲压件、散热器、轴套、弹壳等
普通黄铜	H62	60.5～63.5	余量 Zn	T	330	49	56	销钉、铆钉、螺母、垫圈、散热器、弹簧等零件
普通黄铜	H62	60.5～63.5	余量 Zn	L	660	3	164	销钉、铆钉、螺母、垫圈、散热器、弹簧等零件
特殊黄铜	HSn90－1	88.0～91.0	Sn：0.25～0.75 余量 Zn	T	280	45		船舶上的零件、汽车与拖拉机上的弹性套管等
特殊黄铜	HSn90－1	88.0～91.0	Sn：0.25～0.75 余量 Zn	L	520	5	82	船舶上的零件、汽车与拖拉机上的弹性套管等
特殊黄铜	HPb59－1	57.0～60.0	Pb：0.8～1.9 余量 Zn	T	400	45	44	用于热冲压和切削加工制作的各种零件，如销钉、螺钉、螺母、轴套等
特殊黄铜	HPb59－1	57.0～60.0	Pb：0.8～1.9 余量 Zn	L	650	16	80	用于热冲压和切削加工制作的各种零件，如销钉、螺钉、螺母、轴套等
特殊黄铜	HMn58－2	57.0～60.0	Mn：1.0～2.0 余量 Zn	T	400	40	85	腐蚀条件下工作的重要零件和弱电电路上使用的零件等
特殊黄铜	HMn58－2	57.0～60.0	Mn：1.0～2.0 余量 Zn	L	700	10	175	腐蚀条件下工作的重要零件和弱电电路上使用的零件等
铸造黄铜	ZCuZn38	60.0～63.0	余量 Zn	S	295	30	60	一般结构件及耐蚀零件，如法兰、阀座、手柄、螺母等
铸造黄铜	ZCuZn38	60.0～63.0	余量 Zn	J	295	30	70	一般结构件及耐蚀零件，如法兰、阀座、手柄、螺母等
铸造黄铜	ZCuZn33Pb2	63.0～67.0	Pb：1.0～3.0 余量 Zn	S	780	12	50	煤气和给水设备的壳体、仪器的构件等
铸造黄铜	ZCuZn31Al2	66.0～68.0	Al：2.0～3.0 余量 Zn	S	295	12	80	制作电动机、仪表等压铸件及耐蚀件等
铸造黄铜	ZCuZn31Al2	66.0～68.0	Al：2.0～3.0 余量 Zn	J	390	15	90	制作电动机、仪表等压铸件及耐蚀件等
铸造黄铜	ZCuZn16Si4	79.0～81.0	Si：2.5～4.5 余量 Zn	S	345	15	90	船舶零件、内燃机零件，在水、油中工作的零件等
铸造黄铜	ZCuZn16Si4	79.0～81.0	Si：2.5～4.5 余量 Zn	J	390	20	100	船舶零件、内燃机零件，在水、油中工作的零件等

注：T—退火状态；L—冷变形状态；S—砂型铸造；J—金属型铸造。

3. 青铜

青铜最早指锡青铜，即铜锡合金。由于锡是一种稀缺元素，故现代工业应用了许多不含锡的无锡青铜，它们不仅价格便宜，还具有所需要的某些特殊性能。无锡青铜主要有铝青铜、铍青铜、锰青铜、硅青铜等。

1）锡青铜

锡青铜是人类历史上应用最早的金属，是最常用的有色合金之一。锡青铜的力学性能与锡含量有密切关系。由图9-4可见，当锡含量较小时，随着锡含量的增加，锡青铜的强度和塑性增加。当锡含量大于6%时，组织中出现硬而脆的共析体，青铜的强度继续升高，但塑性开始下降；当锡含量大于10%时，锡青铜的塑性显著降低，只适合铸造；当锡含量大于20%时，合金变得很脆而硬，强度也显著下降，失去了使用价值。因此，工业上用的锡青铜中锡含量一般为3%~14%。

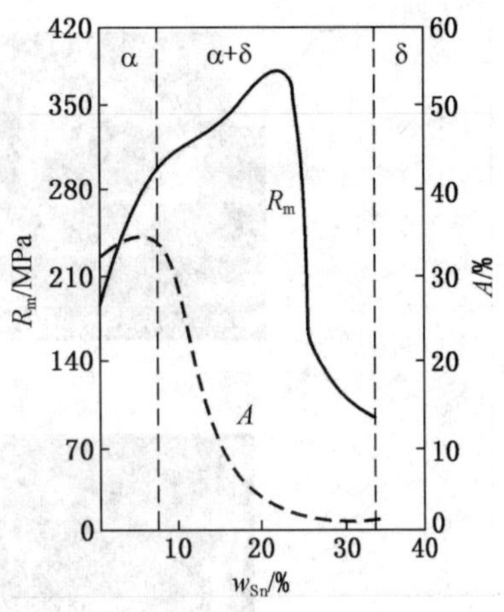

图9-4　锡青铜的力学性能与锡含量的关系

通常，锡含量小于8%的锡青铜具有较好的塑性和一定的强度，适于压力加工。锡含量大于10%的锡青铜塑性较差，只适于铸造。锡青铜在铸造时，因为体积收缩小，易形成分散细小的缩孔，可铸造形状复杂的铸件，但不适于制造密封性要求高的铸件，因为铸件的致密性差，在高压下易渗漏。锡青铜在造船、化工、机械、仪表等工业中应用广泛，主要用于制造轴承、轴套等耐磨零件和弹簧等弹性元件以及耐蚀、抗磁零件等，也可用来制造与酸、碱、蒸气接触的管系及阀件。

2）铝青铜

以铝为主添加元素的铜合金称为铝青铜，铝的含量为5%~11%，是无锡青铜中应用最广泛的一种青铜。铝青铜比黄铜和锡青铜具有更好的耐蚀性、耐磨性和耐热性，力学性能也好，还可以通过淬火+回火处理进一步强化其性能。

铝青铜可作为锡青铜的代替品，常用于承受重载、耐蚀和耐磨的零件。

3）铍青铜

以铍为主添加元素的铜合金称为铍青铜，铍的含量为1.7%~2.5%。铍溶于铜中形成α固溶体，溶解度随温度变化很大，是唯一可以固溶时效强化的铜合金。经过淬火和人工时效后，铍青铜可获得很高的力学性能，抗拉强度高达1250~1500 MPa，硬度可达350~400HBW，并具有较高的弹性极限、耐磨性、耐蚀性和抗疲劳性，而且导电性和导热性极好，无磁性、耐寒、受冲击不产生火花。但价格昂贵，有毒性，因此在使用上受到了限制。主要用于制作精密仪器的重要弹簧和其他弹性元件，如钟表齿轮、高速高压下工作的轴承及衬套等耐磨零件，以及电焊机电极、防爆工具、航海罗盘等重要机件。

图9-5所示为青铜的一些应用实例。

常用青铜的牌号、成分、性能和用途见表9-3。

4. 白铜

白铜是以镍为主添加元素的铜合金，呈银白色，有金属光泽。在固态下铜与镍能无限固溶，所以各类铜镍合金均为单相α固溶体，具有良好的冷热加工性能，不能进行热处理强化，只能用固溶强化和加工硬化来提高其强度。

纯铜加镍能显著提高其强度、耐蚀性、硬度、电阻，并降低电阻温度系数。因此，和

(a) 蜗轮　(b) 轴承内套

(c) 青铜鼎　(d) 船用软管快速接头阀（阀体和阀盖是青铜的）

图 9－5　青铜的一些应用实例

表 9－3　常用青铜的牌号、成分、性能和用途（部分摘自 GB/T 1176—2013 和 GB/T 5231—2012）

类别	牌号	化学成分/%		状态	力学性能，不小于			用　　途
		第一主加元素	其他		R_m/MPa	A/%	HBW	
锡青铜	QSn4－3	Sn：3.5～4.5	Zn：2.7～3.3 余量 Cu	T	350	40	60	制作弹性元件、管配件、化工设备的耐蚀零件、抗磁零件等
				L	550	4	160	
	QSn7－0.2	Sn：6.0～8.0	P：0.10～0.25 余量 Cu	T	360	64	75	制作中等载荷、中等滑动速度下承受摩擦的零件，如轴套、蜗轮等
				L	500	15	180	
	ZCuSn10P1	Sn：9.0～11.5	P：0.8～1.1 余量 Cu	S	220	3	80	制作高负荷、高速的耐磨件，如轴瓦、衬套、齿轮等
				J	310	2	90	
铅青铜	ZCuPb30	Pb：27.0～33.0	余量 Cu	J			25	制作高速轴双金属轴瓦减摩零件等
铝青铜	ZCuAl9Mn2	Al：8.5～10.0 Mn：1.5～2.5	余量 Cu	S	390	20	83	制作耐磨、耐蚀零件，形状简单的大型铸件和要求气密性高的铸件等
				J	440	20	95	
	QAl7	Al：6.0～8.5	余量 Cu	T	470	3	70	制作重要用途的弹性元件等
				L	980	70	154	

表9-3（续）

类别	牌号	化学成分/%		状态	力学性能，不小于			用　途
		第一主加元素	其他		R_m/MPa	A/%	HBW	
铍青铜	TBe2 （旧标准为QBe2）	Be：1.8～2.1	Ni：0.2～0.5 余量Cu	T	500	3	84	制作重要的弹性元件、耐磨零件及在高速、高压和高温下工作的轴承等
				L	850	40	247	

其他铜合金相比，白铜的力学性能和物理性能都非常好，具有良好的塑性、较高的硬度和耐腐蚀能力，能进行冷、热加工和焊接，而且色泽好。

白铜广泛用在造船、石油、化工、建筑、电力、精密仪表、医疗器械、乐器制作、日用品、工艺品等方面作为耐蚀结构材料，还可用于制作重要的电阻及热电偶。白铜的缺点是主要添加元素镍属于稀缺金属，价格比较昂贵。

常用白铜牌号有B5、B19、B30、BMn3-12、BMn40-1.5、BZn15-20等。

第二节　铝及其合金

铝及铝合金具有比强度高、导电性好、耐蚀性好、加工性能良好等优点，在电气工程、航空航天工业、一般机械和轻工业中被广泛应用。

一、纯铝

1. 纯铝的性能

铝含量不低于99.00%时为纯铝。纯铝是一种银白色轻金属，密度为2.7g/cm^3，约为铁的1/3；熔点为660 ℃，较低；具有面心立方晶格，没有同素异构转变，无磁性；导电性和导热性好，仅次于银、铜；纯铝在大气中极易与氧作用，在表面形成一层牢固致密的氧化膜，可以阻止其进一步氧化，从而使它在非工业污染的大气中具有良好的耐腐蚀性，但其不耐酸、碱、盐等介质的腐蚀；纯铝的塑性好（$A=30\%\sim50\%$，$Z=80\%$），强度低（$R_m=80\sim100$ MPa），不能用热处理方法强化，只能用形变强化和合金强化方法强化。

2. 纯铝牌号的表示方法

纯铝分未压力加工产品（铸造纯铝）和压力加工产品（变形铝）两种。

根据《铸造有色金属及其合金牌号表示方法》（GB/T 8063—1994）的规定，铸造纯铝的牌号以“ZAl+铝含量”命名。

例如：

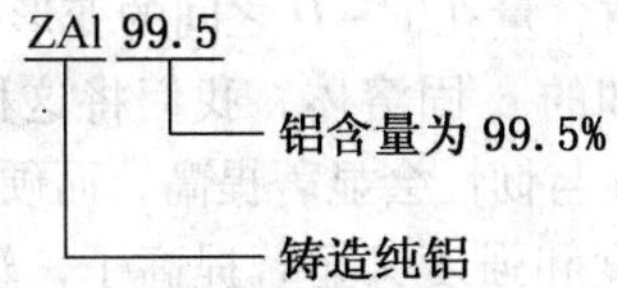

根据《变形铝及铝合金牌号表示方法》（GB/T 16474—2011）的规定，纯铝的牌号用“1×××”表示。

例如：

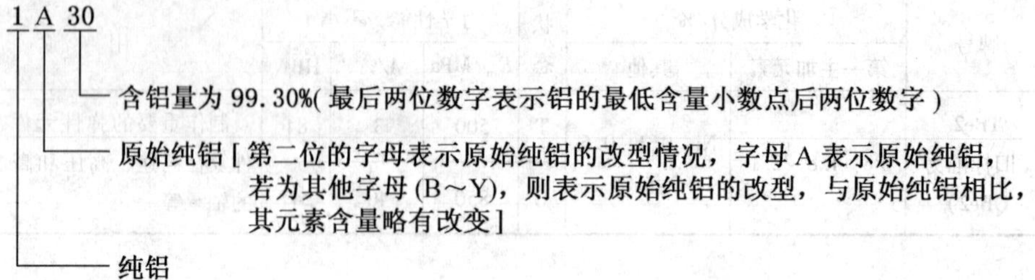

二、铝合金的分类

铝合金是在纯铝的基础上加入一种或几种其他元素（如铜、镁、硅、锰、锌等）构成的合金。

根据铝合金相图（图9-6），铝合金可分为变形铝合金和铸造铝合金。

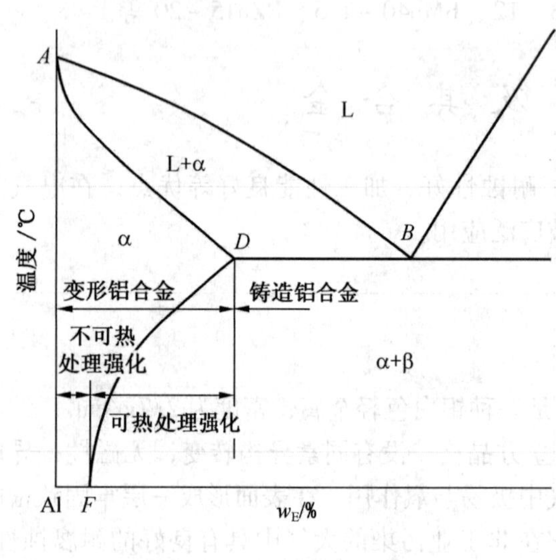

图9-6　二元铝合金相图

在相图中，*DF* 线是合金元素在 α 固溶体中的溶解度曲线，*D* 点是合金元素在 α 固溶体中的最大溶解度点。凡位于 *D* 点成分以左的合金，在加热到一定温度时均能形成单相 α 固溶体，合金的塑性较高，适用于压力加工，所以称为变形铝合金。合金含量位于 *F* 点以左的铝合金，其固态组织始终是单相的，不能进行热处理强化，称为不可热处理强化的铝合金。成分在 *F* 和 *D* 之间的铝合金，由于合金元素在铝中有溶解度的变化，会析出第二相 β，可通过热处理使合金强度提高，所以称为可热处理强化的铝合金。成分位于 *D* 点以右的合金，在液态时均能发生共晶转变，液态流动性较高，适合铸造，所以称为铸造铝合金。铸造铝合金中也有成分随温度变化的 α 固溶体，也能通过热处理强化，距 *D* 点越近，强化效果越明显。

三、铝合金的热处理（时效强化）

在铝合金的相图中，将溶质含量在 *F*～*D* 之间的变形铝合金加热到 α 相区，经保温后迅速水冷，在室温下得到过饱和的 α 固溶体，我们将这种淬火称为固溶处理。我们发现淬火后的这种成分铝合金，塑性与韧性会显著提高，而硬度和强度不会立即提高，但在室温放置一段时间后，会发现硬度和强度又显著提高了，塑性和韧性则明显下降了，如图9-7所示。我们将这种淬火后性能随时间而发生显著变化的现象称为“时效”或“时效强化”。其原因是铝合金淬火后，获得的过饱和固溶体是不稳定的组织，有析出第二相的趋势。时效分为自然时效和人工时效。铝合金工件经固溶处理后，在室温下进行的时效称为“自然时效”；在加热条件（一般 100 ~ 200 ℃）下进行的时效称为“人工时效”。

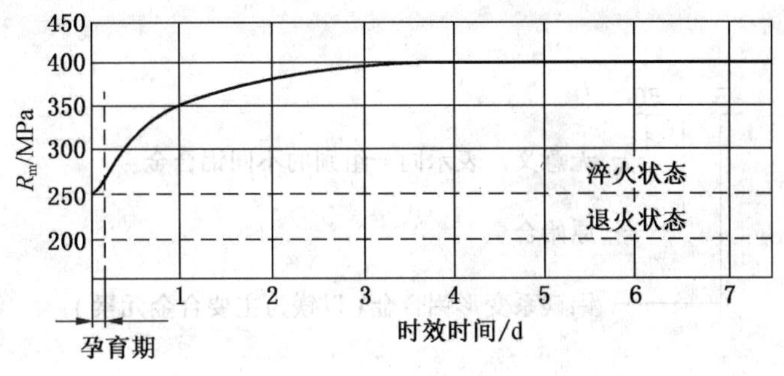

图 9 - 7　铝合金自然时效曲线

在图 9 - 7 中有一段孕育期，这一段时间自然时效对铝合金的强度影响不大。在这段时间内可对淬火后的铝合金进行冷加工（如铆接、弯曲、校直等），这在铝合金生产中有重要的实用意义。

铝合金时效强化的效果不仅与时间有关，还与时效温度有关，图 9 - 8 所示为铝合金不同温度下的人工时效对强度的影响。时效温度越高，时效强化过程越短，强度峰值越低，强化效果越小。若人工时效时间过长或温度过高，反而会使合金软化，这种现象称为过时效。

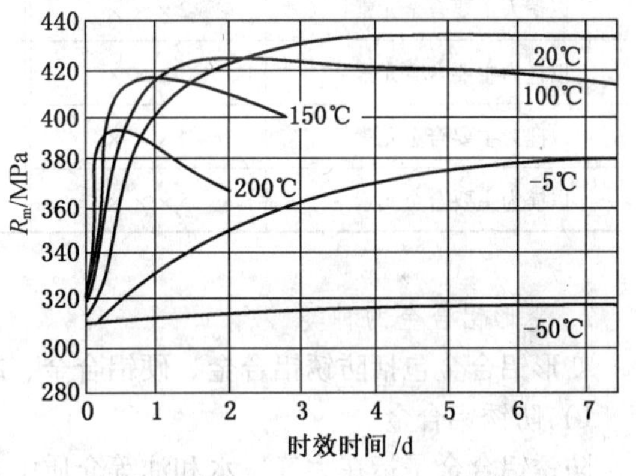

图 9 - 8　含铜 4% 的铝合金在不同温度下的人工时效曲线

如果将经时效强化的铝合金在 200 ~ 280 ℃范围内短时间加热，然后快速冷却至室温，则合金强度下降并变软，性能重新恢复到淬火状态；若在室温下放置，则与新淬火合金一样，仍能进行正常的自然时效与人工时效，这种现象称为回归现象。但每次回归处理后，再次时效后强度逐次下降，故回归以 3 ~ 4 次为限。铝合金回归后，其耐蚀性下降。

回归处理在生产中具有一定的实用意义。如零件在使用过程中发生变形，可利用回归现象进行校形修复等。

四、变形铝合金

1. 变形铝合金的牌号表示方法

根据《变形铝及铝合金牌号表示方法》（GB/T 16474—2011）的规定，变形铝合金的牌号采用四位字符体系，用“2 × × × ~ 8 × × ×”表示。四位字符体系的第一、第三、第四位为阿拉伯数字，第二位为英文大写字母。牌号中的第一位数字表示变形铝合金的组别，见表9-4。牌号中的第二位字母表示原始合金的改型情况，A表示原始合金，B~Y表示原始合金的改型合金。牌号的最后两位数字没有特殊意义，仅用来区别同一组中的不同铝合金。

例如：

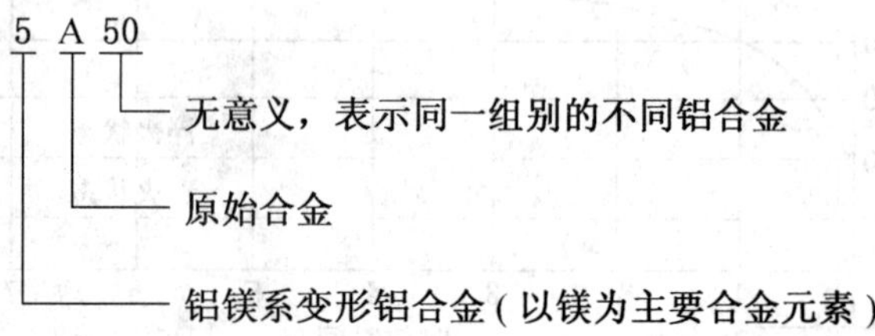

表9-4　铝及铝合金的组别（摘自GB/T 16474—2011）

组　别	牌号系列	组　别	牌号系列
纯铝（铝含量不小于99.00%）	1×××	以镁和硅为主要合金元素，并以Mg_2Si为强化相	6×××
以铜为主要合金元素	2×××	以锌为主要合金元素	7×××
以锰为主要合金元素	3×××	以其他元素为主要合金元素	8×××
以硅为主要合金元素	4×××	备用合金组	9×××
以镁为主要合金元素	5×××		

2. 变形铝合金的种类

变形铝合金包括防锈铝合金、硬铝合金、超硬铝合金和锻铝合金等。

1）防锈铝合金

防锈铝合金是指在大气、水和油等介质中具有良好耐蚀性的可压力加工铝合金，属于热处理不能强化的变形铝合金，一般只能通过冷压力加工提高其强度。主要包括3000系Al-Mn和5000系Al-Mg铝合金。具有适中的强度、优良的塑性及良好的焊接性能，具有比纯铝更好的耐蚀性和硬度，Al-Mg系合金比纯铝还轻。防锈铝合金主要用于制造要求具有高耐蚀性的油罐、油箱、油管、生活用具、窗框、车辆、铆钉、易拉罐、防锈蒙皮等。

常用的Al-Mn系合金有3A21（旧牌号LF21）：强度不高，塑性和耐蚀性好，焊接性好。用于制造在液体介质中工作的零件，如油箱、油罐、管道、铆钉等需要冲压加工、轻载的零件。

常用的Al-Mg系合金有5A05（旧牌号LF2）：其密度比纯铝小，强度比Al-Mn系合金高。在航空中得到广泛应用，可用于制造油箱、油管、管道、容器、易拉罐、铆钉及承受中等载荷的零件。

图9-9所示为防锈铝合金的一些应用实例。

(a) 易拉罐

(b) 铝合金型材

(c) 照相机外壳

(d) 汽车轮毂

图9-9　防锈铝合金的一些应用实例

2）硬铝合金

硬铝合金主要是2000系Al-Cu-Mg合金，经固溶和时效处理后能获得相当高的强度，故又称硬铝。硬铝合金属于可以热处理强化的铝合金，也可进行形变强化。硬铝的耐蚀性比纯铝差，耐海洋大气腐蚀能力较低，所以有些硬铝的板材常在其表面包覆一层纯铝使用。

常用硬铝合金有：

(1) 2A01、2A10：塑性好、强度低，可采用固溶处理和自然时效提高强度和硬度，时效速度较慢，主要用于制作铆钉等。

(2) 2A11：强度和塑性属中等水平。该合金既有较高的强度又有足够的韧性，在退火态和淬火态下可进行冲压加工，时效后有较好的可加工性，在航空工业中主要用于制造螺旋桨叶片、蒙皮等。

(3) 2A12（旧牌号LY12）：强度最高的硬铝，用于制作航空模锻件、飞机翼梁、整流罩和重要的销、轴等。

图9-10所示为硬铝合金的一些应用实例。

(a) 飞机蒙皮用铝板

(b) 铝销

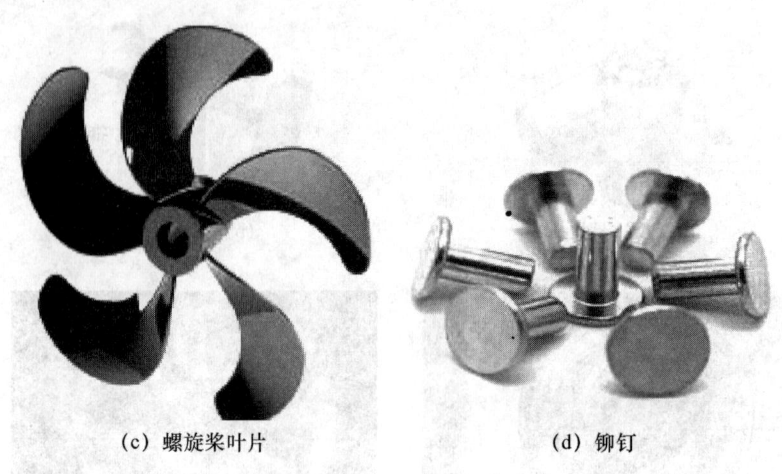

(c) 螺旋桨叶片　　(d) 铆钉

图9－10　硬铝合金的一些应用实例

3）超硬铝合金

超硬铝合金为7000系Al－Zn－Mg－Cu系合金，含有少量的Cr和Mn。它是目前室温强度最高的一类铝合金，韧性储备也很高，但耐蚀性较差、疲劳强度低，一般在板材表面也包覆一层纯铝使用。主要用于制造受力大的重要构件，如飞机大梁、框架桁条、蒙皮、起落架和高强度的受压构件。

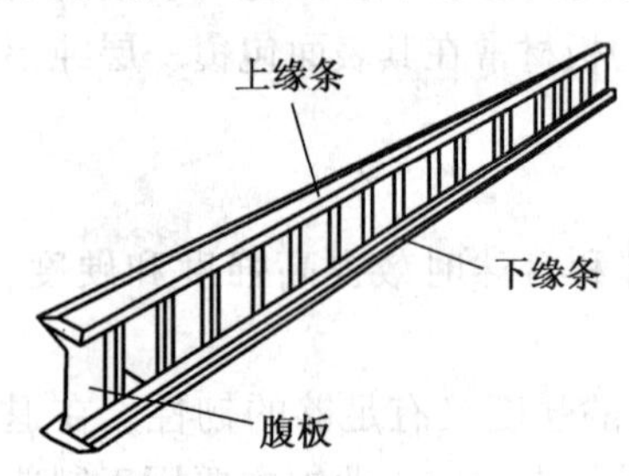

图9－11　超硬铝合金制造的飞机翼梁

常用牌号7A04（旧牌号LC4）：室温强度高，塑性较低，耐蚀性不高，用于制作受力构件及高强度载荷零件，如飞机大梁、加强框等。图9－11所示为超硬铝合金制造的飞机翼梁（腹板为硬铝合金）。

4）锻铝合金

锻铝合金大多属于Al－Cu－Mg－Si系合金。锻铝合金中的合金元素种类多但用量少，具有良好的热塑性、铸造性、可锻性和较高的力学性能（与硬铝相近），并可通过固溶处理和人工时效来提高其力学性能。

锻铝合金适于制造各种形状复杂、要求中等强度、高塑性和耐热性的锻件、模锻件，如各种叶轮、框架或高温条件下（200～300 ℃）工作的零件，如内燃机的活塞及气缸等。

常用牌号有2A50（旧牌号LD5）：高强度锻铝，锻造性能好，耐腐蚀性不高，压力加工性能好，用于制作形状复杂和中等强度的锻件、冲压件等。

2A70（旧牌号LD7）：耐热锻铝，热强性较高，耐腐蚀性不高，压力加工性能好，用于制作内燃机活塞、叶轮、在高温下工作的复杂锻件等。

五、铸造铝合金

1. 铸造铝合金的分类和牌号表示方法

铸造铝合金按照主要合金元素的不同可分为四类：Al－Si系、Al－Cu系、Al－Mg系和 Al－Zn 系铸造铝合金。

铸造铝合金的牌号用“ZAl＋其他合金元素的元素符号和含量”来表示。

例如：

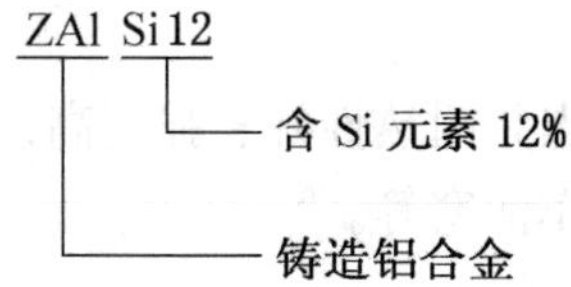

铸造铝合金的代号用“ZL＋三位数字”表示。第一位数字表示合金类别：1 为 Al－Si 系，2 为 Al－Cu 系，3 为 Al－Mg 系，4 为 Al－Zn 系；第二、第三位数字表示顺序号。

例如：

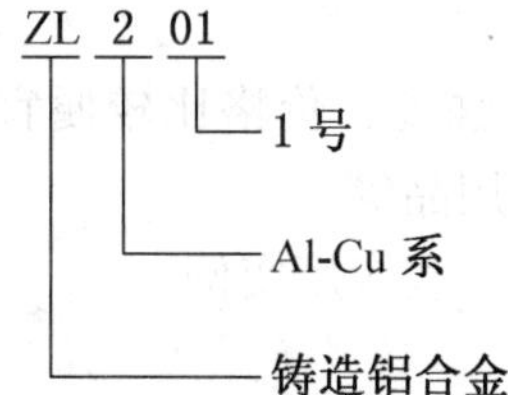

常用铸造铝合金的牌号、代号、力学性能和特点见表 9－5。

表 9－5 常用铸造铝合金的牌号、代号、力学性能和特点（摘自 GB/T 1173—2013）

类别	合金牌号		合金代号	力学性能，不小于					特点
				铸造方法	热处理	R_m/MPa	A/%	HBW	
铝硅合金	简单	ZAlSi12	ZL102	J	F	155	2	50	铸造性能好，力学性能较低
				J	T2	145	3	50	
	特殊	ZAlSi7Mg	ZL101	J	T5	205	2	60	良好的铸造性能和力学性能
		ZAlSi7Cu4	ZL107	J	T6	275	2.5	100	
铝铜合金	ZAlCu5Mn		ZL201	S	T4	295	8	70	耐热性好，铸造性能及耐蚀性较低
				S、J	T5	335	4	90	
铝镁合金	ZAlMg10		ZL301	S、J	T4	280	9	60	力学性能和耐蚀性能较高
铝锌合金	ZAlZn11Si7		ZL401	J	T1	245	1.5	90	力学性能较高，适宜压力加工

注：1. 铸造方法符号，J—金属型铸造，S—砂型铸造。

2. 热处理符号，F—铸态，T1—人工时效，T2—退火，T4—固溶处理加自然时效，T5—固溶处理加不完全人工时效，T6—固溶处理加完全人工时效。

2. 铸造铝合金的应用

1）Al－Si 系

铝硅系铸造铝合金有简单铝硅合金和特殊铝硅合金两类。由铝和硅两种元素组成的铝合金称为简单铝硅合金；除铝硅外又加入其他元素的合金称为特殊铝硅合金。简单铝硅合金是不能热处理强化的铝合金，所以强度不高。特殊铝硅合金因加入 Cu、Mg、Mn 等元素可使合金得到强化，并可通过热处理来提高其力学性能，常用来制作内燃机活塞、气缸零件、风扇叶片、形状复杂的薄壁零件，以及电机、仪表的外壳等。

2）A1 - Cu 系

铝铜系铸造铝合金最大的特点是耐热性好、强度高，主要用于制造在高温下工作的高强度零件，如内燃机气缸头、汽车活塞等。

3）A1 - Mg 系

铝镁系铸造铝合金强度和韧性较高，并具有优良的耐蚀性，但铸造性差，耐热性低。多用于制造承受冲击载荷、在腐蚀性介质中工作、外形不太复杂的零件，如氨用泵体、泵盖及舰船配件等。

4）A1 - Zn 系

铝锌系铸造铝合金具有较高的强度，价格比较便宜，常用于制造医疗器械、仪表零件、汽车飞机零件，也用于制造日用品等。

图 9 - 12 所示为铸造铝合金的一些应用实例。

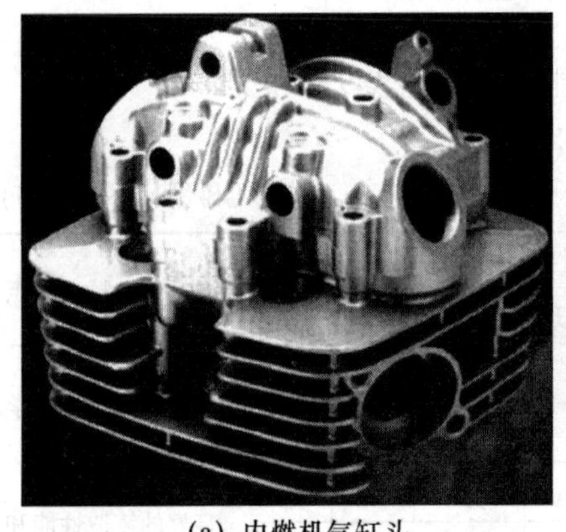

(a) 内燃机气缸头

(b) 各种铸造铝合金活塞

图 9 - 12 铸造铝合金的一些应用实例

第三节 滑动轴承合金

前面我们学过了滚动轴承钢，其典型牌号是 GCr15。在生产中还常使用滑动轴承，如计算机中的风扇轴承、磨床主轴轴承、汽车发动机中曲柄连杆机构中的轴承、绞车中的轴承、矿井提升机中的轴承等。

一、滑动轴承合金的性能

滑动轴承由轴承体和轴瓦组成，如图 9 - 13 所示。滑动轴承中轴瓦及内衬就是用滑动轴承合金制作的。轴瓦与轴颈是直接面接触，并有相对运动产生磨损。为保证轴的使用寿命，让轴瓦成为被磨损件；而且滑动轴承一般用于载荷大、承受较大冲击和振动、精度要求高的情况以及某些特殊的支承场合。为此，滑动轴承合金应具有下列性能特点：

(1) 工作温度下有足够的抗压强度，以承受轴颈较大的压应力。

(2) 足够的塑性和韧性，高的疲劳强度，以承受轴颈的周期性载荷，并抵抗冲击和振动。

(3) 较小的摩擦因数和良好的磨合性，能在磨合面上保存润滑油，减轻磨损，保证轴和轴瓦在运转时能配合良好。

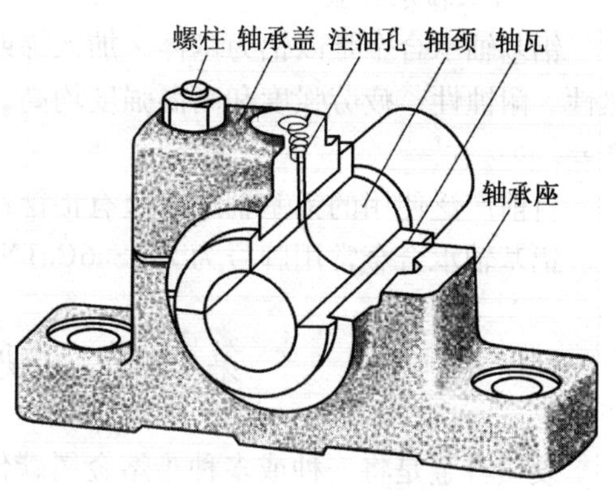

图 9－13　径向滑动轴承示意图

(4) 良好的耐蚀性、导热性，防止摩擦升温而与轴咬死（抱轴）。

(5) 较低的硬度，保证磨损减少。

(6) 良好的工艺性能，易于铸造成型，易于与瓦底焊合。

(7) 成本低廉。

二、常用滑动轴承合金

1. 锡基轴承合金

锡基轴承合金是以锡为基体元素，加入锑、铜等元素组成的合金。这种轴承合金具有良好的塑性、导热性和耐蚀性，而且线胀系数和摩擦因数小，适于制作高速重载条件下工作的重要轴承，如汽轮机、发动机等大型机器上的高速轴瓦。缺点是疲劳强度低，工作温度较低（不高于 150 ℃），并且价格较贵。

常用的锡基轴承合金有 ZSnSb11Cu6、ZSnSb8Cu4、ZSnSb12Pb10Cu4 等。

2. 铅基轴承合金

铅基轴承合金是以铅为基体元素，加入锑、锡、铜等元素组成的合金。这种轴承合金的强度、硬度、导热性和耐蚀性均比锡基轴承合金低，而且摩擦因数较大，但价格便宜，适于制造中、低载荷的轴瓦，如汽车、铁路车辆轴承等。

常用的铅基轴承合金有 ZPbSb16Sn16Cu2、ZPbSb15Sn10 等。

锡基轴承合金和铅基轴承合金合称巴氏合金。

3. 铜基轴承合金

铜基轴承合金有铅青铜、锡青铜等。

锡青铜基轴承合金有 ZCuSn10P1、ZCuSn5Pb5Zn5 等。这种轴承合金能承受较大的载荷，广泛用于中等速度及承受较大固定载荷的轴承，如电动机、泵、金属切削机床的轴承等。

铅青铜基轴承合金主要是 ZCuPb30。与巴氏合金相比，这种轴承合金具有高的疲劳强度和承载能力，优良的耐磨性、导热性和低的摩擦因数，主要用于制作高速、重载下工作的轴承，如高速柴油机、汽轮机上的轴承。

4. 铝基轴承合金

铝基轴承合金是以铝为基体，加入锑或锡等合金元素所组成的合金。这种轴承合金导热性、耐蚀性、疲劳强度和高温强度均高，而且价格便宜。缺点是线胀系数较大，抗咬合性差。

目前广泛使用的铝基轴承合金有铝锑镁轴承合金和高锡铝轴承合金两种。

铝基轴承合金常用牌号为ZAlSn6Cu1Ni1。

第四节 硬 质 合 金

硬质合金是将一种或多种难熔金属碳化物的粉末和黏结剂金属通过粉末冶金工艺制成的一种合金材料。即将高硬度、难熔碳化物（如WC、TiC、NbC、TaC等）和Co、Ni等黏结剂金属，经制粉、配料、压制成型，再通过高温烧结制成。

一、硬质合金的性能特点

（1）硬度高、红硬性高、耐磨性好。硬质合金的硬度高，在室温下可达86～93HRA（相当于69～81HRC），耐磨性和热硬性高，在500℃以下其硬度基本保持不变，在900～1000℃仍能保持为60HRC，所以硬质合金刀具的切削速度、耐磨性及使用寿命均比高速钢高很多。

（2）抗压强度比高速钢高，但抗弯强度只有高速钢的1/3～1/2，韧性差，为淬火钢的30%～50%。

（3）硬质合金的脆性大，不能进行切削加工，难以制成形状复杂的整体刀具，因而常制成不同形状的刀片，然后采用焊接、粘接、机械夹持等方法安装在刀体或模具体上使用。

二、常用的硬质合金

按成分与性能特点不同，常用的硬质合金有钨钴类、钨钴钛类和钨钴钛钽铌类几种。

1. 钨钴类合金（K类）

以WC为基，以Co作黏结剂，或添加少量TaC、NbC烧结制成的合金。其牌号用“硬钴”汉语拼音字母开头“YG”＋数字表示，数字表示钴含量平均值的百分数。

例如：

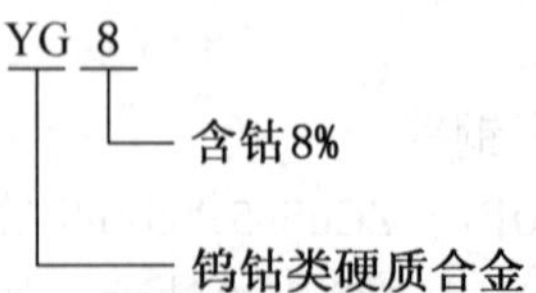

含Co越高，合金的韧性越好，但硬度和耐磨性稍有下降，主要用于加工铸铁和非铁金属。细晶粒的YG类硬质合金（如YG3X、YG6X）在钴含量相同时，其硬度和耐磨性比YG3、YG6高，强度和韧性稍差，适于加工硬铸铁、奥氏体不锈钢、耐热合金、硬青铜等。

2. 钨钴钛类合金（P 类）

以 WC、TiC 为基，以 Co（Ni + Mo、Ni + Co）作黏结剂烧结制成的合金。其牌号用“硬钛”汉语拼音字母开头“YT” + 数字表示，数字表示 TiC 平均值的百分量。

例如：

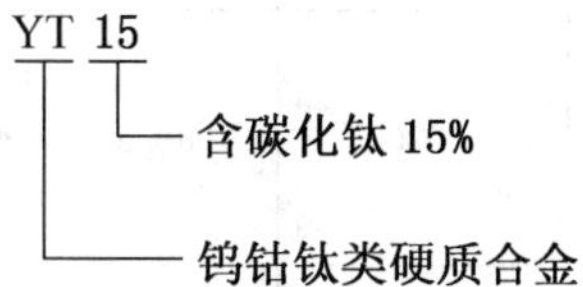

由于 TiC 的硬度和熔点均比 WC 高，所以和钨钴类合金相比，其硬度、耐磨性、热硬性增大，粘接温度高，抗氧化能力强。但其导热性能较差、抗弯强度低，所以适合加工钢材等韧性材料。

3. 钨钴钛钽铌类（M 类）

由 WC 为基，以 Co 作黏结剂，添加少量 TiC 或 TaC 和 NbC 烧结制成的合金。它的成分改变是以 TaC 或 NbC 取代钨钴钛类硬质合金中的一部分 TiC。由于添加 TaC（NbC），显著提高了常温、高温硬度与强度、抗热冲击性和耐磨性，目前主要用于加工耐热钢、高锰钢、不锈钢等难加工材料。

有关标准将硬质合金牌号划分为三部分，即《硬质合金牌号　第 1 部分：切削工具用硬质合金牌号》（GB/T 18376.1—2008）、《硬质合金牌号　第 2 部分：地质、矿山工具用硬质合金牌号》（GB/T 18376.2—2001）、《硬质合金牌号　第 3 部分：耐磨零件用硬质合金牌号》（GB/T 18376.3—2001）。其牌号表示方法和上述不同，有需求的学生可以去查阅。

常用硬质合金的牌号、性能、应用及标准对照见表 9 – 6。

表 9 – 6　常用硬质合金的牌号、性能和应用

牌号	ISO 分组代号	性能			用途
		密度/（g · cm^{-3}）	抗弯强度/MPa ≥	硬度 HRA ≥	
YG3	K01	14.9 ~ 15.3	1180	90.5	适合铸铁、非铁金属及其合金与非合金材料连续切削时的精车、半精车，并能对钢、非铁金属及其线材进行拉伸，也适合制造喷砂用喷嘴等
YG6	K20	14.7 ~ 15.1	1670	89.5	适合铸铁、非铁金属、合金与非合金材料的精加工与半精加工，也用于钢、非铁金属线材的拉伸，如地质用电钻、钢钻钻头等
YG8	K20 ~ K30	14.6 ~ 14.9	1840	89	适合铸铁、非铁金属、非金属材料的粗加工，也用于钢及非铁金属、管材的拉伸，如地质用各种钻头、机器制造用工具及易磨损零件等

表9-6（续）

牌号	ISO分组代号	性能			用途
		密度/（g·cm⁻³）	抗弯强度/MPa ≥	硬度HRA ≥	
YG15	K40	13.9~14.1	2020	86.5	适用于坚硬岩层凿岩、压缩率大的钢棒、管材拉伸、冲压工具、粉末冶金自动压机模具的柜芯等
YG20		13.4~14.8	2480	83.5	适合制作冲击力不大的模具，如冲压手表零件、电池壳、小螺母等模具
YT15	P10	11.1~11.6	1180	91.0	适用于非合金钢和合金钢连续加工时的粗加工和半精加工、精加工
YT14	P20	11.2~11.8	1270	90.5	适用于非合金钢和合金钢不平整面的粗加工，以及间断切削时的半精加工
YT5	P30	12.5~13.2	1430	89.5	适用于非合金钢和合金钢的不平整面，以及间断切削时的粗加工
YW1	M10	12.7~13.5	1180	92	适用于耐热钢、高锰钢、普通钢和铸铁的加工
YW2	M20		1470	91.5	

图9-14所示为硬质合金的一些应用实例。

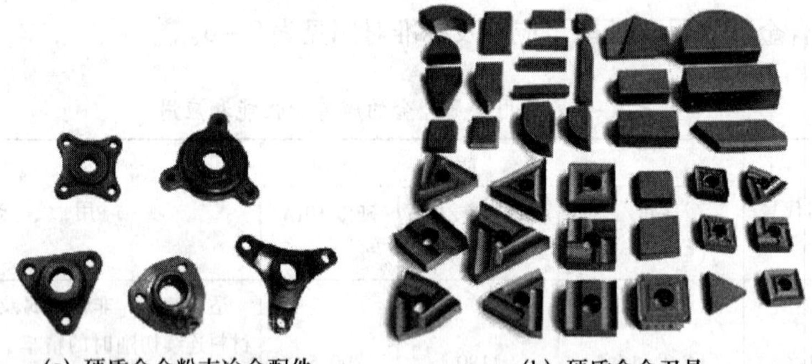

(a) 硬质合金粉末冶金配件　　(b) 硬质合金刀具

图9-14　硬质合金的一些应用实例

练　习　题

一、名词解释

1. 轻金属　2. 稀有金属　3. 时效强化　4. 自然时效
5. 过时效　6. 黄铜　7. 青铜　8. 硬质合金

二、填空题

1. 通常我们把钢、铸铁、铬钢、锰钢称为______，之外的所有金属称为______。

2. 密度大于______的有色金属称为有色重金属或重金属。

3. 工业用纯铜含铜量高______，工业纯铜常称紫铜，具有______晶格，______同素异构转变。

4. 黄铜是指以______为主要合金元素的铜合金，在此基础上加入其他合金元素的铜合金称为______黄铜或复杂黄铜。

5. 白铜是指以______为主要合金元素的铜合金。

6. 青铜是指除______和______以外的所有铜合金。

7. 纯铝含量不低于______。纯铝是一种______色轻金属，具有______立方晶格，______同素异构转变。

8. 纯铝______磁性；导电性和导热性______，仅次于______。

9. 纯铝在大气中极易与氧作用，在表面形成一层牢固致密的______，可以阻止其进一步氧化，从而使它在非工业污染的大气中具有良好的耐腐蚀性，但其不耐酸、碱、盐等介质的腐蚀。

10. 纯铝不能用热处理方法强化，只能用______强化和______强化方法强化。

11. 按成分与性能特点不同，常用的硬质合金有______类、______类、______类和______类四种。

12. 硬质合金是将一种或多种难熔金属______的粉末和______金属通过______工艺制成的一种合金材料。

13. 常用滑动轴承合金有______、______、______和______轴承合金。

14. 铝合金是在纯铝的基础加入______构成的合金。

15. 铝合金按其成分及生产工艺特点，可分为______和______。

16. 铝合金的时效方法可分为______和______两种。

17. 变形铝合金可分为______、______、______和______四种。

18. H80 是______的一个牌号，其中 80 是指______为 80%，它是______（填单、双）相黄铜。

三、选择题

1. 某一材料的牌号为 T3，它属于（　　）。

A. 碳含量为 0.4% 的碳素工具　　B. 3 号工业纯铜

C. 3 号工业纯铝

2. 黄铜是（　　）合金。

A. Cu－Ni　　B. Cu－Sn　　C. Cu－Zn　　D. Cu－Al

3. 防锈铝合金是（　　）合金，硬铝合金是（　　）合金，超硬铝合金是（　　）合金，锻铝合金是（　　）合金。

A. Al－Mn 和 Al－Mg　　B. Al－Cu－Mg

C. Al－Zn－Mg－Cu　　D. Al－Mg－Si－Cu 和 Al－Cu－Mg－Ni－Fe

4. 成分在 D 和 F 之间的铝合金经固溶处理后，硬度（　　）。

A. 变化不明显　　B. 降低　　C. 提高

5. 钨钴钛类硬质合金刀具常用于切削（　　）材料。

A. 铸铁　　B. 钢件　　C. 非铁金属

6. 下列（　）不是轴承合金的性能特点。

A. 硬度高　　B. 耐蚀性好　　C. 抗疲劳性能好　　D. 铸造工艺性好

7. 下列牌号中（　　）是青铜。

A. H68　　B. QSn4 - 3　　C. Q345A　　D. QT 500 - 7

四、判断题

1. （　　）黄铜中锌含量越高，其强度也越高。
2. （　　）变形铝合金都不能通过热处理强化。
3. （　　）锡含量大于 20% 的锡青铜塑性差，只适宜铸造。
4. （　　）普通黄铜中锌含量一般不超过 45%。
5. （　　）特殊黄铜是不含锌元素的黄铜。
6. （　　）硬质合金中碳化物的含量越高，钴含量越低，则硬度和韧性越高。
7. （　　）轴承合金就是用来制造滚动轴承的材料。
8. （　　）除黄铜、白铜外，其他铜合金统称为青铜。

五、简答题

1. 纯铜的性能有何特点？纯铜的牌号如何表示？
2. 铜合金有哪几类？如何定义的？
3. 锡含量对锡青铜的性能有何影响？为什么工业用锡青铜中锡含量一般不超过 14%？
4. 纯铝有何特点？牌号如何表示？
5. 什么样的铝合金可进行热处理强化？
6. 何谓时效强化？铝合金的淬火和钢的淬火有什么不同？
7. 轴承合金在性能上有何要求？组织上有何特点？
8. 常用的滑动轴承合金有哪些种类？其牌号如何表示？
9. 认识下列有色金属及其合金的牌号：

T2、H62、HPb59 - 1、QSn4 - 3、ZCuPb30、QAl7、TBe2、BMn3 - 12、ZAl99.5、5A05、ZL107、ZSnSb11Cu6、SnSb8Cu4、ZCuPb30、YG8、YT15、YW1

第十章　常用国外金属材料牌号及常用非金属材料简介

【知识目标】

1. 了解国外金属材料牌号的表示方法。
2. 了解常用非金属工程材料的种类及性能特点。

第一节　常用国外金属材料牌号表示方法简介

国际上通用的金属材料牌号表示方法标准是由国际标准化组织（ISO）制定的。1986年以后颁布的ISO钢铁标准，其牌号主要采用欧洲标准（EN）牌号系统。而EN牌号系统基本上是在德国DIN标准牌号系统基础上制定的，但有一些改进。1989年国际标准化组织又颁布了“以字母符号为基础的牌号表示方法”的技术文件，它是针对目前各国金属材料牌号标准差异较大而发出的建立统一的国际钢铁牌号系统的建议。

近年来，我国的制造业发展迅速，涌现出大量的出口产品。为了更好地与世界接轨，我国制定的材料牌号标准也正在向ISO标准并拢，同时也保留了我国的一些特色。表10-1给出了我国生产的常用钢铁材料的牌号与ISO标准牌号命名方法的不同。

表10-1　我国生产的常用钢铁材料的牌号与ISO标准牌号命名方法的对照

中国（GB）		ISO		
类别	举例	类别	举例	说　明
结构钢	Q235 Q355	非合金钢	S235/E235 E355	含义相同，将“Q”换成“S”或“E”，结构用钢标“S”，工程用钢标“E”
优质碳素结构钢	10 45	可热处理的非合金钢	C10 C45EX	牌号用字母“C”加平均碳含量（以万分数计）表示，当为优质钢和高级优质钢时，牌号尾部加字母“EX”或“MX”
合金结构钢（含弹簧钢）	45Cr	合金结构钢	42Cr4TU	在德国标准（DIN）表示方法基础上，在牌号尾部附加字母“TU”等表示热处理的状态
不锈钢和耐热钢	022Cr18Ni9Ti 20Cr13	不锈钢和耐热钢	X6CrNiTi181011 X20Cr13	用欧洲标准（EN）方法表示，在牌号前加字母“X”，随后用数字表示碳含量。1、2、3、5、6、7分别表示 $w(Cr) \leqslant 0.020\%$、0.030%、0.040%、0.070%、0.080%和0.040%~0.080%，后面按合金元素含量排出合金元素符号，最后用组合数字标出合金元素含量

表 10-1（续）

中国（GB）		ISO		
类别	举例	类别	举例	说　明
碳素工具钢	T8A	冷作非合金工具钢	C8U	用欧洲标准（EN）方法表示，牌号前缀字母为“C”，后缀字母为“U”，中间字母表示平均碳含量（以千分数计）
合金工具钢	3Cr2W8V Cr12 C12MoV	合金工具钢	30WCrV9 210Cr12 160CrMoV12	牌号表示方法与合金结构钢相同。对于平均碳含量超过1.00%的牌号用三位数字表示，当有一种合金元素超过5%时，以高合金钢牌号表示
高速工具钢	W18Cr4V W6Mo5Cr4V2 W18Cr4VCo5	高速工具钢	HS18-0-1（S7） HS6-5-2（S4）	牌号前缀字母为“HS”，后面的数字分别表示钨、钼、钒、钴等元素的含量。仅含钼的高速工具钢为两组数字；一般高速工具钢用三位数字表示；不含钼的高速工具钢，其中一个数字用“0”表示；不含钴的高速工具钢，仍用三组数字表示。尾部加字母“C”的高速工具钢，表示其碳含量高于同类牌号钢的碳含量
轴承钢	GCr15	整体淬火轴承钢	100CrMo7-4	轴承钢分为整体淬火轴承钢（相当于我国高碳铬轴承钢）、表面硬化轴承钢、高频加热淬火轴承钢、不锈轴承钢和高温轴承钢五大类别。整体淬火轴承钢牌号头部均标注三位数字“100”，其后表示方法与合金结构钢相同
铸钢	ZG200-400	铸钢	200-400	含义相同
灰铸铁	HT100	灰铸铁	100 H175	含义相同，若前面有“H”，含义为以“HB”硬度值表示。如H175表示布氏硬度平均值为175的灰铸铁
可锻铸铁	KTH350-10 KTZ650-02 KTB380-12	可锻铸铁	B35-10 P65-02 W38-12	用一组力学性能值表示可锻铸铁号，前缀字母“B、P、W”分别表示黑心、珠光体和白心可锻铸铁
球墨铸铁	QT600-3	球墨铸铁	600-3	含义相同

注：由于各国生产的钢铁产品具有很大的互补性，加之国产钢材成分与国外企业生产的钢材成分不可能完全相同，因此表中所列牌号为相近牌号。

第二节　常用非金属材料简介

非金属材料是指金属及其合金以外的一切材料的总称。近几十年来，非金属材料快速成长，特别是人工合成高分子材料的发展更为迅速，随着高分子材料、陶瓷材料和复合材料的发展，非金属材料越来越多地应用于工业、农业和国防科技领域。

机械工程中广泛使用的非金属材料主要有三类：高分子材料、工业陶瓷、复合材料等。

一、高分子材料

高分子材料有自然和合成两种，机械工程上使用的一般为合成高分子材料。主要指塑料、合成橡胶和合成纤维三大合成材料，此外还包括胶黏剂、涂料等。合成高分子材料具有天然高分子材料所没有的或较为优越的性能，密度较小、材质轻、力学性能较好，具有较好的耐磨性、耐腐蚀性和电绝缘性等，而且易于加工成型。所以在煤矿中应用较为广泛。目前煤矿中使用的高分子材料有聚氯乙烯、橡胶、聚甲醛、聚酰胺、聚氨酯、聚四氟乙烯、尼龙、合成纤维等。如用聚氯乙烯、氯丁橡胶和苯乙烯－丁二烯橡胶制成输送机胶带；用尼龙、聚四氟乙烯等制成液压支架以及各种挡圈、支承环、导向环等密封件；用塑料制成电气设备外壳或矿用电缆护套等。

但需要注意的是高分子材料会给安全工作带来隐患，当矿井发生火灾或爆炸事故时，高分子材料会燃烧，产生大量有毒有害气体，可导致人员中毒或窒息。

1. 常用工程塑料

（1）聚乙烯（PE）。聚乙烯是热塑性塑料，是目前世界上产量最大的塑料品种。具有优良的耐腐蚀性和电绝缘性。主要用于制造薄膜、电线电缆的绝缘材料及管道、中空制品等。

（2）聚酰胺塑料（PA）。聚酰胺塑料又称尼龙，也是当前机械工业中应用较广泛的一种工程塑料。在常温下具有较高的抗拉强度、良好的冲击韧性，并具有耐磨、耐疲劳、耐油、耐水等综合性能，但吸湿性大，在日光曝晒下或浸在热水中易被老化。适用于制作一般机械零件，如轴承、齿轮、凸轮轴、蜗轮、管子、泵及阀门零件等。

（3）聚甲醛（POM）。聚甲醛是热塑性塑料，是继尼龙之后发展的产品，具有优异的综合性能。其强度、刚度、硬度、耐磨性、耐冲击性都比其他塑料好；吸水性较小，可在100 ℃下长期使用，零件尺寸稳定；但也存在热稳定性差、遇火易燃、长期在大气中曝晒易老化等缺点。广泛用于制造汽车、机械、仪表、化工等机械设备的零部件，如齿轮、叶轮、轴承、仪表外壳、线圈骨架等。

（4）聚四氟乙烯（F－4）。聚四氟乙烯是热塑性塑料，是氟塑料的一种，其最大的优点是具有非常好的耐高低温、耐腐蚀、耐候性和电绝缘性能；而且无论强酸、强碱还是强氧化剂对它都毫无腐蚀作用，被称为“塑料王”。但它的强度和刚度比其他工程塑料差，当温度达到250 ℃以上时，它开始分解，并释放毒气，因此加工时必须严格控制温度。主要用作特殊性能要求的零件和设备，如化工机械中各种耐蚀零部件，冷冻工业中贮藏液态气体的低温设备；另外，在一些耐磨零件中也使用聚四氟乙烯塑料，如自润滑轴承、耐磨片、密封环、阀座、活塞环等。

（5）聚碳酸酯（PC）。聚碳酸酯是热塑性塑料，其透明度达86%~92%，常被人们誉为“透明金属”。这种塑料的发展史较短，但它的力学性能、耐热性、耐寒性、电性能等良好，尤其冲击韧性特别突出，在一般热塑性塑料中是最优良的；其缺点是耐候性不够理想，长期曝晒容易出现裂纹。聚碳酸酯的用途十分广泛，因其具有强度高、刚性好、耐磨、耐冲击、尺寸稳定性好等优点，可用作轴承、齿轮、蜗轮、蜗杆等零件的材料；在电气电讯方面，可制作要求高绝缘的零件，如垫圈、垫片、电容器等；在航空工业中聚碳酸酯也获得了广泛应用。

（6）ABS 塑料。ABC 塑料综合性能良好，在机械工业、电气工业、纺织工业、汽车、飞机、轮船等制造业以及化学工业中得到了广泛应用。例如，制作电视机、电冰箱等电器设备外壳，制作转向盘、手柄、仪表盘等。

（7）聚砜（PSF）。聚砜塑料是20世纪60年中期出现的一种新型工程塑料。突出优点是耐热性好，使用温度范围宽，可在 -100 ~ 150 ℃下长期使用，而且蠕变值极低，同时还具有良好的电绝缘性和化学稳定性；缺点是加工成型性能、耐候性、耐紫外线性能不够理想。聚砜可用于耐热、抗蠕变和强度要求较高的结构件，如汽车零件、齿轮、凸轮、精密仪表零件等，也可用作耐腐蚀零件和电气绝缘件，如各种薄膜、涂层、管道、板材等。

（8）酚醛塑料（PF）。酚醛塑料是最早发现并且投入工业化生产的高分子材料。其电绝缘性能优异，常被称为“电木”。固化后的酚醛塑料强度高、硬而耐磨、耐热、耐燃、吸湿性低、制件尺寸稳定，可在 150 ~ 200 ℃范围内使用，而且价格便宜；但是脆性大，在日光照射下易变色。常用于制作摩擦磨损零件，如轴承、齿轮、凸轮、刹车片、离合器片等。在电器工业，酚醛塑料应用也较广。

2. 常用橡胶

（1）天然橡胶（NR）。天然橡胶是橡胶树上流出的胶乳经凝固干燥加工制成的。具有良好的综合性能，耐磨性、抗撕裂加工性能良好；但耐高温、耐油性差，易老化。主要用于制造轮胎、胶带及通用橡胶制品等。

（2）丁苯橡胶（SBR）。丁苯橡胶是合成橡胶中规模、产量都较高的通用橡胶。具有较好的耐磨性、耐热性和抗老化性，比天然橡胶质地均匀，价格便宜；但弹性、机械强度、耐挠曲性、耐撕裂性和耐寒性较差。一般将其与天然橡胶混合，取长补短。目前主要用于制造汽车轮胎，也用于制造胶带、胶管及通用制品等，在铁路上可用作防振垫。

（3）顺丁橡胶（BR）。顺丁橡胶也是一种产量较高的合成橡胶。其弹性好、耐磨性和耐低温性非常好，耐挠曲性比天然橡胶好；缺点是抗张强度和抗撕裂性较低，加工性能较差。主要用于制作轮胎，也用于制作胶带、胶管和胶鞋等。

（4）氯丁橡胶（CR）。氯丁橡胶在物理性能、力学性能等方面可与天然橡胶相媲美，并且具有天然橡胶和一些通用橡胶所没有的优良性能。氯丁橡胶具有耐油、耐溶剂、耐氧化、耐老化、耐酸、耐碱、耐热、耐燃烧、耐挠曲和透气性好等性能，被称为“万能橡胶”；但有耐寒性较差，密度较大，生胶稳定性差，不易保存等缺点。氯丁橡胶在工业上用途很广，主要利用其对大气和臭氧的稳定性制造电线、电缆包皮；利用其耐油、耐化学稳定性制造输送油和腐蚀性物质的胶管；利用其机械强度高制造运输带；还可制造各种垫圈、油罐衬里、轮胎胎侧及各种模型等。

（5）硅橡胶。硅橡胶可在 -100 ~ 300 ℃温度范围内工作，并有良好的耐候性、耐臭氧性和良好的电绝缘性；但强度较低，耐油性差。可用于制造飞机和宇宙飞行器的密封制品、薄膜和胶管等，也可用于制造电子设备和电线、电缆包皮。另外，硅橡胶无毒无味，可作食品工业的运输带和罐头垫圈，还可用于医药方面如人造心脏、人造血管等。

（6）氟橡胶（FPM）。氟橡胶最大的优点就是耐蚀性非常好，其耐酸碱及强氧化剂腐蚀的能力是橡胶中最好的。同时还具有耐高温、耐油、耐高真空、抗辐射等优点；但加工性较差，比较贵。广泛用于制作耐化学腐蚀制品（如化工设备衬里、垫圈）、高级密封件、高真空橡胶件等。

二、陶瓷材料

传统意义上所说的陶瓷是指使用黏土、长石和石英石等天然材料经烧结成型的陶器与瓷器的总称。现代广义上的陶瓷是指使用天然的或人工合成的粉状化合物经成型和高温烧结制成的一类无机非金属固体材料。它具有高硬度、高熔点和高的抗压强度，同时具有很好的耐磨性、耐氧化性和耐蚀性。陶瓷作为结构材料在许多场合是金属材料和高分子材料所不能替代的。陶瓷制品在煤矿中也有一定的应用，如煤矿用陶瓷管道弯头、三通，矿用耐磨溜槽等。

工程陶瓷目前应用最多的有氧化铝陶瓷、氮化硅陶瓷、碳化硅陶瓷等。

1. 氧化铝陶瓷

氧化铝陶瓷的主要成分是 Al_2O_3，其含量在 45% 以上。氧化铝陶瓷具有良好的耐高温、耐腐蚀和高温绝缘性，强度、硬度、红硬性（达 1200 ℃）高。在机械工程上用途广泛，可制作高温实验设备、内燃机用火花塞、各种模具量具和高硬度材料的切削刀具（非常锋利，见图 10－1 氧化铝陶瓷刀具）及机械产品上的耐磨件等。

图 10－1　氧化铝陶瓷刀具

2. 碳化硅陶瓷（SiC）

碳化硅陶瓷是一种高温陶瓷，具有高强度、高硬度，良好的热硬性，在 1400 ℃高温下仍可保持较高的抗弯强度，还具有良好的导热性、抗氧化性、导电性、高的冲击韧度和抗蠕变性，但不抗强碱。可用于制作火箭尾喷管的喷嘴、浇注金属用喉嘴，以及热电偶套管、炉管等高温零部件，还可用作高温下热交换器材料以及制造砂轮、磨料等。

3. 氮化硅陶瓷（Si_3N_4）

氮化硅陶瓷也是一种高温陶瓷，具有耐高温、强度和硬度高、耐磨、耐蚀并能自润滑的结构陶瓷。线胀系数小，最高工作温度可达 1400 ℃；除了能够耐各种无机酸和 30% 的烧碱溶液及其他碱溶液的腐蚀，还能抵抗熔融的铝、铅、锡、锌、金、银、镍以及黄铜等的侵蚀，并有优良的电绝缘性和耐辐射性。利用氮化硅的耐高温耐磨性能，在陶瓷发动机中用于燃气轮机的转子、定子和涡形管，利用它的耐蚀性、耐磨性和导热性等特点被广泛用于化工工业上作球阀、密封环、过滤器等，还被广泛用于机械工业上作轴承零件、工具模、密封材料等，还被用作柴油机的火花塞、气缸套等。

4. 金属陶瓷

金属陶瓷是由金属或合金与陶瓷组成的非均质复杂材料，综合了金属和陶瓷的优良性能，具有高强度、高温强度、高韧性和高的耐蚀性。

氧化物基金属陶瓷可用作切削工具，高温材料的金属陶瓷已应用于航空航天工业中的部分耐热构件，并可望用于制造涡轮喷气发动机中的燃烧室、涡轮叶片、涡轮盘、汽车发动机等结构件。

三、复合材料

复合材料是由两种或两种以上不同性质的材料，通过物理或化学方法，在宏观（微观）上组成具有新性能的材料。各种材料在性能上互相取长补短，产生协同效应，使复合材料的综合性能优于原组成材料而满足各种不同的要求。这种复合材料既保持了原材料的各自特点，又具有比原材料更好的性能，即具有“复合”效果。不同材料复合后，通常是其中一种材料为基体材料，起黏结作用，另一种材料作为增强剂材料，起承载作用。就像在建造土坯房屋时，往泥浆中加入麦秸、稻草可增加泥土的强度一样。复合材料的基体材料分为金属和非金属两大类。金属基体常用的有铝、镁、铜、钛及其合金。非金属基体主要有合成树脂、橡胶、陶瓷、石墨、碳等。增强剂材料主要有玻璃纤维、碳纤维、硼纤维、芳纶纤维、碳化硅纤维、石棉纤维、晶须、金属丝和硬质细粒等。

（一）复合材料的性能特点

1. 比强度和比模量高

纤维增加材料的比强度及比模量远高于金属材料，特别是碳纤维－环氧树脂复合材料比强度（强度和其比重之比）是钢的 8 倍，比模量（单位密度的弹性模量）是钢的 4 倍。

2. 抗疲劳性和破断安全性好

纤维增强复合材料对缺口及应力集中的敏感性小，纤维与基体界面能阻止疲劳裂纹的扩展，改变裂纹扩展的方向。

3. 高温性能优良

大多数增强纤维在高温下仍保持高的强度，如铝合金在 400 ℃时弹性模量已降至近于 0，而碳纤维增强后，在此温度下强度和弹性模量基本未变。

4. 减振性能好

复合材料的比模量大，故自振频率也高，可避免构件在工作状态下产生共振。同时纤维与基体界面有吸收振动能量的作用，所以纤维增强复合材料具有很好的减振性能。

（二）常用复合材料

1. 玻璃纤维增强塑料（玻璃钢）

玻璃钢是采用玻璃纤维作为增强相的一种树脂基复合材料。相对于钢材，玻璃钢具有以下特点：

（1）具有比强度高、比模量大、抗疲劳性能及减震性能好等优点。玻璃钢的密度通常为 1.6～2.0 t/m^3，仅为钢材的 1/5～1/4，比金属铝还要轻约 1/3，而其机械强度可达到甚至超过普通碳素钢的强度。

（2）玻璃钢与普通金属的电化学腐蚀机理不同，对大气、水和一般浓度的酸、碱、盐等介质有着良好的化学稳定性，抵抗腐蚀能力强，不需要做防腐处理。

（3）玻璃钢的使用寿命可达 30 ~ 50 年，是钢材的 2 ~ 3 倍，是铸铁材料的 5 ~ 10 倍。

玻璃钢制品在煤矿中得到一定的应用。目前，矿用玻璃钢制品主要有玻璃钢管道，矿用井筒装备，玻璃钢锚杆、锚网、锚条，煤场防尘罩等，而且实践证明，玻璃钢制品比金属制品的寿命长。

2. 碳纤维增强塑料

碳纤维增强塑料是采用碳纤维作为增强相，以酚醛、环氧、聚四氟乙烯等树脂为基组成的一种复合材料。该材料密度低，强度、弹性模量、比强度和比模量高，抗疲劳性、耐冲击性、自润滑性、减摩耐磨性、耐腐蚀和耐热性优良。缺点是碳纤维和基体结合强度低、各向异性严重。在航空航天业、机械工业都有应用；在煤矿中碳纤维产品也有应用，如煤矿掘进机中用的盘根线就是碳纤维材料的，如图 10 – 2 所示。

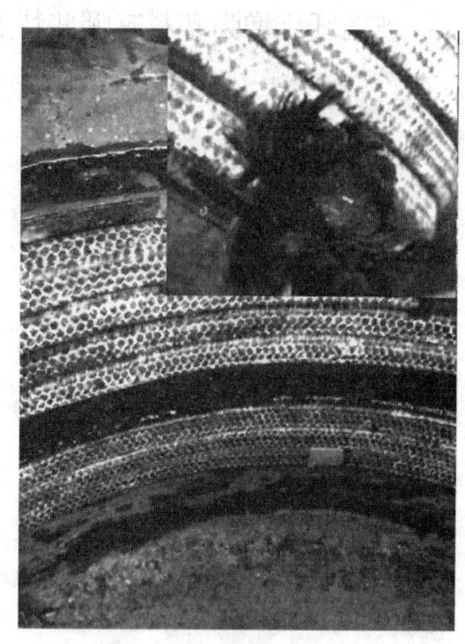

图 10 – 2　煤矿掘进机中的碳纤维盘根线

3. 硼纤维增强塑料

由硼纤维与环氧、聚酰亚胺等树脂组成。硼纤维的抗压性能很好，但密度太大，直径大，使工艺性能受到限制，价格比碳纤维贵，而且在 500 ℃以上强度明显下降。目前主要用于航空、航天工业。

4. 碳化硅纤维增强塑料

由碳化硅纤维与环氧树脂组成。高比强度和比模量，抗拉强度接近碳纤维 – 环氧树脂复合材料，但抗压强度是其两倍，是具有发展前途的新型材料。

5. 金属基复合材料

金属基复合材料是机械工程中用量最大的一类材料，相对于传统的金属材料来说，具有较高的比强度和比刚度；与树脂基复合材料相比具有优良的导电性和耐热性；与陶瓷基材料相比具有高韧性和高冲击性能。因此金属基复合材料逐渐被重视，在各行业中的应用日益广泛。

练　习　题

一、判断题

1.（　　）天然橡胶和合成橡胶相比具有更好的耐高温、耐油能力，且不易老化。

2.（　　）聚四氟乙烯最大的优点是具有非常好的耐高低温、耐腐蚀、耐候性和电绝缘性能。

3.（　　）玻璃纤维不吸水、不燃烧、尺寸稳定、隔热、吸声、绝缘。

4.（　　）碳纤维密度低、强度高，能耐浓盐酸、硫酸、磷酸、苯、丙酮等，但与基体结合力差。

5.（　　）碳纤维 – 环氧树脂复合材料比强度是钢的 4 倍，比模量是钢的 8 倍。

二、简答题

1. 常用工程塑料有哪些？一般应用在哪些场合？
2. 常用的工业陶瓷有哪些？叙述一下它们的应用情况。
3. 复合材料有哪些特点？
4. 玻璃纤维增强塑料有哪些特点？在煤矿上有什么应用？

附录

表1　平面布氏硬度值计算表（部分）（摘自 GB/T 231.4—2009/ISO 6506－4：2005）

硬质合金球直径 D/mm				试验力－球直径平方的比率 $0.102\times F/D^2$/(N·mm^{-2})					
				30	15	10	5	2.5	1
				试验力 F					
10				29.42 kN	14.71 kN	9.807 kN	4.903 kN	2.452 kN	980.7 kN
	5			7.355 kN	—	2.452 kN	1.226 kN	612.9 N	245.2 N
		2.5		1.839 kN	—	612.9 N	306.5 N	153.2 N	61.29 N
			1	294.2 N	—	98.07 N	49.03 N	24.52 N	9.807 N
压痕的平均直径 d/mm				布氏硬度 HBW					
3.92	1.960	0.9800	0.392	239	119	79.5	39.8	19.9	7.95
3.93	1.965	0.9825	0.393	237	119	79.1	39.6	19.8	7.91
3.94	1.970	0.9850	0.394	236	118	78.7	39.4	19.7	7.87
3.95	1.975	0.9875	0.395	235	117	78.3	39.1	19.6	7.83
3.96	1.980	0.9900	0.396	234	117	77.9	38.9	19.5	7.79
3.97	1.985	0.9925	0.397	232	116	77.5	38.7	19.4	7.75
3.98	1.990	0.9950	0.398	231	116	77.1	38.5	19.3	7.71
3.99	1.995	0.9975	0.399	230	115	76.7	38.3	19.2	7.67
4.00	2.000	1.0000	0.400	229	114	76.3	38.1	19.1	7.63
4.01	2.005	1.0025	0.401	228	114	75.9	37.9	19.0	7.59
4.02	2.010	1.0050	0.402	226	113	75.5	37.7	18.9	7.55
4.03	2.015	1.0075	0.403	225	113	75.1	37.5	18.8	7.51
4.04	2.020	1.0100	0.404	224	112	74.7	37.3	18.7	7.47
4.05	2.025	1.0125	0.405	223	111	74.3	37.1	18.6	7.43
4.06	2.030	1.0150	0.406	222	111	73.9	37.0	18.5	7.39
4.07	2.035	1.0175	0.407	221	110	73.5	36.8	18.4	7.35
4.08	2.040	1.0200	0.408	219	110	73.2	36.6	18.3	7.32
4.09	2.045	1.0225	0.409	218	109	72.8	36.4	18.2	7.28
4.10	2.050	1.0250	0.410	217	109	72.4	36.2	18.1	7.24
4.11	2.055	1.0275	0.411	216	108	72.0	36.0	18.0	7.20
4.12	2.060	1.0300	0.412	215	108	71.7	35.8	17.9	7.17
4.13	2.065	1.0325	0.413	214	107	71.3	35.7	17.8	7.13
4.14	2.070	1.0350	0.414	213	106	71.0	35.5	17.7	7.10
4.15	2.075	1.0375	0.415	212	106	70.6	35.3	17.6	7.06
4.16	2.080	1.0400	0.416	211	105	70.2	35.1	17.6	7.02
4.17	2.085	1.0425	0.417	210	105	69.9	34.9	17.5	6.99
4.18	2.090	1.0450	0.418	209	104	69.5	34.8	17.4	6.95

表 2　常用钢材热处理加热冷却临界点

钢的牌号	临界点/℃					
	A_{c1}	A_{c3}（A_{ccm}）	A_{r1}	A_{r3}	M_S	M_f
15	735	865	685	840	450	
30	732	815	677	796	380	
40	724	790	680	760	340	
45	724	780	682	751	345 ~ 350	
50	725	760	690	720	290 ~ 320	
55	727	774	690	755	290 ~ 320	
65	727	752	696	730	285	
30Mn	734	812	675	796	355 ~ 375	
65Mn	726	765	689	741	270	
20Cr	766	838	702	799	390	
30Cr	740	815	670		350 ~ 360	
40Cr	743	782	693	730	325 ~ 330	
20CrMnTi	740	825	650	730	360	
30CrMnTi	765	790	660	740		
35CrMo	755	800	695	750	271	
40MnB	730	780	650	700		
55Si2Mn	775	840				
60Si2Mn	755	810	700	770	305	
50CrV	752	788	688	746	270	
GCr15	745	900	700		240	
GCr15SiMn	770	872	708		200	
T7	730	770	700		220 ~ 230	
T8	730		700		220 ~ 230	-70
T10	730	800	700		200	-80
9SiCr	770	870	730		170 ~ 180	
9Mn2V	736	765	652	125		
CrWMn	750	940	710		200 ~ 210	
Cr12MoV	810	1200	760		150 ~ 200	-80
5CrMnMo	710	770	680		220 ~ 230	
3Cr2W8V	820	1100	790		240 ~ 380	-100
W18Cr4V	820	1330	760		180 ~ 220	

注：各临界点范围因具体加热冷却规范的不同会有差异，表中数据只是近似参考值。

参 考 文 献

[1] 王运炎．金属材料与热处理［M］．北京：机械工业出版社，1984.
[2] 陈明深，轲景泉，蔡月珍，等．金属材料与热处理［M］．北京：劳动人事出版社，1986.
[3] 王雅然．金属工艺学［M］．2 版．北京：机械工业出版社，2012.
[4] 张勇、李建忠、雷燕里．煤矿实用钢铁材料手册［M］．北京：煤炭工业出版社，2011.
[5] 王学武．金属材料与热处理［M］．北京：机械工业出版社，2016.
[6] 陈志毅．金属材料与热处理［M］．北京：中国劳动社会保障出版社，2011.